中煤科工集团西安研究院有限公司资助出版

煤矿区煤层气开发对接井钻进技术与装备

石智军　田宏亮　赵永哲 等　著

科学出版社
北京

内 容 简 介

本书内容共分 7 章。第 1 章介绍了我国煤矿区煤层气开发技术现状、水平对接井煤层气开发技术、井身结构与井眼轨道设计；第 2 章在介绍进口、国产全液压车载钻机性能及应用现状的基础上，详细介绍了 ZMK 系列全液压车载钻机的研制及车载钻机钻进性能检测试验台的建设、应用；第 3 章介绍了煤矿区水平对接井配套钻杆、钻铤、稳定器等专用钻具研制与选型，配套钻头研制与选型，配套泥浆泵组、固控系统等附属装备的选型情况；第 4 章介绍了水平对接井相关随钻测量技术、精确对接技术及仪器选型；第 5 章介绍了水平对接井钻进工艺技术；第 6 章介绍了水平对接井完井工艺技术；第 7 章介绍了水平对接井典型应用实例。

本书可作为煤层气地面开发井设计人员、施工技术人员及其他钻探领域从事对接井钻进施工人员的参考用书，也可作为钻探技术人员培训的辅助教材。

图书在版编目(CIP)数据

煤矿区煤层气开发对接井钻进技术与装备 / 石智军等著 . —北京：科学出版社，2018. 4

ISBN 978-7-03-057065-9

Ⅰ. ①煤… Ⅱ. ①石… Ⅲ. ①煤层-地下气化煤气-钻进-研究 Ⅳ. ①P618. 11

中国版本图书馆 CIP 数据核字（2018）第 062881 号

责任编辑：焦 健 韩 鹏 姜德君 / 责任校对：张小霞
责任印制：肖 兴 / 封面设计：耕者设计工作室

科学出版社 出版
北京东黄城根北街 16 号
邮政编码：100717
http://www.sciencep.com
北京汇瑞嘉合文化发展有限公司 印刷
科学出版社发行 各地新华书店经销
*
2018 年 4 月第 一 版 开本：787×1092 1/16
2018 年 4 月第一次印刷 印张：17 3/4
字数：400 000

定价：228. 00 元

（如有印装质量问题，我社负责调换）

序

我国煤层气资源十分丰富，2006 年全国油气资源评价结果显示：埋深 2000m 以浅的煤层气地质资源储量为 $36.81\times10^{12}m^3$，约占世界煤层气总资源量的 13%，是继俄罗斯和加拿大之后的第三大煤层气资源国。开发利用煤层气能够增加高效清洁能源供给，降低煤炭消耗，对缓解我国常规油气供应紧张状况、优化我国能源结构具有重要的意义。

煤矿区煤层气开发是煤层气开发的重要形式，具有节能、环保、安全、社会效益显著等特点。在国家政策和技术发展的推动下，我国煤矿区煤层气开发利用已初见成效。然而，我国煤层气开发地质条件具有特殊性：①板块构造复杂，决定了我国绝大多数含煤盆地的构造稳定性较差，构造形态复杂多样，煤及共生煤层气资源地质条件十分复杂；②煤体结构破坏严重，形成大量构造煤，且渗透率普遍偏低，以 $0.1\times10^{-3}\sim1.0\times10^{-3}\mu m^2$ 为主，勘探开发难度大；③储层非均质性强，我国地壳运动具有多回旋性和复杂性，造成煤层及煤层气在区域、地质时代上的不均一性，成煤构造背景不同，后期构造破坏的强度和范围不同，区域的热史影响不同，使煤层气储存条件产生了区域地质和微观结构组成上强烈的非均质性。复杂的煤层地质条件决定我国必须走一条适合自身煤层特点的煤层气开发道路。

在煤矿区，地面钻井抽采是开发煤层气的重要方式之一，是 20 世纪 80 年代在美国开始成功应用的地面煤层气开采方法。我国引进地面煤层气开发技术装备并在多个地区进行勘探开发试验，然而效果不甚理想，有关其原因的研究与评论诸多，主要包括：我国煤层气地质条件复杂，对煤层气藏地质多样性特征和复杂性等认识不够深入，钻井类型、成井方法单一，适应性差，设备配套不合理等。

“十一五”以来，依托国家科技重大专项课题的支持，针对我国煤矿区地面钻井开发煤层气面临的井型、成井方法单一，设备配套性差等问题，中煤科工集团西安研究院有限公司（以下简称西安研究院）从钻进成井工艺方法和配套钻进装备两方面对煤层气开发对接井开展了全面研究工作，结合现场工程实践总结形成了煤矿区煤层气地面开发对接井钻完井技术——包括井身结构设计、井眼轨道设计、钻具组合设计、井眼轨迹控制、钻进工艺参数、钻井液工艺及完井工艺等；研制、集成了煤矿区煤层气地面开发对接井施工用配套装备系统——包括全液压车载钻机、换杆装置、钻杆、钻头、随钻测量仪器等。

上述研究成果丰富了我国煤矿区煤层气地面开发井的类型，其对接井钻进技术与装备为煤矿区煤层气开发提供了新的技术手段和抽采模式。为了总结我国煤矿区煤层气开发对接井钻完井技术与装备方面所取得的技术成果和工程实践经验，促进对接井在煤矿区煤层气开发中的应用，作者编写了《煤矿区煤层气开发对接井钻进技术与装备》一书。

该书作者在煤矿区煤层气开发对接井钻进技术与装备方面积累了丰富的设计和实践经

验，全书以国家科技重大专项课题研究成果为基础，借鉴国内外相关学者的工作成果，结合大量翔实的第一手资料总结并介绍了西安研究院和相关煤层气开发企业、施工单位在对接井钻进技术与装备方面的新进展，介绍了煤矿区煤层气开发对接井分类、特点及设计方法，配套全液压车载钻机，钻具，随钻测量仪器、钻进工艺、完井工艺等，同时，详细介绍了6个典型工程实例，使该书更具有可读性和实用性，是一本系统介绍煤矿区煤层气开发对接井钻进技术与装备的专著。

该书内容丰富，论述科学，是从事煤矿区煤层气地面钻井开发专业领域科技人员和管理人员的有益参考用书。该书的出版可为煤矿区煤层气开发工程井型优选提供借鉴和启示，也可为企业、科研机构、高等院校等相关学者提供参考。愿该书的出版能为广大专业技术人员提供有益帮助，在推动我国煤矿区煤层气规模化开发进程方面发挥积极作用。

中国工程院院士 苏义脑

2017年8月28日

前　言

煤矿区煤层气作为清洁优质能源，具有广阔的发展前景。“十一五”以来，国家高度重视煤层气开发利用的科技创新工作，通过“大型油气田及煤层气开发”国家科技重大专项支持有关煤矿区煤层气抽采利用技术装备研究和示范工程建设，以期促进我国煤矿区煤层气的合理开发和高效利用，为煤矿区煤层气产业发展提供资源保障和科技支撑。

“十一五”期间，中煤科工集团西安研究院有限公司依托国家科技重大专项课题对煤矿区煤层气开发对接井钻进技术与装备开展了全面研究工作：提出了利用带分支的对接井开发煤层气的新模式，对井身结构设计、井眼轨道设计、钻具组合设计、井眼轨迹控制、钻进工艺参数、钻井液工艺等进行了研究，研制了配套用全液压车载钻机、换杆装置、部分钻杆、钻头等。本书研究成果首先在山西晋城矿区寺河井田内进行了现场工业性试验，成功建成了一个平面对接距离 557.88m、带分支的远端对接井，排采投产后最大日产气量超过了 2 万 m^3，是我国煤矿区第一个高产的远端对接井。随后，对接井钻进技术与装备被推广应用于多个煤层气勘探开发工程中，先后建成了近 20 个不同类型（“U”形、“V”形、多井连通型等）对接井组，最大平面对接距离达到了 1148.70m，取得了良好的工程效果。在推广应用过程中，针对不同类型目标煤储层特殊的物理力学性质，在中硬完整煤储层裸眼完井工艺基础上，集成创新了对接井筛管（包括 PE 筛管、玻璃钢筛管等）完井工艺和水力分段压裂完井工艺，解决了易坍塌、碎软及低渗等复杂煤储层完井难题，形成了对接井系列完井工艺技术体系，拓展了对接井适应范围。然而，介绍对接井相关科研成果和成功应用实例的文献比较分散，有些还只是科研报告，没有公开发表，在一定程度上影响了对接井钻进技术与装备的进一步推广应用，为此，作者组织国家科技重大专项课题主要科研人员及技术装备推广应用人员分别编写有关章节集成此书，希望通过对接井钻进技术与装备及工程实例较为全面系统的介绍，为煤矿区煤层气开发工程井型优选提供借鉴和启示，在推动我国煤矿区煤层气规模化开发进程方面发挥积极作用。

全书共 7 章，按统一的思路和提纲，由有关人员分工负责编写。各章编写人员分工如下：第 1 章由石智军、赵永哲、刘建林、祁宏军、胡振阳、黄巍、张晶负责；第 2 章由田宏亮、凡东、常江华、党林、吴璋、邹祖杰负责；第 3 章由孙荣军、董萌萌、王传留、杨哲负责；第 4 章由胡振阳、栗子剑、史海岐负责；第 5 章由石智军、刘建林、张晶、彭旭负责；第 6 章由黄巍、杨哲、赵永哲、莫海涛负责；第 7 章由刘建林、祁宏军、胡振阳、彭旭、黄巍、张晶负责。各成员所编著内容由石智军、刘建林汇总、修改，最后由石智军、田宏亮、赵永哲统一定稿。

本书在编写过程中，得到中煤科工集团西安研究院有限公司相关部门和同行的支持，特别是苏义脑院士在百忙之中给予关怀和支持，并为本书作序。刘飞、何玢洁、王桦、褚志伟、姜磊等同志在资料整理、插图绘制处理、公式验证及排版等方面做了大量工作。在此一并表示衷心的感谢！

由于作者的技术水平和掌握的资料有限，书中难免有不足之处，望读者批评指正。

作　者

2017 年 10 月 30 日

目　　录

第1章　煤矿区煤层气开发与对接井技术

煤矿区煤层气开发是煤层气开发的重要形式。长期以来，在煤炭井工开采过程中煤矿瓦斯（煤层气）被视为有害气体，大多进行井下抽放，利用很少，并未从资源的角度加以认识。直至20世纪80年代美国解决了从地面开发煤层气的技术后，煤层气作为一种非常规天然气资源日益受到关注。我国自20世纪80年代以来，将煤层气作为一种资源进行勘探评价研究，同时积极引进美国现代煤层气开发技术进行煤层气勘探开发试验，并对我国煤层气开发的基本地质条件有了系统认识，基本掌握了可供开发的煤层气资源和技术条件，使我国煤层气开发步入了自主研发的良性循环阶段，引进的勘探及地面开发主体技术与装备经过消化和改进，支撑了我国煤层气地面钻井开发的发展。

1.1　煤矿区煤层气开发技术现状

1.1.1　煤矿区煤层气开发的意义

煤层气是主要以吸附状态赋存于煤层之中的一种自生自储式非常规天然气，是一种新型的洁净能源和优质化工原料。在煤矿区，煤层气开发具有资源、安全和环境等多重效益。

1. 资源效益

我国煤层气资源十分丰富，2006年全国油气资源评价结果显示：埋深2000m以浅的煤层气地质资源储量为$36.81\times10^{12}m^3$，约占世界煤层气总资源量的13%，与我国陆上天然气资源量相当，是继俄罗斯和加拿大之后的第三大煤层气资源国。开发利用煤层气能够增加高效清洁能源供给，降低煤炭消耗，对缓解我国常规油气供应紧张状况、优化我国能源结构具有重要的意义。

2. 安全效益

煤炭是我国的主体能源，几十年来在能源消费构成中一直占70%左右的比例。进入21世纪以来，随着我国经济的快速增长，煤炭需求量也快速增长，2001～2008年，我国煤炭年产量由11.06亿t增至27.2亿t，平均每年增长了18.24%。2009年，我国累计原煤产量突破30亿t。我国煤炭工业在保障经济快速增长的同时，煤炭的开采条件也不断恶化，随着煤矿开采向深部延伸，地质构造条件更加复杂，煤层瓦斯压力和含量增大，对煤矿安全生产构成严重威胁——瓦斯灾害，特别是煤与瓦斯突出灾害日趋严重。在采煤前预先将煤矿瓦斯（煤层气）开采出来，就可从根本上消除煤矿瓦斯灾害的隐患，提高煤矿安全生产的保障程度，安全效益显著。

3. 环境效益

长期以来，在我国煤矿生产中，井下瓦斯抽采/抽放是防治煤矿瓦斯事故的重要措施。经过几十年的探索，国有重点煤矿初步建立了以钻孔和巷道抽采为主的抽采体系，成为煤矿瓦斯治理的主要方式之一，同时奠定了煤矿瓦斯（煤层气）井下抽采利用的基础。然而，我国煤矿区井下瓦斯抽采规模相对较小，抽出的瓦斯/煤层气浓度波动范围大、平均浓度低、综合利用率低，导致每年采煤使大量甲烷气体（瓦斯的主要成分）排入大气，是构成大气温室气体的主要来源。开发利用煤层气可直接减少煤矿瓦斯排放量，有效缓解温室效应，环境效益显著。

1.1.2 煤矿区煤层气地面开发井的类型

地面钻井开发煤层气是在常规天然气开发技术的基础上，根据煤层的岩石力学特性、煤层气的赋存特点及产出规律发展起来的，因此，它与常规天然气开发技术既有共性又有特殊性。在井型方面，我国煤矿区煤层气地面开发井可分为垂直井和定向井两大类。

1. 地面垂直井

垂直井是目前国内外地面煤层气开发工程中应用最广泛的井型。在我国煤矿区煤层气开发中，地面垂直井占主导地位。根据地面煤层气开发与井下采煤活动之间的关系，地面垂直井可细分为采前预抽垂直井和采动抽采垂直井两类。

1）采前预抽垂直井

采前预抽垂直井是在国内煤矿区煤层气开发中应用最广泛的一类井，是在生产矿井采煤作业前实施的预抽采井，按其目的的不同可进一步细分为三类：参数井、生产井和参数+生产试验井，其中参数井是以取得目标煤层渗透率、储层压力、表皮系数和储层温度等参数为目的的垂直井，生产井是以开发目标煤层煤层气为目的的垂直井，参数+生产试验井兼具参数井和生产井的功能。

采前预抽垂直井普遍采用二开井身结构，如图 1.1 所示：一开井眼直径 ϕ311.15mm，钻至基岩或稳定岩层以下 10m 左右，下入 ϕ244.5mm 表层套管；二开井眼直径 ϕ215.9mm，钻至目标煤层以下 30～60m，下入 ϕ139.7mm 生产套管。

为获得商业开发产量，采前预抽垂直井几乎都需对目标煤储层实施有效的强化改造措施，尤其是在低压低渗煤储层地区，常用的完井方式有洞穴完井和射孔压裂完井，在我国煤矿区煤层气开发工程中应用最广泛的储层强化措施是水力压裂。煤层压裂改造的实际意义在于通过实施压裂有效地将井筒与煤储层天然裂隙沟通，提高煤储层至井筒的导流能力，扩大排水降压范围，从而提高煤层气的产量和采收率，压裂完井排采示意图如图 1.2 所示。采前预抽垂直井一般具有 3～10 年甚至更长的煤层气有效开发时间。

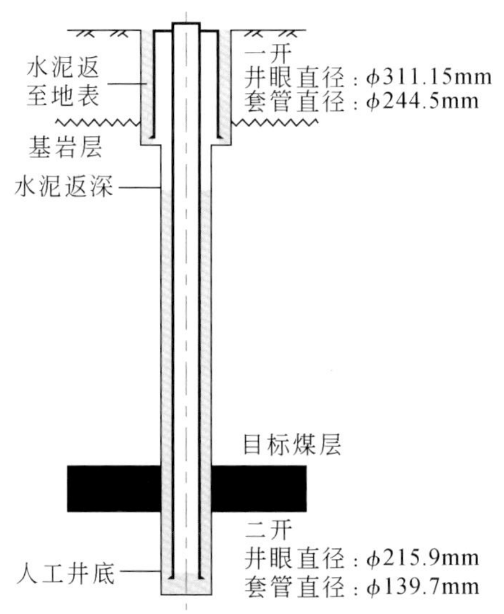

图1.1　垂直井井身结构示意图

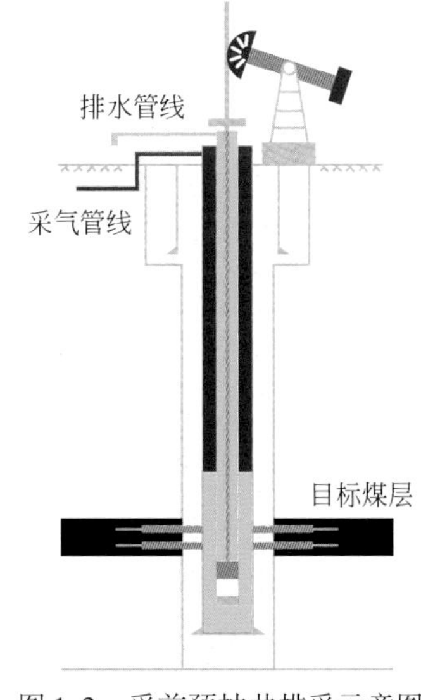

图1.2　采前预抽井排采示意图

2）采动抽采垂直井

采动抽采垂直井主要用于抽采采动卸压煤层气，通常是在煤矿井下采煤工作面回采前，先从地面向工作面内回风巷一侧施工垂直井，在回采过程中，利用负压通过井筒从具有大量裂隙的煤层顶板垮落带、裂隙带内抽采煤层气。地面采动抽采利用的是煤层开采“卸压增透效应”，即煤层开采引起上覆岩层活动，产生离层、裂隙，使开采影响范围内的卸压煤层气能够在其中汇集、流动。

采动抽采垂直井普遍采用三开井身结构，因涉及采动影响区内岩层剪切、离层作用对地面井井身结构造成破坏问题，具体井身结构设计及钻完井方案需包含井筒抗破坏防护结构及固井等有效防护措施。一般情况下，三开筛管下至煤层回采裂隙带下方即可，并不需要下得更深，采动抽采垂直井典型的井身结构如图1.3所示。

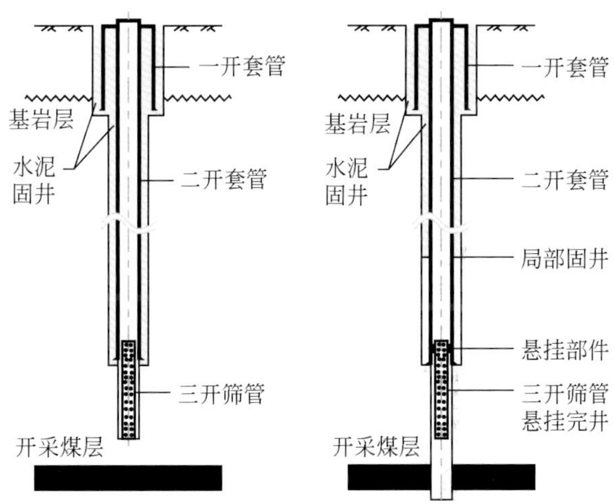

图1.3　采动抽采垂直井结构示意图

采动抽采垂直井不需要进行排水降压作业，也不需要对目标煤层采取水力压裂等强化增产措施，其生产方式是在工作面煤层回采过程中利用负压进行抽采，如图 1.4 所示。

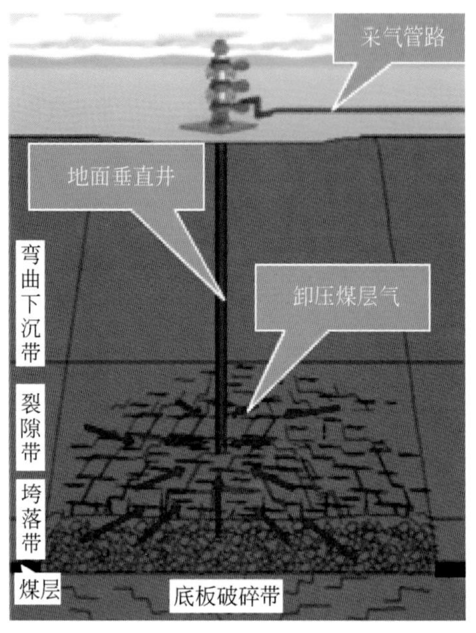

图 1.4 采动煤层气抽采示意图

利用地面采动抽采垂直井进行煤层气开发，既可利用采动区煤层瓦斯/煤层气卸压的高效抽采条件，又可在采前选择适宜时间施工地面抽采井，与井下采掘作业无相互影响和依赖关系，是一项煤层气开发及瓦斯治理新技术。我国煤矿采动区地面钻井开发煤层气经过多年的发展取得了一些成绩，但目前尚未全面实现工业化及规模化应用（胡千庭等，2010）。

2. 地面定向井

1）煤层气开发丛式井

在油气勘探开发钻井领域，丛式井是在同一井场内利用一个钻井平台有计划地布置两口或两口以上定向井（可包含直井），进而构成丛式井组，如图 1.5 所示。

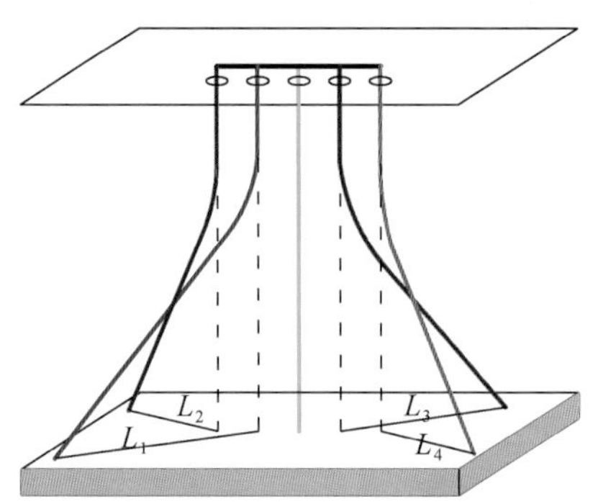

图 1.5 丛式井示意图

地面煤层气开发丛式井一般应用于地表施工条件差，布设多个井场困难的地区。丛式井施工工艺相对简单，可节约土地资源、保护环境，方便钻井和压裂作业，利于集中排采、维护，能够有效减少钻井施工成本和煤层气集输成本。地面煤层气开发丛式井集中排采现场照片如图 1.6 所示。

图 1.6　地面煤层气开发丛式井排采现场

2）煤层气开发“L”形水平井

地面煤层气开发“L”形水平井是一种垂深浅、曲率半径小、设计水平段长（通常达 800m 以上）的特殊水平井。依据水平段所处目标层及抽采煤层气来源等特征，“L”形水平井可进一步细分为顶板“L”形采动井和煤层“L”形开发井。图 1.7 所示为晋城矿区顶板“L”形采动井示意图，其水平段布设在煤层顶板内，平行于矿井采煤工作面走向，在采煤过程中抽采采动卸压煤层气。顶板“L”形采动井是针对采动垂直井自身固有的抽采范围小、服务时间短、分布零散集输不便等局限性而提出的一种采动区煤层气地面开发新方法，具有抽采范围大、有效抽采时间长、抽采效率高等诸多技术优势。

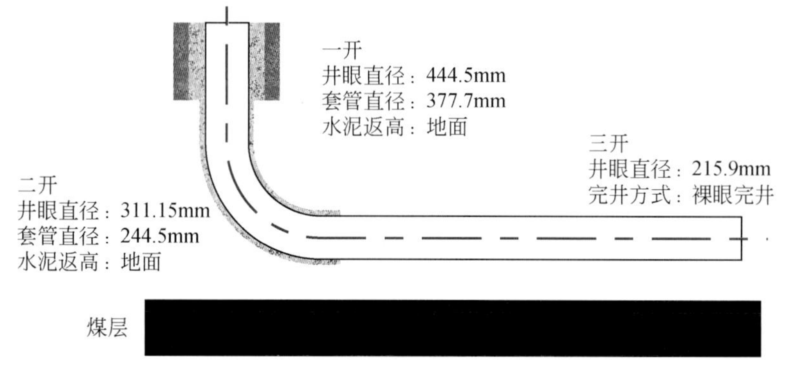

图 1.7　顶板“L”形采动井示意图

与垂直井相比，煤层“L”形开发井在目标储层中的有效距离长，增大了与储层的接触面积，有利于沟通储层的割理裂隙系统，排水降压波及范围广，有利于增加产气量。煤层“L”形开发井的典型的井身结构如图 1.8 所示。

煤层“L”形开发井对地形、交通等条件适应性强，同时，由于单井控制面积大，其维护管理成本和集输投入相对较低。但煤层“L”形开发井对地质条件要求高，适合构造

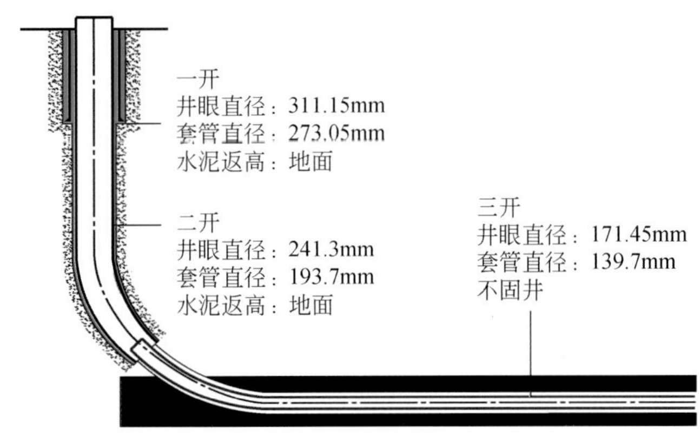

图 1.8 煤层“L”形开发井示意图

及水文地质条件简单、煤层分布稳定且厚度大、原生结构发育的煤矿区。

目前，“L”形水平井与垂直井相结合衍生出了多种新的煤层气开发井型，详见 1.2 节。

1.1.3 煤层气开发钻完井技术

我国煤层气地面开发的钻井、完井技术是在借鉴和移植美国的钻井、完井技术基础上发展起来的。

20 世纪 80 年代，煤炭、地矿部门及一些省市从煤矿安全角度出发，与国外煤层气公司合作，在山西阳泉、辽宁抚顺等煤矿区利用探矿钻机、水源钻机等施工了几十口煤层气垂直井，采用套管和筛管方式完井。

20 世纪 80 年代后期至 90 年代初，联合国开发计划署（UNDP）资助我国原煤炭工业部和地质矿产部在山西柳林、晋城，安徽淮南和东北铁法等地区进行有针对性的煤层气勘探试验，部分试验井采用 ϕ127mm 套管射孔完井。

20 世纪 90 年代，我国先后在山西三交、辽宁新城子等地区进行了垂直井裸眼洞穴完井试验，由于储层低渗、低压的特点，决定了采用裸眼洞穴完井后，初期产气量较大，但由于裂隙延伸距离有限，排采过程中压力不能有效传递，产气量衰减快，最终以失败告终。

“十五”期间，以中联煤层气有限责任公司为代表的多家单位对煤层气开发钻完井技术进行了深入研究，逐渐意识到储层保护的重要性。采用套管射孔完井技术弥补了裸眼完井排采过程中易形成煤粉聚集、井壁坍塌的不足，通过射孔压裂对储层进行改造，可有效提高煤层气井的产能，在沁水盆地东南部地区获得了突破，实现了商业性开发，成为我国目前煤层气地面钻井的主流。

多分支水平井技术是集地质设计、钻完井技术及储层增产强化技术于一体的新型油气开发工艺，已被成功移植到煤层气开发领域。2004 年，在沁水盆地大宁地区成功实施了第一口地面煤层气多分支水平井（即水平羽状井），拉开了我国多分支水平井地面开发煤层气的序幕。

一直以来，国家高度重视煤矿区煤层气的开发利用，相继出台了一系列鼓励政策。在国家政策和技术发展的推动下，特别是在“十一五”国家科技重大专项“大型油气田及煤层气开发”等国家科技计划项目的大力支持下，煤矿区煤层气开发取得了突破性进展，2005～2009 年与 2000～2004 年相比，煤矿区煤层气抽采量翻了 3 倍多，煤层气利用量翻了 2 倍多（申宝宏等，2011）。

1.2　煤矿区煤层气水平对接井开发技术

1.2.1　水平对接井的井型特点与技术优势

1. 水平对接井的井型特点

煤层气开发水平对接井一般是指水平井在煤层中与造穴直井进行对接后，继续沿煤层钻进并延伸至设计井深，为后续煤层气排采提供通道的井型。水平对接井至少应该包括 1 口垂直井和 1 口水平井，其井型特点主要体现在以下几个方面。

（1）井身结构方面：井身主要包括直井段、造斜段和水平段三部分，一般在水平井的水平段与垂直井连通。

（2）关键技术环节方面：主要包括直井煤层造穴、水平井着陆、沿煤层轨迹控制、连通、侧钻或开分支、储层保护、完井及增产措施等。

（3）生产用途方面：井组中垂直井常作为生产采气井，对应的水平井作为工程井在排采过程可临时封闭井口。

（4）整体性方面：煤层气水平对接井是一项系统工程，中间任一环节出现瑕疵，都可能影响整个钻井工程的质量。

（5）关联性方面：对于煤层气开发，水平对接井施工与前期资源评价的地质因素、后期完井排采工艺技术等密切相关。

2. 水平对接井抽采技术优势

煤层气开发水平对接井与其他井型相比，可有效导通煤储层的裂隙系统，增加气、水导流能力，提高单井产量和煤层气采收率，缩短投资回收周期，降低煤层气开采的单位成本；在沟谷纵横地形条件复杂的丘陵地区，可节约大量钻前工程和地面井场占地费用，利于提高投资综合效益，是开发低压、低渗地区煤层气资源的有效手段（丰庆泰、李平，2012）。

1.2.2　水平对接井的分类

水平对接井按结构特征可分为近端水平对接井、远端水平对接井及由此衍生的对接点两侧带分支的水平对接井等几大类。

1. 近端水平对接井

近端水平对接井通常是指水平连通井与目标垂直井在近端（两者井口间水平投影距离一般小于 250m）对接后，继续延伸钻进，并在对接点后主井眼不同位置侧钻多个分支的井型，如图 1.9 所示，整个井眼的水平投影形状与羽毛相似，也像鱼刺（鱼骨），因此也称为羽状多分支水平井或鱼骨状多分支水平井。

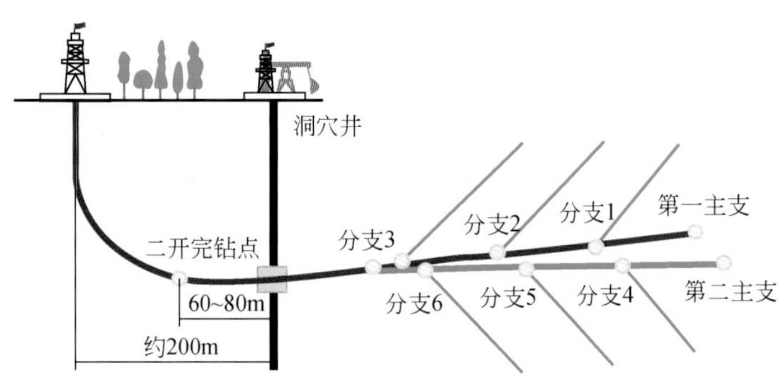

图 1.9　近端水平对接井井型示意图

近端水平对接井适合开发低渗透储层的煤层气，与采用射孔完井和水力压裂增产的常规垂直井相比，优势较为明显，可最大限度地沟通煤储层割理和裂缝系统，充分增大井眼在煤层中的泄流面积，扩大煤储层降压范围，大幅度提高单井产量，从而减少钻井数量，有利于保护环境和提高经济效益。近端水平对接井适合于各向异性明显、厚度较大且相对稳定的煤储层，即适应的理想煤层气藏为高煤阶、低渗透、高强度、高含气量且倾角较小。与常规垂直井相比，近端水平对接井的单井产量高，可高出 10～15 倍，5～8 年控制面积内的煤层气采收率比常规压裂直井提高 20%～30%，经济效益是常规直井的 3～5 倍，而且投资回报率时间较短。尤其是在沁水盆地南部，单井最高产气量已突破 $10\times10^4m^3/d$，取得了较好的商业化开发效果（鲜保安等，2005）。

2. 远端水平对接井

远端水平对接井是指水平连通井进入目标煤层后，在煤层中长距离延伸，并与目标垂直井在远端（两者井口间的水平投影距离一般大于 500m）对接的井型。根据与同一目标垂直井对接的水平连通井数量不同，远端水平对接井可进一步细分为“U”形水平对接井、“V”形水平对接井和多井连通型水平对接井等类型。

与常规垂直井、普通定向井和近端水平对接井相比，远端水平对接井的优点为：水平井段增加煤层气的有效供给面积，有利于提高煤层气的单井产量；投资相对小、产气量高，有利于后期压裂改造，适合开发中高煤阶、割理较为发育、含水量较高、具有一定倾角的较厚煤储层。实践证明，一口成功的远端水平对接井一般产气量可达 0.5×10^4～$3.0\times10^4m^3/d$，具有良好的煤层气开发潜力。

1）“U”形水平对接井

“U”形水平对接井由 1 口水平连通井与 1 口目标垂直井构成，其中水平连通井进入目标煤层后长距离延伸，在远端与带洞穴的目标垂直井对接。因其剖面投影与字母“U”相似，称为“U”形水平对接井，其结构示意图如图 1. 10 所示。

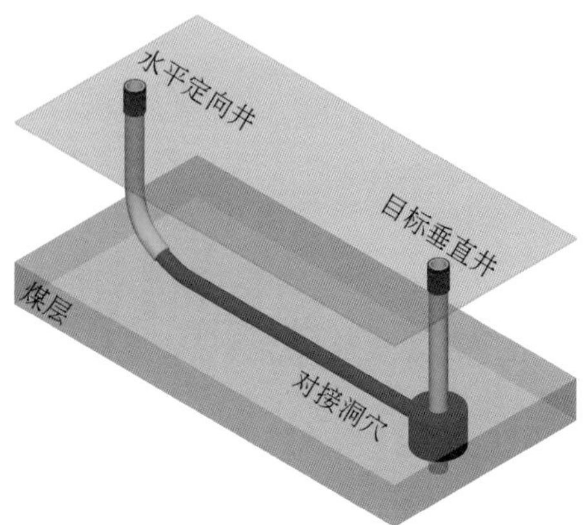

图 1. 10　“U”形水平对接井示意图

2）“V”形水平对接井

“V”形水平对接井由 2 口水平连通井与 1 口目标垂直井构成，其中 2 口水平连通井进入目标煤层后长距离延伸，在远端与同一带洞穴的目标垂直井对接。因水平连通井的水平投影与字母“V”相似，称为“V”形水平对接井，其结构示意图如图 1. 11 所示。

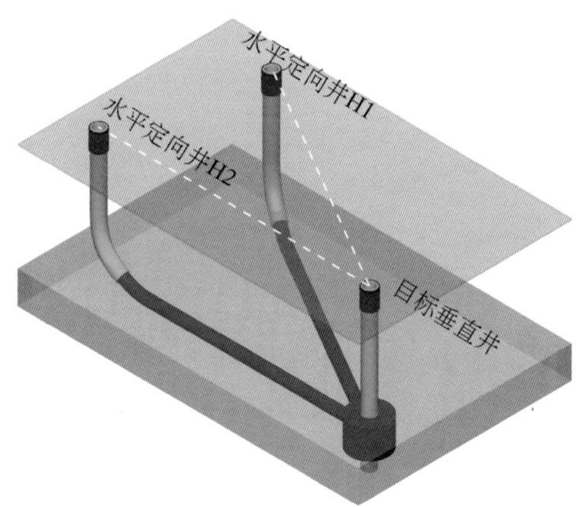

图 1. 11　“V”形水平对接井示意图

3）多井连通型水平对接井

多井连通型水平对接井由 2 口以上水平连通井与 1 口目标垂直井构成，其中多口水平连通井进入目标煤层后长距离延伸，在远端与同一带洞穴的目标垂直井对接。多井连通型水平对接井的结构示意图如图 1. 12 所示。

“V”形水平对接井和多井连通型水平对接井是“U”形水平对接井的拓展，具有多口水平连通井同时与同一目标垂直井进行对接的特点，除具备“U”形水平对接井的优点外，可更为有效地增大煤层气的有效供给面积，减小征地范围，投入产出比较小；其缺点是多口水平连通井在煤层造穴段与目标直井对接，可能造成洞穴段煤层坍塌掉块或失稳，

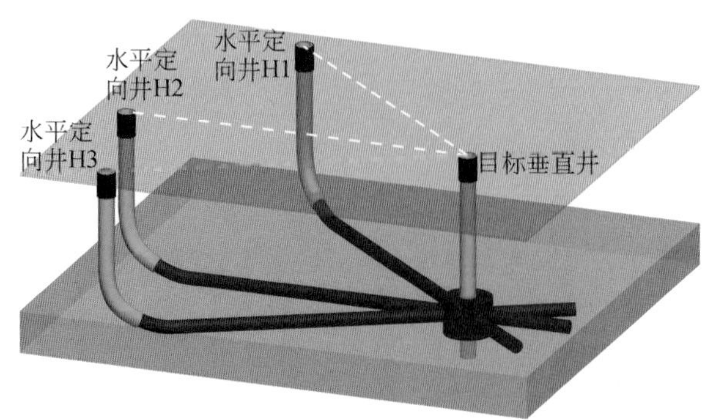

图 1.12　多井连通型水平对接井示意图

进而影响后期排采产气效果。

4）对接点两侧带分支的水平对接井

对接点两侧带分支的水平对接井是在分析国内外煤层气开发现状及存在问题的基础上，结合水平对接井的技术特点而提出的一种特殊的煤层气开发水平对接井新模式。这种新的井型兼具羽状水平对接井和“U”形水平对接井的技术优点，在实现远端水平对接的同时，又在对接造穴的前后均进行侧钻分支井施工，结构示意图如图 1.13 所示。

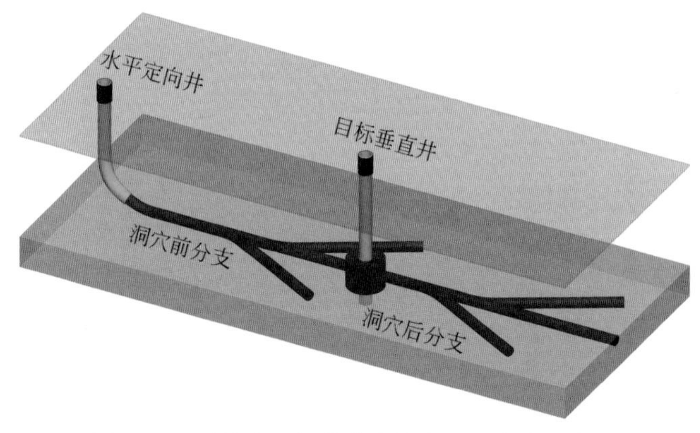

图 1.13　对接点两侧带分支的水平对接井示意图

对接点两侧带分支的水平对接井洞穴前后的分支井眼能够有效沟通洞穴周围煤层中的割理、裂隙系统，增加排水降压波及的范围和煤层气供给面积，降低煤层裂隙内气液两相流的流动阻力，提高导流能力，从而提高煤层气开发效果。

1.3　煤层气开发对接井井身结构与井眼轨道设计

1.3.1　井身结构设计

井身结构设计是钻井工程的基础，是保证安全钻进、快速钻达目的层及顺利完井并实现开发目的的重要前提，不但关系到钻井工程的整体安全效益和经济效益，还直接影响到井眼的使用寿命（唐志军、邵长明，2007）。合理的井身结构设计既能最大限度地避免漏、塌、卡等井内工程事故的发生，使各项钻进作业得以安全顺利进行，又能最大幅度地降低钻井费用，降低工程成本。

1. 井身结构设计原则

煤层气开发对接井合理的井身结构设计在很大程度上取决于三方面因素：①客观的地质环境——岩性、地层压力特性、复杂地层分布、井壁稳定性、地下流体特性等，以及主观的认识程度；②钻进装备条件（包括钻机、钻具、钻头、固控系统等）；③钻井工艺技术水平——钻井液工艺技术、固井工艺、井眼轨迹控制技术、操作水平等。

井身结构设计的主要任务是确定套管下入层次、下入深度、套管与钻头尺寸及配合、固井的工艺参数并充分考虑施工的经济效益，结合施钻地区情况，井身结构设计应遵循以下原则：①充分考虑国内现有钻进装备条件和设备能力同煤层气低成本开发的需求；②满足煤矿企业安全生产、环境保护的要求；③套管尺寸应满足完井、排采、增产措施和后续作业的要求；④尽量使用成熟的井身结构体系，满足勘探开发要求，采用 API 标准系列的套管和筛管，并向常用尺寸系列靠拢；⑤在满足下套管和固井要求的前提下，采用较小的套管/井眼间隙值，以降低勘探开发成本，固井可根据实际情况选择低密度固井液或水泥浆上返至地面；⑥根据钻遇地层压力变化情况，确定各层套管的合理下深，能满足煤层气钻进作业要求，有利于实现安全、优质、快速和低成本钻进。

2. 典型井身结构

1）目标垂直井井身结构

煤层气开发对接井中的目标垂直井作为最终排采井是井组的重要组成部分，是 1 口或多口水平连通井对接连通的目标，其井身结构设计必须满足对接连通及后期完井、排采的要求。目前，目标垂直井常采用的两种井身结构如图 1. 14、图 1. 15 所示，与之对应的套管、钻头尺寸系列见表 1. 1。

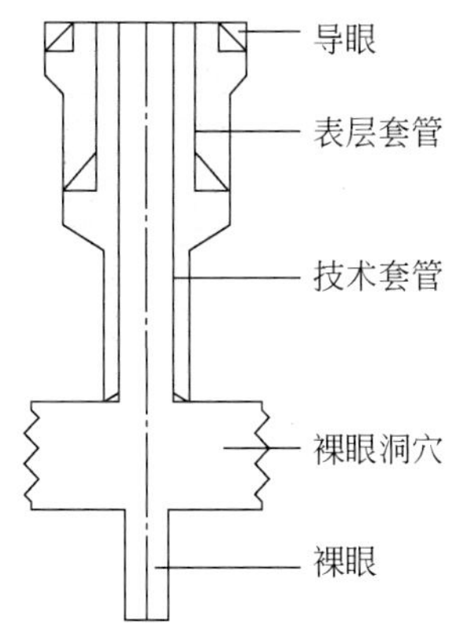

图 1. 14　系列 1 垂直井井身结构示意图

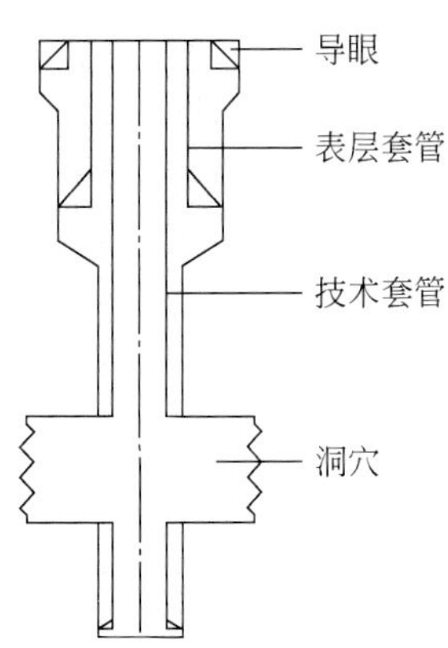

图 1. 15　系列 2 垂直井井身结构示意图

表 1.1 对接井中目标垂直井常用井身结构系列

系列	套管尺寸/mm	钻头尺寸/mm	完井方式
1	ϕ244.5-ϕ177.8	ϕ311.15-ϕ215.9-ϕ152.4	裸眼洞穴完井（洞穴以下为裸眼）
2	ϕ244.5-ϕ177.8	ϕ311.15-ϕ215.9	段铣目标煤层段套管，造穴完井

两个系列的目标垂直井均是一开钻过表土层，进入基岩或较稳定地层 5～10m，鉴于目前国内 ϕ311.15mm 井眼应用比较广泛，且相关的钻具及配件也更易采购、配套，因此一开普遍采用 ϕ311.15mm 井眼，下入 ϕ244.5mm 的 J55 表层套管封固表层易漏及含水地层。系列 1 二开采用 ϕ215.9mm 井眼钻至目标煤层顶板以上设计井深，井底下入简易封隔器避免固井作业压裂煤层，随后下技术套管封固煤层以上地层；三开井眼 ϕ152.4mm，煤层段裸眼造洞穴完井。系列 2 二开采用 ϕ215.9mm 井眼钻至设计井深，留足口袋，下技术套管并固井；随后采用相应的工具铣掉煤层段的套管（金属或玻璃钢材质），最后造穴。

2）水平连通井井身结构

水平连通井的井身结构多样，主要区别在于井眼尺寸较为多元，国内目前常用的井身结构如图 1.16 所示，与之对应的套管、钻头尺寸系列见表 1.2。

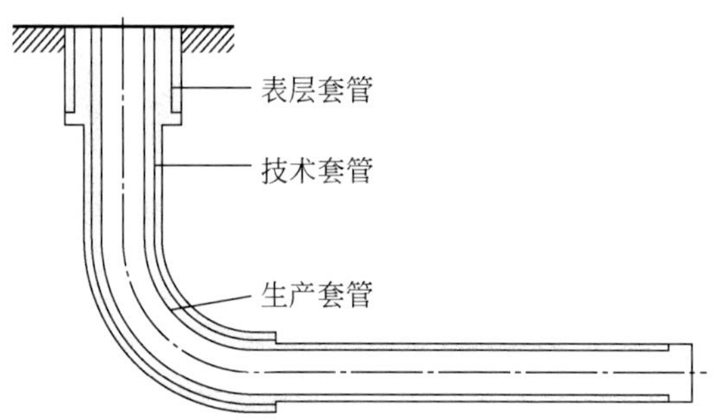

图 1.16 水平连通井井身结构示意图

表 1.2 水平连通井常用井身结构系列

系列	套管尺寸/mm	钻头尺寸/mm	完井方式
1	ϕ244.5-ϕ177.8	ϕ311.15-ϕ215.9-ϕ152.4	非压裂方式完井
2	ϕ244.5-ϕ177.8-ϕ114.3	ϕ311.15-ϕ215.9-ϕ152.4	压裂完井
3	ϕ339.7-ϕ244.5-ϕ139.7	ϕ444.5-ϕ311.15-ϕ215.9	筛管完井/压裂完井
4	ϕ273.05-ϕ193.7-ϕ139.7	ϕ374.65-ϕ241.3-ϕ171.5	压裂完井

系列 1～3 井身结构均是一开钻穿表土层，进入基岩 5～10m，下入 J55 表层套管封固地表易漏、含水地层；二开钻至着陆点（见煤点）以上结束，井底下入简易封隔器，避免固井作业压裂煤层，下入技术套管封固煤层段以上地层。

系列 1 的三开井段可选择裸眼完井（适应较稳定煤层）或下入小径筛管完井（适应不稳定煤层），不适合压裂完井；系列 2 适合压裂完井，用于煤层不完整、造斜率较高的水平井；系列 3、4 适合筛管完井、压裂完井，用于中等造斜率、破碎煤层、护壁要求高的水平连通井。

针对后期完井增产作业的需要，优选系列 2、4 井身结构。如煤层埋深过浅，曲率半径无法满足施工要求，可减少技术套管的下入深度或三开继续造斜，完钻后将煤层以上裸眼段封固。

基于控制钻井成本的需要，系列 4 井身结构二开下入 ϕ193.7mm 技术套管封固煤层以上地层后，三开井眼尺寸优选 ϕ171.5mm，完井下入 139.7mm 管柱。与系列 3 相比，系列 4 二开井眼尺寸较小，钻完井成本较低，后期压裂易实现。

4 个系列井身结构特点对比情况见表 1.3。

表 1.3　不同系列井身结构特点对比表

适用井眼曲率半径	固井质量	施工难度	施工周期	钻井成本	后期作业难度
（4/3）>2>1	3>4>2>1	4>3>2>1	4>3>2>1	3>4>2>1	（3/4）>2>1

在套管钢级选用方面，表层套管可选用 J55 套管，技术套管及完井管柱推荐采用 N80 套管，即可满足钻完井施工的要求，如对压裂压力有更高要求可升级为 P110 套管。

1.3.2　井眼轨道设计

实施对接井钻井工程，首先要进行轨道设计，并依据轨道设计进行具体的定向钻进施工。针对不同的勘探开发目的及不同的设计限制条件，轨道设计方法有多种，且每种设计方法都具有一定的设计原则。

轨道设计是定向井工程中一个重要环节，合理地设计好井眼轨道，是定向井成功的保证。同油气勘探开发水平井相比，煤矿区对接井有其自身特点：①煤层气对接井目标层垂深普遍较浅，大多在 1000m 以浅；②前期勘探开发程度较低，地质资料不精确，目标层位起伏较大；③曲率半径（靶前位移）较小，一般为 150～220m，造斜率相对较高。

出于储层保护方面的考虑，煤层段通常采用清水钻进，对安全钻井是极大的挑战；因需要进行对接作业，对井眼轨迹的控制要求高。

煤矿区对接井井眼轨道设计应遵循以下原则：①消耗较小的位移获得较大的垂深；②井眼轨道平滑，有利于钻进作业和后续生产；③应能在一定程度上减小钻柱的摩阻、扭矩，增强水平井段的延伸能力，增加在煤层中的有效进尺，增大和煤层的接触面积；④非煤段进尺与总进尺之比尽可能小，确保煤层有效进尺最大化。

1. 井眼轨道的类型

井眼轨道设计一般由直井段、增斜段和水平段组成，轨道类型主要有下述三种。

1）直–增–平类型（单圆弧型）

井眼设计轨道从造斜点到入靶点由一段圆弧组成，理论上适合中曲率半径和短曲率半径的水平井，但在实际施工中很难保证造斜工具按设计的造斜率施工，加之没有调整段，一旦出现异常就会导致后续精确入靶困难，该轨道类型一般应用于井斜较小的定向井中，在对接井中不建议采用。

2）直–增–增–平类型（双圆弧型）

井眼设计轨道从造斜点到入靶点由两圆弧段组成，适用于地层情况认知较好，造斜钻具组合在该地层的造斜能力较稳定的情况下，第二增斜段造斜率可略低于第一增斜段，降低入靶的难度，适用于中曲率半径对接井。

3）直–增–稳–增–平类型（五段制）

这种轨道类型适用于陌生区块及螺杆钻具组合在当地地层中的造斜能力不确定的情况下，当实际施工造斜率低于预期造斜率时，中间留有调整段，便于井眼轨迹的控制，为着陆入靶创造有利条件；增斜段也可根据工具的造斜能力设计成多种不同造斜率的井段，适用造斜率不太熟悉的井段。

综合考虑各种因素，为降低精确对接井的施工难度，提高对接的成功率，建议尽量采用第 3 种轨道类型，即直–增–稳–增–平剖面类型。

五段制轨道存在特殊情况：即靶前位移较小却又希望造斜率较低的特殊情况，常见于一些地面条件受限，直井与水平井的距离不足以满足正常的五段制剖面要求的近端对接井中，此时靶前位移较小，却要曲率半径变大，因此须在直井段施工过程中，向目标洞穴的反方向定向施工从而获得一定的负位移，提前造斜，加之两口井之间的位移使曲率半径加大从而满足五段式施工的要求，保障了轨迹控制的需求，也给技术套管及完井管柱的顺利下入创造条件，但定向的工作量因此增大，对定向施工的要求也相应地提高。

2. 常用的设计方法

1）设计原则

设计对接井水平连通井井眼轨道需要优化的参数有：造斜点垂深、造斜率大小、调整段长度、入靶点方位。

满足施工的几个关键约束条件如下。

（1）轨道的设计造斜率必须小于现场工具的最大造斜能力。

（2）造斜点须在较稳定的地层中，且造斜点距离目标点垂深差略大于对接井平均“拐弯”半径。

（3）造斜末段位置须在地质条件适合下技术套管的层位。

（4）入靶方位应指向洞穴对接连接点，并为磁导向引导施工预留足够长度的井段。

轨道设计中应遵循以下原则。

a. 选择合适的造斜率

水平连通井的设计靶区是一垂直于设计入靶线的平面（称作法面）上的矩形区域，也称作入靶窗口。煤层厚度所限，一般入靶窗口的上下限通常在 2m 以内，因此其控制入靶难度较大，在轨迹控制过程中一旦出现失误，就有可能导致最后脱靶。

实际施工中综合考虑钻机能力、钻柱强度、现场施工条件、下套管、固井及后期完井要求，在适应煤储层特性和地质条件的前提下，根据钻具组合的造斜能力，提高造斜井段造斜率，大幅度减小曲率半径和缩短造斜井段长度，改善井眼摩阻特性、清洁效果，简化套管程序。依据这一原则，一般水平井造斜井段的曲率半径在 170～220m 为宜，对应的造斜率范围是 25°～34°/100m。

b. 选择合适的井眼形状

复杂的井眼形状势必增加施工难度，因此井眼形状的选择应力求简单。

从钻具受力的角度来看，降斜井段会增加井眼的摩阻，易引起井内复杂情况。增斜井段的钻具轴向拉力的径向分力与重力在轴向的分力方向相反，有助于减小钻具与井壁的摩擦阻力。而降斜井段的钻具轴向分力，与重力在轴向的分力方向相同，会增加钻具与井壁的摩擦阻力。因此，无论在设计还是施工过程中尽量杜绝降斜井段的轨道设计。此外，为确保水平段井壁的稳定性，应考虑地应力的影响，井眼延伸方位需尽量与安全钻井方位一致：当垂直应力为最大主应力时，最小水平地应力方位的井眼最稳定；当垂直应力为最小主应力时，最大水平地应力方位的井眼最稳定，最小水平地应力方位的井眼最危险；当垂直应力为中间主应力时，与最大水平地应力方向夹角 30°～45°方位的井眼井壁最稳定。

c. 优化造斜点

造斜点的选择应充分考虑地层稳定性、可钻性的限制。尽可能把造斜点选择在较稳定、均匀的硬地层，避开软硬夹层、岩石破碎带、漏失地层、流沙层、易膨胀或易坍塌的层段，以免出现井内复杂情况，影响定向施工。

造斜点的深度应根据设计轨道的垂深、水平位移和选用的轨道类型来决定。为满足后期完井工艺的需求，应充分考虑井身结构的要求及设计垂深和位移的限制，选择合理的造斜点位置。

d. 平稳的着陆姿态

着陆点及着陆角的选择应充分考虑煤层特点、地层走向及顶板的岩性特点等。煤层越薄着陆角与目的煤层倾角的差值就越小，否则不利于轨迹在煤层中平稳延伸；此外，为满足成井的要求，尽量确保轨迹在煤层中可钻性较好的层位穿行，须避免着陆不好而产生波浪形的井段。

2）设计方法

水平连通井轨道设计，通常采用查图法、几何作图法和解析计算法。由于计算机的广泛应用，查图法和几何作图法已很少采用，目前使用最多的是解析计算法。解析计算法是根据已知设计条件，应用解析计算公式求解出设计轨道的各个未知参数。此种方法由于计算复杂、工作量大，在计算机普及之前，未能得到广泛应用，而现在配合相应的定向井设计软件已经广泛应用于井眼轨道设计。解析计算法的最大特点是计算准确、求解对象可灵活改变，图 1.17 所示为解析计算法的一个实例（韩志勇，2007）。

造斜率 K 与曲率半径 R 换算关系为

$$R = \frac{180 \times 30}{\pi} \cdot \frac{1}{K} \tag{1.1}$$

图 1.17 中 D_t、S_t、D_a、α_a、α_t、K_z［第一造斜段造斜率，(°)/30m］、K_{zz}［第二造斜段造斜率，(°)/30m］为已知参数，ΔL_w（$\Delta L_w = bc$，稳斜段长度）和 α_b为通过计算求解的两个参数，且有

$$\tan\alpha_b = \frac{kc}{bk} = \frac{S_t - S_a - R_z(\cos\alpha_a - \cos\alpha_b) - R_{zz}(\cos\alpha_b - \cos\alpha_t)}{D_t - D_a - R_z(\sin\alpha_b - \sin\alpha_a) - R_{zz}(\sin\alpha_t - \sin\alpha_b)}$$

整理可得

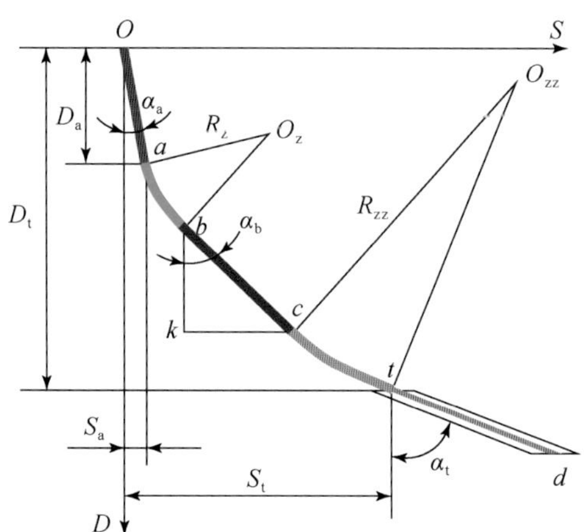

图 1.17　解析计算法实例示意图

D_t为目标靶点或目标段始点的垂深，m；S_t为目标靶点或目标段始点的水平位移，m；D_a为造斜点垂深，m；S_a为造斜点水平位移，m；kc 为 bc 的水平投影长度，m；bk 为 bc 的垂直投影长度，m；α_a为造斜点起始井斜角，(°)；α_b为稳斜段井斜角，(°)；α_t为目标段井斜角，(°)；R_z为第一造斜段曲率半径，m；R_{zz}为第二造斜段曲率半径，m

$$\tan\alpha_b = \frac{S_t - S_a - R_z\cos\alpha_a + R_{zz}\cos\alpha_t + (R_z - R_{zz})\cos\alpha_b}{D_t - D_a + R_z\sin\alpha_a - R_{zz}\sin\alpha_t - (R_z - R_{zz})\sin\alpha_b}$$

为方便计算，设置如下过渡参数，即令

$$S_e = S_t - S_a - R_z\cos\alpha_a + R_{zz}\cos\alpha_t \tag{1.2}$$

$$D_e = D_t - D_a + R_z\sin\alpha_a - R_{zz}\sin\alpha_t \tag{1.3}$$

$$R_e = R_z - R_{zz} \tag{1.4}$$

则得

$$\tan\alpha_b = \frac{S_e + R_e\cos\alpha_b}{D_e - R_e\sin\alpha_b} \tag{1.5}$$

$$D_e\sin\alpha_b - S_e\cos\alpha_b = R_e \tag{1.6}$$

将 $\sin\alpha_b = \dfrac{2\tan\dfrac{\alpha_b}{2}}{1+\tan^2\dfrac{\alpha_b}{2}}$、$\cos\alpha_b = \dfrac{1-\tan^2\dfrac{\alpha_b}{2}}{1+\tan^2\dfrac{\alpha_b}{2}}$ 代入式（1.6）中整理可得

$$\alpha_b = 2\arctan\frac{D_e - \sqrt{D_e^2 + S_e^2 - R_e^2}}{R_e - S_e} \tag{1.7}$$

可以证明：$\Delta L_w = \sqrt{D_e^2 + S_e^2 - R_e^2}$。

由 $D_e\sin\alpha_b - S_e\cos\alpha_b = R_e$ 还可得到另一种表达形式：

$$\frac{D_e}{\sqrt{D_e^2 + S_e^2}}\sin\alpha_b - \frac{S_e}{\sqrt{D_e^2 + S_e^2}}\cos\alpha_b = \frac{R_e}{\sqrt{D_e^2 + S_e^2}}$$

令

$$\frac{D_e}{\sqrt{D_e^2 + S_e^2}} = \cos\beta$$

$$\frac{S_e}{\sqrt{D_e^2 + S_e^2}} = \sin\beta$$

则可得

$$\sin\alpha_b\cos\beta - \sin\beta\cos\alpha_b = \frac{R_e}{\sqrt{D_e^2 + S_e^2}} \tag{1.8}$$

$$\sin(\alpha_b - \beta) = \frac{R_e}{\sqrt{D_e^2 + S_e^2}} \tag{1.9}$$

$$\alpha_b = \arcsin\frac{R_e}{\sqrt{D_e^2 + S_e^2}} + \arcsin\frac{S_e}{\sqrt{D_e^2 + S_e^2}} \tag{1.10}$$

或

$$\alpha_b = \arcsin\frac{R_e}{\sqrt{D_e^2 + S_e^2}} + \arccos\frac{D_e}{\sqrt{D_e^2 + S_e^2}} \tag{1.11}$$

通过以上公式可计算出轨道设计所需要的参数，实际施工过程中主要利用计算机软件来实现。

3）方位修正

煤层气对接井施工所用的随钻测量 MWD（measure while drilling）或随钻测井 LWD（logging while drilling）系统普遍使用磁性测量仪器来测量井斜方位角，测得的方位角是以磁北为基准，而轨道设计和轨迹计算采用的是高斯投影坐标系，即网格坐标是以网格北为基准，韩志勇等（2006）认为在定向井设计或施工过程中必须进行磁偏角和子午线收敛角的校正。

a. 磁偏角校正

磁偏角是指地球表面任一点的磁子午圈同地理子午圈的夹角 δ。一般取东偏磁偏角为正值，西偏磁偏角为负值，如图 1.18 所示。

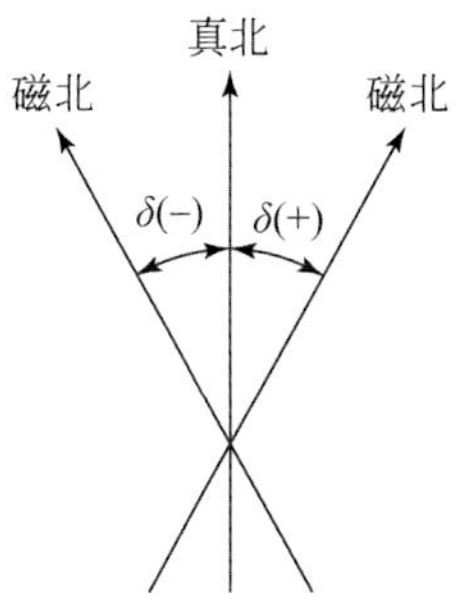

图 1.18　磁偏角示意图

磁偏角直接影响对接连通井轨迹控制精度，进而影响水平连通井与目标直井的对接连通。磁偏角的取值可采用最新的中国地磁图上所显示的数据，或者依据最新的地磁场模型，利用相关软件计算，通过这种方法得到的磁偏角能够满足轨迹计算的精度要求。

b. 子午线收敛角校正

如图 1.19 所示，子午线收敛角是地球椭球体面上一点的真子午线（TN）与点所在的投影带的中央子午线（GN）之间的夹角，即在高斯平面上的真子午线与坐标纵线的夹角，通常用 γ 表示。此角有正、负之分：以真子午线北方向为准，当坐标纵轴线北端位于以东时称东偏，其角值为正；位于以西时称西偏，其角值为负。某地面点子午线收敛角的大小与此点相对于中央子午线的经度差 $\Delta\lambda$ 和此点的纬度 ϕ 有关。

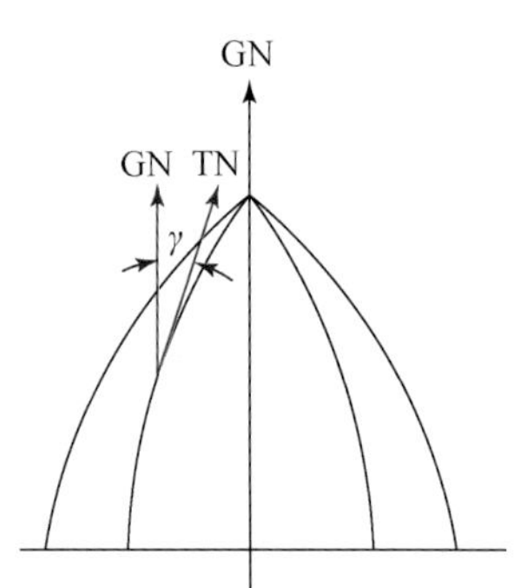

图 1.19　子午线收敛角示意图

在一个投影带（3°带或 6°带）内，子午线收敛角的变化有一定的规律：距离中央子午线越远，收敛角越大，在中央子午线上收敛角等于零；距离赤道越远，则收敛角越大，在赤道线上收敛角等于零。计算子午线收敛角时，首先进行坐标转换，把高斯投影坐标系转换到大地坐标系，即求得井位和目标点的经、纬度。这个坐标转换可以通过专业的软件（如 Compass、Navigator）来实现，完成坐标转换之后，可以利用简易公式［式（1.12）］近似计算子午线收敛角：

$$\gamma = \Delta\lambda \cdot \sin\phi \tag{1.12}$$

式中，各符号所代表的参数同前。实际计算表明，此简易公式的计算误差随着纬度 ϕ 的减小而增大，随着经度差 $\Delta\lambda$ 的增大而增大。在 $\phi = 10° \sim 70°$ 和 $\Delta\lambda = 1° \sim 3°$ 时，最大相对误差不超过 0.083%，在工程计算中有足够的精确度能满足对接井施工要求。

例如，一口井的井口坐标为 $X = 5168547.59$，$Y = 21655015.96$，该坐标表明井口位于高斯投影 6°带的第 21 投影带，其中央子午线为东经 123°。经过换算可以求得该井口的大地坐标（北京 54 坐标系）：$\phi = 46°37'59.341''$，$\lambda = 125°01'27.687''$，则 $\Delta\lambda = 2.024358°$，则该井的子午线收敛角为

$$\gamma = \Delta\lambda \cdot \sin\phi = 2.024358 \times \sin 46.63315 = 1.47° \tag{1.13}$$

c. 方位角校正

为保证对接连通井施工的精确性，需对轨迹测量的方位角进行磁偏角校正和子午线收敛角校正。如图 1.20 所示，方位角校正公式如下：

$$\phi_c = \phi_s + \delta - \gamma \tag{1.14}$$

式中，ϕ_c 为经过校正之后的方位角，（°）；ϕ_s 为测量仪器测得的井斜方位角，（°）；δ 为磁偏角，东磁偏角为正值，西磁偏角为负值，（°）；γ 为高斯平面子午线收敛角，东收敛角为正值，西收敛角为负值，（°）。

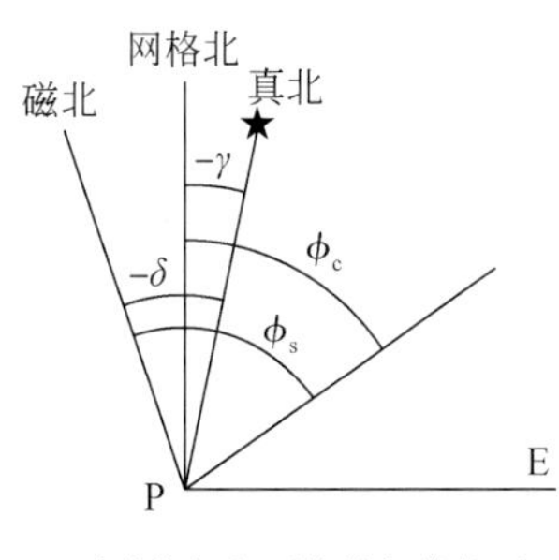

(a)西磁偏角和西收敛角的校正

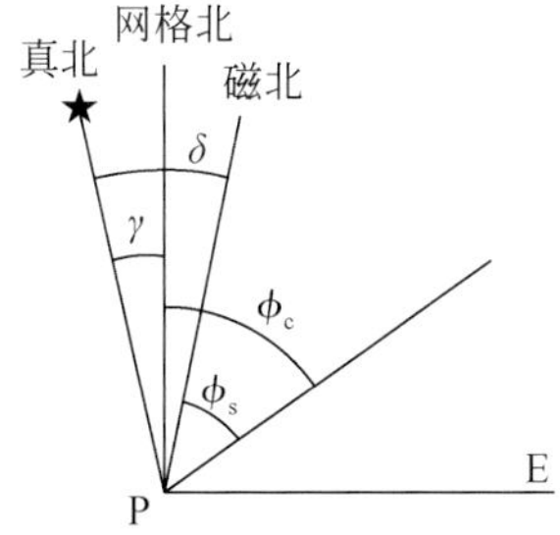

(b)东磁偏角和东收敛角的校正

图1.20　方位角校正方法示意图

1.3.3　对接点两侧带分支的精确对接井设计

带分支的精确对接井，又称为多分支水平井，适合于开采低渗透煤储层，可以较大范围地沟通煤层裂隙系统，扩大煤层降压范围，降低煤层水排出的流动阻力，大幅提高单井产量和煤层气采收率（饶孟余等，2007）。对接点两侧带分支的精确对接井设计分为造斜井段设计和水平井段设计，造斜井段设计在1.3.2节已阐述清楚，这里主要介绍水平井段设计方法。

1. 带分支的精确对接井井型

地形地貌限制了地面煤层气井的布设，煤储层产状也影响着水平井段的设计，为实现更大的覆盖范围，水平井段的设计方案及分支的布设可因地制宜。带分支的精确对接井主要分为三类，第一类是在排采直井外侧设置分支，第二类是在水平井与排采直井之间设置分支；第三类是在排采直井两侧均设置分支。

1）排采直井外侧设置分支

在排采直井外侧设置分支，是最常用的一种多分支水平井分支设置方式，根据主支的不同，可分为单主支和多主支水平井。单主支水平井是指设置一个主支，而分支在该主支单侧或两侧对称设置，如图1.21所示；多主支水平井是指设置两个或多个主支，在各个主支上再分别布设分支，如图1.22所示。

2）水平井与排采直井间设置分支

水平井与排采直井间设置分支，一般适用于远端对接水平井，布设该类对接井主要是地形原因导致水平井和排采直井间距较大而造成，该井型水力流动模型较为复杂，水力流动阻力较近端对接多分支井大，如图1.23所示。

3）排采直井两侧均设置分支

近端对接水平井为增加煤层段进尺和扩大控制面积，可在水平井与排采直井之间增加分支，远端对接水平井在地质条件及施工能力允许的情况下也可在连通点后增加分支；为进行多煤层联合开采，也可在水平井和排采直井间开设第二个主支，在其与排采直井连通后，增设分支，如图1.24所示。

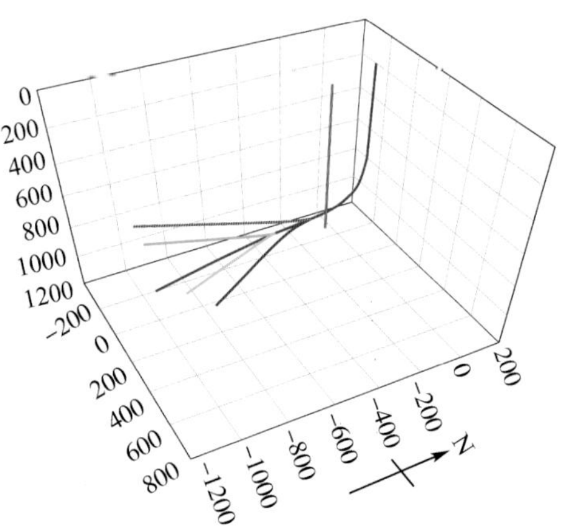

图 1.21　单主支水平井

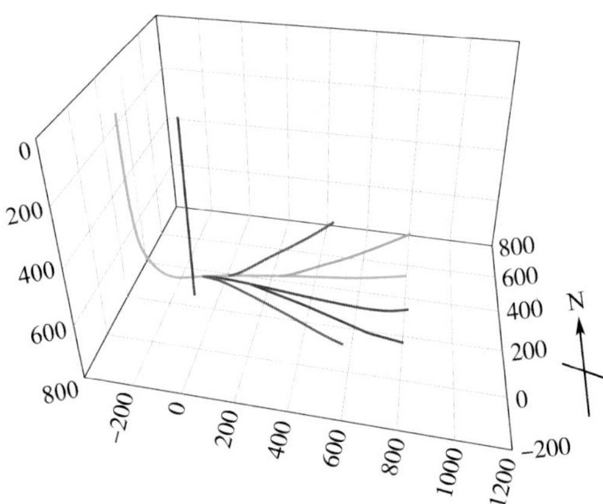

图 1.22　多主支水平井

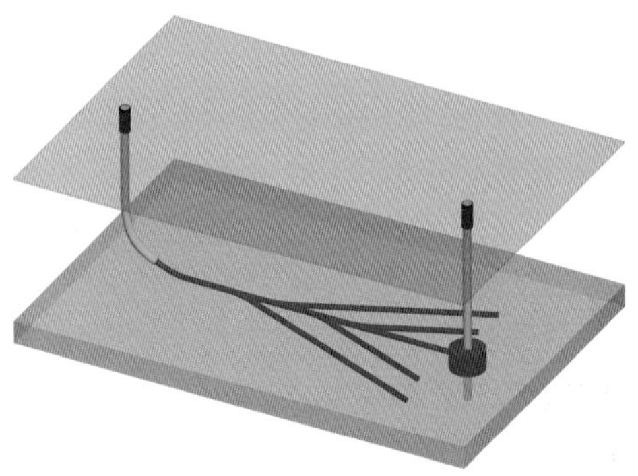

图 1.23　带分支的单层水平井

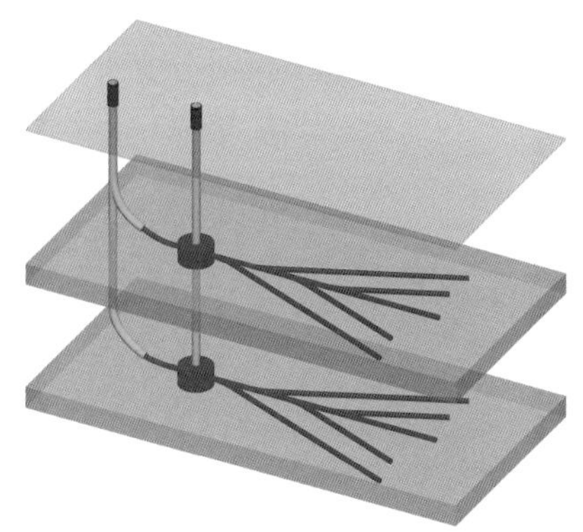

图 1.24　多煤层联合开采水平井

2. 对接点两侧带分支的水平井设计

1）设计原则

对接点两侧带分支的水平井设计需要进行设计及优化的参数有：①开分支方式选择；②造斜率优化；③分支点位置设计；④分支井眼与主井眼夹角设计；⑤分支段长度设计。

对接点两侧带分支的水平井设计需要满足的关键约束条件为：①分支布设需尽可能实现成本效益最大化；②设计造斜率必须小于现场工具的最大造斜能力；③根据完井方式的不同选择合适的开分支方式；④侧钻点须在比较稳定的层位，预留侧钻点井段需利于侧钻。

对接点两侧带分支的水平井设计具体设计中应遵循下述原则。

a. 优化分支井布设

分支井设计的目的是在进尺一定的前提下，尽可能多地扩大覆盖面积，提高单井产气量，同时提高煤层气采收率。应基于单井产气量及煤层气采收率进行分支井井型优化设计，实现成本效益最大化。

b. 选择适宜的开分支方式

目前侧钻开分支方式主要有前进式侧钻开分支和后退式侧钻开分支两种，选择适宜的开分支方式利于后期完井及排采作业。

c. 选择恰当的造斜率

为获得更大覆盖范围，分支侧钻时，需要采取尽可能大的造斜率，使分支和主支尽快分离。但过大的造斜率会增大钻具摩阻、扭矩，为后续定向钻进带来不便，同时，造斜率也不应大于现场常规造斜工具的最大造斜能力。结合不同煤储层造斜率情况，分支与主支分离阶段，造斜率一般不大于 34°/100m；定向钻进阶段，分支井造斜率一般不大于 20°/100m。

d. 优化侧钻点

每个设计开分支井段，应预留 2～3 个侧钻点。侧钻点的选择，应考虑煤层稳定性及悬空侧钻的可行性。尽可能把侧钻点选择在煤层上部稳定煤层中，避开软弱夹层及夹矸。

2）设计方法

本章已对水平井设计方法进行阐述，这里仅对分支井设计进行介绍，主要包括如下内容：①分支形态设计；②开分支方式设计；③侧钻点位置设计；④分支井眼与主井眼夹角设计；⑤分支段长度设计。

a. 分支形态设计

在总钻井进尺相同的条件下，增加分支数意味着增加钻井难度与费用，分支分布形态与井眼稳定性、单位长度产气量有一定关系，典型分支形态如图 1.25 所示。

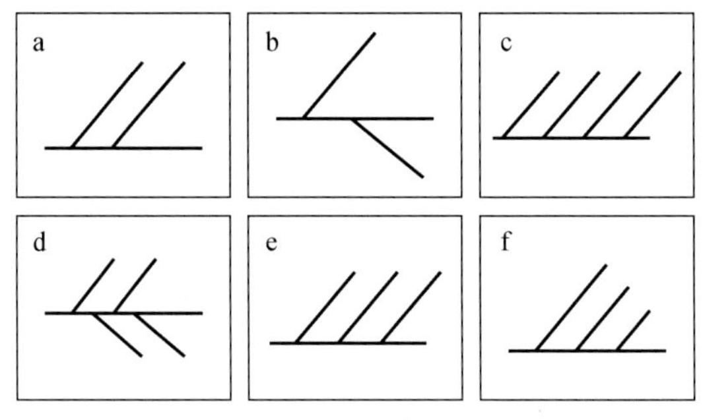

图 1.25　分支形态

结合沁水盆地、焦坪矿区、彬长矿区煤储层参数，王福勇等（2010）、范耀和茹婷（2014）、曹立虎等（2014）分别对几种分支形态产气量进行模拟，结果对比分析表明，在水平段长度一定时，异侧分支（图 1.25b、d）比同侧分支（图 1.25a、c）对水平井产量的贡献略大；在不大于临界长度的前提下，异侧分布长分支（图 1.25b）后期产量略大于短分支（图 1.25d）。因此，水平段总长度一定时，在满足施工能力的情况下，宜布设异侧分支，且分支长度不宜超过临界长度。

b. 开分支方式设计

目前侧钻开分支方式有两种：前进式侧钻开分支和后退式侧钻开分支。以图 1.26 为例分别说明如下。

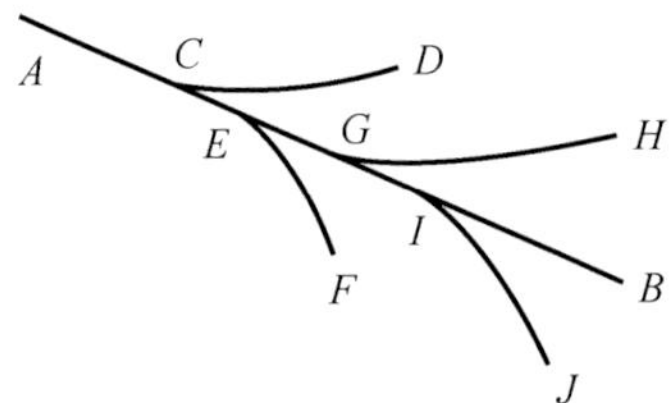

图 1.26　侧钻开分支示意图

前进式侧钻：进入水平段一定距离后，首先施工 *CD* 分支，完成后退至侧钻点 *C* 沿主井眼延伸方向侧钻施工一段 *CE* 主井眼，开始施工第二分支 *EF*，完成后退至侧钻点 *E* 再施工主井眼 *EG*，余下分支的施工顺序依此类推。

前进式侧钻的优点是主井眼内顺利下入 PE 筛管的成功率较高，后期完井作业相对主动；该施工顺序可最大限度地减小可能的井眼损失，取得最佳的开发效果。其缺点是前面分支井完成后，再次下钻时钻具组合在分支窗口处可能会进入分支井，而不是期望的主井，导致井内复杂情况的发生。

后退式侧钻：首先钻进主井 AB，完成后回退钻具至侧钻点 I 悬空侧钻，施工分支井 IJ，完成后再继续回退钻具至侧钻点 G，悬空侧钻分支井 GH，余下分支井的施工顺序依此类推。

后退式侧钻的优点是不会出现下钻进入分支井眼的情况，施工风险相对较低。缺点是先完成的井眼可能会被分支窗口处堆积的岩屑封堵，造成主井下筛管困难，严重时可能损失部分先完成的主井段。

c. 侧钻点位置设计

侧钻点位置设计主要包括侧钻点选择和侧钻点间距两个方面。

侧钻点的选择，应考虑煤层稳定性及悬空侧钻的可行性，在收集煤储层资料的基础上，结合排采直井揭露煤层情况和测井曲线，尽可能把侧钻点选择在煤层上部稳定煤层中，避开软弱夹层及夹矸。考虑到分支侧钻对排采直井洞穴稳定性的影响，一般要求最近的侧钻点与洞穴间距不低于 50m。

分支与主井眼夹角一定时，侧钻点间距决定了分支井眼的间距，也决定了多分支井的控制范围及控制区域的采收率，我国煤层气主产区储层渗透性差，生产应用中针对累计产气量、采收率与分支井眼间距、煤层渗透系数的敏感性分析表明，侧钻点间距在 100 ~ 200m 时，累计产气量及控制区域内采收率均较高，如果渗透率稍高，侧钻点间距可适当增大，如果煤层渗透率特低，则侧钻点间距还应适当减小。

d. 分支井眼与主井眼夹角设计

分支井眼与主井眼夹角是影响多分支井控制范围及其采收率的主要影响因素之一，如果夹角太小，则控制面积小，会形成资源叠加区，短期产气效果较好，但多年累计产气量相对较低；若夹角太大，钻具摩阻、扭矩会相应增加，造斜难度较高，施工难度大，分支段长度相对较短，但控制面积较大，累计产气量较高。

分支井眼与主井眼夹角的设计一方面依据邻井经验确定，另一方面是通过不同分支夹角对产气量的影响进行敏感性分析来确定。采用沁水盆地、柳林矿区、彬长矿区煤储层参数进行敏感性分析，综合考虑钻进施工难度，对均质煤层而言，夹角一般选择 25° ~ 30°。而对于非均质煤储层，需要在明确主渗透方向的前提下，尽量使水平井的水平段钻进方向与该主渗方向形成一定的夹角，有利于分支之间或分支与主支之间形成最大的压力叠加区，提高累计产气量与采收率。

e. 水平段长度设计

水平井井筒内存在流动摩阻，水平段越长，摩阻越大，水平井筒内沿末端方向的流动压力增加，水平段末端的压降较井口小，造成水平段末端的产量减小，形成低效水平段。要使水平井经济效益最大化，就需要设置合理的水平段长度。

考虑流动摩阻的煤层气产能预测软件计算表明，水平段长度小于 1000m 时，百米日产气量随着水平段长度的增加而增加；水平长度大于 1000m 后，百米日产气量随水平段长度增加而减少，即产气效率有所降低。综合考虑到钻进过程中摩阻、扭矩的影响，水平段长度一般不大于 1000m，且水平段倾角设置应利于排水降压。

第2章 对接井钻进用全液压车载钻机

煤层气开发对接井相对于石油钻井具有钻井深度浅、施工周期短，钻场搬迁较为频繁等特点。国内用于煤矿区对接井钻进的钻机类型较多，包括石油钻机、国产车载钻机和进口车载钻机等，提升力在500～900kN，具备1000～2500m井深钻进能力。

早期引进的E-2100、F400、F320等型号石油钻机，由于超期服役、设备老化和配置落伍等，基本已无市场竞争优势。钻进能力在1000m左右的国产钻机主要还是一些老型号的立轴式钻机，仅在钻深能力上可满足钻进需要，但在性能、施工效率和施工质量等方面与车载钻机有较大差距，在煤矿区煤层气勘探开发市场上也没有竞争力。

车载钻机起源于欧美国家，具有移动便捷、钻进效率高等优点，早期主要应用于水文水井和大直径桩基孔施工领域，后来逐渐应用于煤矿区地面煤层气勘探开发井和地面救援井的施工等领域，目前也开始向浅层页岩气开发井施工领域进军。我国煤层气勘探开发行业陆续从国外引进了多个品牌的动力头式车载钻机（高宏亮，2009），其中引进数量较多的有美国雪姆公司T130XD型、T200XD型钻机，美国阿特拉斯公司RD20Ⅱ型钻机、美国钻科公司185K型钻机和德国宝峨公司RB50、RB-T90型钻机等，这些钻机由于具备能力适中、操控性能优良、钻进效率高等优势，获得市场认可。

为适应我国地面煤层气开发钻井施工的需求，国内多个钻机生产厂家相继推出了多款全液压车载钻机，如中煤科工集团西安研究院有限公司（简称西安研究院）ZMK5530TZJ60型和ZMK5530TZJ100型车载钻机，北京天和众邦勘探技术股份有限公司（简称北京天和众邦）CMD100型、CMD100T型和CMD150T型车载钻机，石家庄煤矿机械有限责任公司（简称石家庄煤机）SMJ5510TZJ15/800Y和SMJ5510TZJ25/1000Y型车载钻机，江苏天明机械集团有限公司（简称江苏天明）TMC90型和TMC135型车载钻机，连云港黄海勘探技术有限公司（简称连云港黄海）HMC-800型车载钻机等。上述国产车载钻机的推出，为国内客户提供了性价比更高的钻机产品，促进了国内煤层气产业的健康发展。

2.1 进口全液压车载钻机性能及应用现状

国外很早就开展了车载式全液压钻机的研制工作，生产厂商主要集中在美国和欧洲等地，其中代表厂家有美国的雪姆（SCHRAMM）公司、阿特拉斯·科普柯（Atlas Copco）公司和德国的宝峨（BAUER）公司。经过多年的发展，这几家公司都形成了系列化车载钻机产品，这些产品均采用全液压的驱动方式，运载方式有整体车载式和拖挂式，满足多种钻进工艺的需求，其中代表机型有雪姆T130XD型钻机、雪姆T200XD型钻机、阿特拉斯RD20Ⅱ型钻机、钻科150K型钻机、宝峨RB50型钻机和宝峨RB-T90型钻机等，可用于施工煤矿区煤层气开发对接井。

2.1.1　雪姆车载钻机

美国雪姆公司成立于1900年，迄今已有100多年的历史，是著名的全液压车载钻机生产商之一，公司总部位于美国宾夕法尼亚州的西切斯特，1950年生产了全世界第一台全液压车装钻机。2001年雪姆公司正式进入中国市场，机型包括T685WS、T130XD和T200XD型车载钻机。

1. 雪姆 T130XD 型钻机

T130XD型钻机采用整体集成于特制底盘（也可选用拖车式底盘）上的结构形式，移动便捷，可满足煤层气井、救援井、大口径水文井施工需求。T130XD型钻机主要技术参数见表2.1。

表 2.1　雪姆 T130XD 型钻机主要技术参数

指标		参数
整机	功率/kW	567
	质量/kg	45359～49895（根据配置不同而异）
	运输状态尺寸（长×宽×高）/m	14×2.6×4.2
给进系统	最大提升力/kN	591
	最大下压力/kN	145
	行程/m	15.24
回转系统	转速/（r/min）	0～143
	扭矩/（N·m）	12045
	主轴通孔直径/mm	76.2
工作台	工作台最大开孔直径/mm	711
	工作台最大高度/m	2.41

T130XD型钻机采用伸缩桅杆技术，直接通过液压桅杆升举和下放钻具，具备主轴制动功能，可满足垂直井和水平定向井的钻进需要，图2.1所示为T130XD型钻机施工现场。

T130XD型钻机主要结构特点如下。

1）给进装置

T130XD型钻机的给进装置采用伸缩桅杆式结构，如图2.2所示，在工作状态下，动力头给进行程长，而在运输状态下，总体长度较短，钻机的机动性强。伸缩桅杆给进系统由给进油缸、主桅杆、副桅杆等组成，副桅杆可在固定的主桅杆内移动，工作原理如图2.3所示。动力头由专用钢丝绳与液压油缸驱动，并通过桅杆直接升举。当液压动力头处于上升状态时，副桅杆以1∶2的比率伸展，即油缸和动力头的给进行程比为1∶2，动力头可沿桅杆快速移动，这种机构形式也称为倍速机构，即油缸和动力头给进速度之比为1∶2，动

图 2.1　雪姆 T130XD 型钻机施工现场

力头和油缸的作用力之比为 1 ∶ 2。在钻进过程中动态改变桅杆总高度，钻机逐步趋于稳定，而不致使钻机整体重心高而失稳。运输时将副桅杆收起后桅杆长度仅为 13m，结构紧凑，转弯半径小。

图 2.2　伸缩桅杆式给进装置

2）拧卸钻杆装置

T130XD 型钻机配有钻杆拧卸臂，主要由绞车、滑轮、上夹持器、下夹持器、强力夹持器、转动油缸、井口液压管钳等组成。

T130XD 型钻机的钻杆拧卸臂可以实现机械拧卸钻杆，减轻了工人的劳动强度，保障了安全，且在拧卸臂上可以储存一根钻杆，缩短了装卸钻杆的时间，提高了工作效率。

3）稳固和调角装置

T130XD 型钻机底盘的稳固装置由 3 个（前面 1 个，后面 2 个）液压支腿组成，如图 2.4 所示。采用油缸支撑，动作迅速，稳固可靠。液压支腿和车体底盘刚性连接在一起，整机刚性好、强度高。

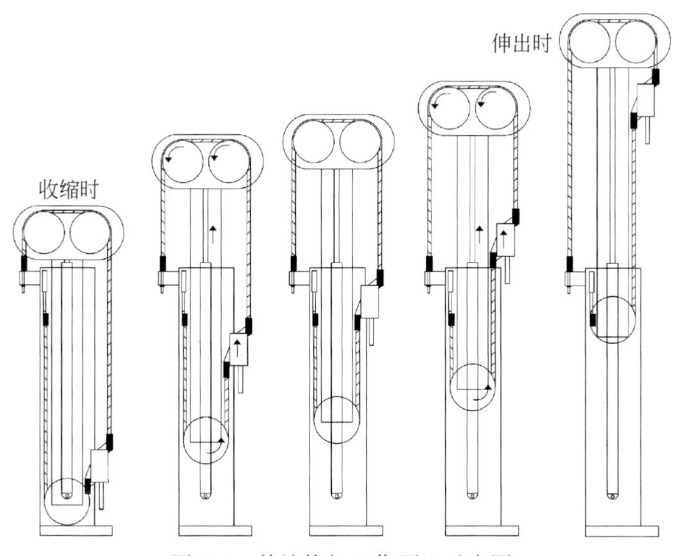

图 2.3　伸缩桅杆工作原理示意图

图 2.4　T130XD 型钻机稳固支腿及调角油缸

钻机稳固完成后，给进机构接地装置通过螺杆旋出锁紧，使给进机构接触地面，实现机械稳固，防止液压油缸和控制阀油液泄漏造成稳固装置间的高度差；给进装置承受的起拔力通过接地装置直接传导至地面，提高了给进装置的稳定性，减少了对车体底盘的不利影响。

钻机桅杆的调角由两个调角油缸完成，可直立钻进，特殊要求下也能实现斜立钻进。

4）操纵台

操纵台集成了钻进过程中需要观察的显示仪表和控制钻机的操作手柄，如图 2.5 所示。上部集中布置了显示仪表，方便操作人员观察，最下面两排集中布置了常用手柄，高度适中，便于操作。手柄按操纵顺序布置，操纵方便简单。操纵台的位置可调，便于操作人员观察井口。

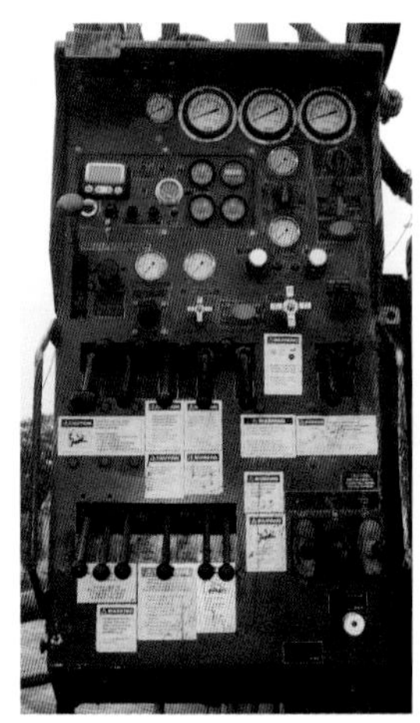

图 2.5　T130XD 型钻机操纵台

5）典型应用

2008～2013 年，安徽省煤田地质局第三勘探队采用雪姆 T130XD 型车载钻机在晋城市沁水县施工完成多个煤层气井，其中在潘庄块区施工了 20 口煤层气生产井，井深最小 590m，最大 740m。

钻进方法如下。

一开井段，如果表土层较浅（1～2m），在井口埋入井口管，用潜孔锤钻进。如果表土层较厚（20～30m），用普通膨润土浆或自然造浆作为循环介质，牙轮钻头回转钻进。

二开井段，采用空气或空气泡沫作冲洗介质实施潜孔锤钻进工艺。

潘庄块区所施工的 20 口煤层气生产井均为直井，平均井深 690m，平均机械钻速为 10m/h，最高达 20m/h，平均单井钻井周期为 6.5 天，井身质量好，满足相关规范要求。

2. 雪姆 T200XD 型钻机

T200XD 型钻机整体设计与 T130XD 型钻机类似，采用了伸缩式桅杆和上置式散热器结构，可用于施工水平井和对接井，主要技术参数见表 2.2。图 2.6 所示为 T200XD 型钻机在陕西韩城矿区进行煤层气对接井钻进施工现场。

表 2.2　雪姆 T200XD 型钻机主要技术参数

指标		参数
整机	功率/kW	559
	质量/kg	53034
	运输状态尺寸（长×宽×高）/m	15.62×2.54×4.22
给进系统	最大提升力/kN	907
	最大下压力/kN	145.45
	行程/m	15.77

续表

指标		参数
回转系统	转速/（r/min）	两档：0～90 或 0～180
	扭矩/（N·m）	24403（0～90 r/min） 12201（0～180 r/min）
	主轴通孔直径/mm	105
工作台	工作台最大开孔直径/mm	711
	工作台最大高度/m	2.41

图 2.6　T200XD 型钻机施工现场

1）动力头

T200XD 型钻机动力头为可翘式结构，如图 2.7 所示，具有主轴浮动功能，能够有效保护钻具丝扣。

图 2.7　T200XD 型钻机动力头

2）动力系统

T200XD 型钻机动力系统采用的是 Detroit Diesel DDC/MTU 12V-2000TA 型柴油发动机，电子燃油注入，559kW/1800r/min。柴油机依靠 2 个 415 L 燃油箱供油；距离井口 6m 设置了发动机火星保护，提高了整机的安全性。

钻机发动机的油门控制通过气动连杆机构带动油门传感器实现，可远距离多位置操作，如图 2.8 所示。

图 2.8　T200XD 型钻机油门控制机构图

气动系统用来实现柴油机的启动、停机（其中急停通过断气实现，正常停机通过断油实现）、故障保护的停机功能和转速调节。其控制系统均为两套，布置在不同的位置，方便工作时使用。

柴油机电控系统可以对柴油机的工作状态进行监测，具有故障诊断功能。T200XD 型钻机还配备了注油泵和冷却液预加热器，方便柴油机的启动。

3）管汇系统

T200XD 型钻机冲洗液管汇系统采用内径 3 英寸①的高压管路，所能承受的最高压力为 20.67MPa。管汇的具体布局如图 2.9 所示，可以外接空压机、增压机、泥浆泵，并与钻机空气钻进的润滑泵、泡沫泵和自带的小泥浆泵相连，集成度较高。

图 2.9　T200XD 型钻机冲洗液管汇系统

① 英寸（in），1in=2.54cm。

4）冷却系统

T200XD 型钻机冷却系统检测柴油机冷却水水温、柴油油温和液压油油温，并通过风扇控制器实现对冷却风扇转速的控制，满足不同冷却风量的需求。散热器采用横置式布置，双芯冷却平均分布。

5）操作控制系统

如图 2.10 所示，T200XD 型钻机的操作控制由主操纵台和副操纵台两部分组成。副操纵台位于底盘右后部，设置了柴油机启动、柴油机油门、柴油机停机、柴油机紧急停机等柴油机控制按钮，主要用于钻机钻进前的支撑、稳固和调角及桅杆调节等辅助动作的控制，包括 4 个钻机机身支腿、2 个桅杆支腿、1 个控制台摆动、1 个桅杆起落和 1 个桅杆滑动共计 9 个操纵杆。

(a)主操纵台

(b)副操纵台

图 2.10　T200XD 型钻机操纵台

主操纵台位于底盘的左后部，可以通过油缸调节到合适的位置，便于司钻人员观察井口情况，其功能主要包括柴油机参数的显示和控制、钻机参数的显示与控制，以及管汇、泥浆泵、泡沫泵等的操作控制。

6）典型应用

2011 年，中煤科工集团西安研究院有限公司使用雪姆 T200XD 型钻机在陕西彬长大佛寺井田（图 2.11）施工了煤层气开发“V”形对接井组（详见 7.5 节），其中两口水平连通井与目标直井间的井口距离分别为 1064.57m 和 985.53m，水平连通井的水平段煤层钻遇率达 97.1%。

2.1.2　阿特拉斯车载钻机

阿特拉斯（Atlas Copco）公司总部位于瑞典首都斯德哥尔摩，2004 年其成功收购了美国英格索兰钻机事业部，成立阿特拉斯·科普柯钻探产品部。国内引进的主要为 RD20 Ⅱ 型车载式全液压顶驱钻机（图 2.12），该钻机集成了空压机，可快速实施空气钻进工艺，钻机具体参数见表 2.3。

图 2.11　雪姆 T200XD 在大佛寺施工现场

图 2.12　阿特拉斯 RD20 Ⅱ 型钻机

表 2.3　RD20 Ⅱ 型钻机主要技术参数

指标		参数
整机	功率/kW	522
	质量/kg	39000
	运输状态尺寸（长×宽×高）/m	15.77 ×2.51 ×4.04
给进系统	最大提升力/kN	490
	最大下压力/kN	130
	行程/m	12.67
回转系统	转速/（r/min）	0 ~ 120
	扭矩/（N · m）	10840
工作台	工作台最大开孔直径/mm	647
空压机	排气量/（m^3/min）	35.4
	最大工作压力/MPa	2.4

1. 给进装置

动力头的给进和提升靠两个液压油缸、钢丝绳和游动滑架来实现，取消了传统钻机使用的动滑轮组和钻架顶部定滑轮组（图 2.13）。游动滑架由钻架内的两个油缸升降，游动滑架上装有提升滑轮和推压滑轮，动力头的行程与给进油缸的行程比为 2∶1，该系统比使用动滑轮组和钻架顶部定滑轮组提高了机械效率。该机构具有以下特点。

（1）工作时井架顶部无负载，提高了井架和钻机整体的稳定性，降低了顶部强度和刚性设计要求。

（2）由于增大了滑轮直径与钢丝绳直径之比，显著减少了因钢丝绳弯曲而产生的机械损失。同时因滑轮直径较大，提供了安装抗磨滚柱轴承的空间，从而提高了机械效率，延长了给进系统的使用寿命。

（3）油缸和钢丝绳的倍速给进方式提高了下钻速度，液压系统节能效果好。

（4）钻架结构特殊，紧凑、轻便。采用游动滑架给进装置，从而取消了钻架顶部定滑轮组，给进钢丝绳锚定在钻架中部，因此只有钻架下半部分承受给进力和提升力。这使钻架上半部分结构大为简化，从而大大减少钻架和钻机的重量。在钻进过程中，钻机的钻架处于受拉状态，而不像传统钻架那样，在提升重负荷时钻架处于受压状态。

（5）游动滑架给进系统的总效率高，能达到 90%。

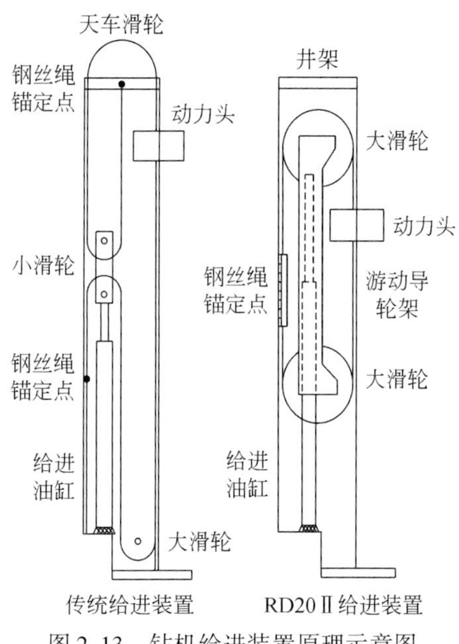

图 2.13　钻机给进装置原理示意图

2. 换杆器

RD20Ⅱ型钻机的钻杆换杆器（图 2.14）能够存放 1 根 ϕ114mm 的钻杆或 1 根 ϕ140mm 的钻铤。该换杆器在结构原理上与雪姆 T130XD 型钻机的类似，不同的是 T130XD

型钻机采用油缸对顶式夹持器夹持钻杆，可满足多种钻具的使用要求；RD20 Ⅱ 型钻机利用卡槽夹持钻杆，只能满足一端外壁为六方形、另一端设置卡槽的钻具，通用性相对较差。

图 2.14　RD20 Ⅱ 型钻机换杆器

3. 卸扣链钳

一般钻机的卸扣功能是采用卸扣油缸带动管钳实现的，而 RD20 Ⅱ 型钻机采用的是链钳式结构，对钻具有很好的保护作用。

4. 典型应用

阳泉新宇岩土工程有限责任公司采用 RD20 Ⅱ 型钻机施工完成多个不同类型的井/孔，代表性工程实例见表 2.4。

表 2.4　阳泉新宇岩土工程有限责任公司采用 RD20 Ⅱ 型钻机施工的代表性井/孔

名称	一开			二开			三开		备注
	层段/m	钻头直径/mm	套管直径/mm	层段/m	钻头直径/mm	套管直径/mm	层段/m	钻头直径/mm	
五矿 WS-2	0～33	311	244.5	33～700.34	215.9	139.7			煤层气井
古交 31	0～23	311	244.5	23～868.5	215.9	139.7			煤层气井
古交 119	0～24	311	244.5	24～612	215.9	139.7			煤层气井
古交 141	0～22	311	244.5	22～573.12	215.9	139.7			煤层气井
亨元 A1	0～30	311	273	30～233	215.9				煤矿抢险
亨元 A3	0～30	311	273	30～237	215.9				煤矿抢险
东西畛 2	0～6	450	426	6～286.84	381	325			电缆孔

续表

名称	一开			二开			三开		备注
	层段/m	钻头直径/mm	套管直径/mm	层段/m	钻头直径/mm	套管直径/mm	层段/m	钻头直径/mm	
东西畛2	0~6	450	426	6~418.2	381	325			通风孔
电石厂水井	0~30	381	377	30~370.7	311	273	370.7~430	215.9	通风孔

RD20Ⅱ型钻机实施空气潜孔锤钻进工艺具有钻进效率高的明显优势，但不适合钻进卵石地层及大量含水的地层，在干旱缺水地区、不含水的较硬地层使用效果较好。

2.1.3　宝峨车载钻机

宝峨（BAUER）集团旗下帕克拉（PRAKALA）公司于1921年在德国汉诺威成立，2007年加入宝峨集团，其生产的多功能车载钻机，主要应用于煤层气开发（包括垂直井、定向井、水平多分支井）、水井（大口径水井）、抢险救援、瓦斯集中排放、矿山通风、地质勘探、浅层油气开发等钻井施工。目前在国内应用的主要有RB50和RB-T90两种型号钻机。

1. PRAKALA RB50型钻机

PRAKALA RB50型钻机的技术参数见表2.5。

表2.5　PRAKALA RB50型钻机主要技术参数

指标		参数
整机	功率/kW	360
	质量/kg	33000
	运输状态尺寸（长×宽×高）/m	11.85×2.60×4.00
给进系统	最大提升力/kN	500
	最大下压力/kN	80
	行程/m	9.5
回转系统	转速/（r/min）	0~330
	扭矩/（N·m）	31580
工作台	工作台最大开孔直径/mm	900
空压机	排气量/（m^3/min）	32
	最大工作压力/MPa	3

图2.15所示为河南豫中地质勘查工程公司快速钻井分公司在山西省昔阳县寺家庄矿附近采用德国宝峨RB50型钻机进行煤层气开发井钻进施工的现场。

RB50型钻机具有以下特点。

图 2.15　RB50 型钻机施工现场

（1）采用汽车发动机作为钻机液压系统的动力，车载发动机作为空压机的动力，功率分配较合理。

（2）三级动力头，可根据不同的直径、工法、用途选择动力头的扭矩和钻速的组合。钻机动力头最大扭矩 31580N · m，可满足大直径钻孔的施工需求；动力头最高转速 330r/min 可满足绳索取心钻进的需要。

（3）动力头主轴内通径为 ϕ150mm，动力头上配有压缩空气入口，在钻杆内可以放入一根压缩空气注入管，实施气举反循环工法，适合较大直径的井/孔施工。利用 RB50 钻机实施气举反循环工法钻进直径 ϕ1000mm 的井/孔，深度可达 600m。

（4）钻机的动力头设置了液压柱销，可依靠油缸实现动力头的翘起和翻转（图 2.16）。动力头的翘起可实现在低空中装卸钻具，安全性好；动力头翻转可以使动力头让开井口，方便测井作业和打捞绳索取心钻具。

图 2.16　RB50 型钻机动力头

（5）当载荷在 150kN 以内时，采用油缸控制的滑轮组系统控制动力头的给进和提升；当载荷超过 150kN 时，采用主卷扬机（图 2.17）、滑轮组、重型吊钩系统提升和下放动力头，系统具有调节钻压的功能，可以有效、定量地控制钻压，为钻进施工提供了可靠的保证。

（6）钻机配置有专门用于装卸钻杆的卸扣器，最大扭矩 50000N · m，可快速有效装

图2.17　RB50型钻机卷扬系统

卸钻杆。

(7) 钻机配备了卸钻杆的夹头，在卸钻杆时只需拧卸下部的螺纹，减少了工作量，提高了效率。

2. PRAKALA RB-T90型钻机

PRAKALA RB-T90型钻机（图2.18）可满足泥浆正循环钻进、泥浆气举反循环钻进、空气正循环钻进、空气潜孔锤正循环钻进、双壁钻杆（大直径）空气潜孔锤反循环钻进等多种钻进工艺需求，并可以进行绳索取心钻进，适用于煤层气开发、深水井、矿山抢险救援、地质勘察及地热开发等工程领域。RB-T90型钻机的技术参数见表2.6，并具有以下特点。

(1) 整机安装在4轴拖挂车上，可根据客户要求配置合适的牵引车，转弯半径小。

(2) 动力头主轴通孔直径达到150mm，适合实施空气反循环钻进工艺钻进大口径井/孔。

(3) 回转转矩达36000N·m，具备高低速切换功能，适应大口径井/孔钻进需求。

图2.18　PRAKALA RB-T90型钻机

表 2.6　PRAKALA RB-T90 型钻机主要技术参数

指标		参数
整机	功率/kW	708
	质量/kg	60000
	运输状态尺寸（长×宽×高）/m	17.0×2.7×4.2
给进系统	最大提升力/kN	900
	最大下压力/kN	200
	行程/m	16.4
回转系统	转速/（r/min）	0～325
	扭矩/（N·m）	36000
	主轴通孔直径/mm	150

2.1.4　钻科车载钻机

美国钻科（GEFCO）公司成立于 1931 年，生产 110K、185K（图 2.19）、200K 和 1100 等系列车载钻机，最大钻深能力达 5600m，系列车载钻机主要技术参数见表 2.7。

图 2.19　钻科 185K 型车载钻机

表 2.7　钻科系列车载钻机主要技术参数

钻机车型号		110K	185K	200K	1100
整机	功率/kW	325	410	410	410
给进系统	最大提升力/kN	500	840	910	1360
	最大下压力/kN	136	136	185	226.8
	行程/m	14.3	15.5	15.5	15.5
回转系统	转速/（r/min）	0～100	0～100	0～100	两档：0～60 或 0～120
	扭矩/（N·m）	11297	15818	15818	31890（0～60 r/min） 15900（0～120 r/min）

国内引进的钻科机型以 GEFCO 185K 为主，该型钻机采用桁架式结构钻架，整体尺寸较长，但重量较小；动力头具有自锁功能，可满足定向钻进需求。

2.1.5　进口车载钻机特点分析

综合对比目前国内煤层气井施工所用的代表性国外车载钻机机型，总结其特点如下。

（1）采用车载或者拖车形式，机动性强、搬迁运移方便，便于进入山区等特殊工作区域。

（2）除 T200XD 型钻机外，T130XD、RB50 和 RD20 Ⅱ 型钻机都随机配备了空压机，可实施空气欠平衡钻进工艺，主要用于垂直钻孔的施工。T130XD 和 RD20 Ⅱ 的空压机与液压系统共用一个柴油机，RB50 的空压机由车载柴油机驱动。

（3）T130XD、RB50 和 RD20 Ⅱ 型钻机钻进能力相近；T200XD、RB-T90 型钻机最大提升力远大于其他机型，主要用于水平定向钻井和水平对接井的施工。

（4）T200XD 和 T130XD 型钻机采用伸缩式桅杆结构，在有限的结构尺寸中得到了较大的给进行程。

（5）T200XD、RB50 和 RB-T90 型钻机的动力头均可水平翘起，配合专用钻杆车可以实现机械拧卸、取放钻杆，安全性好、工人劳动强度低；T130XD 和 RD20 Ⅱ 型钻机采用换杆臂的形式，也可实现机械拧卸钻杆。

（6）RB50 型钻机的最大起拔力依靠绞车实现，对于煤层气深井的应用效果还有待进一步验证。

2.2　国产全液压车载钻机性能及应用现状

目前，国内有多家企业针对煤层气开发抽采井和矿山救援井的施工需要，开发了多种型号的车载钻机，代表性机型有北京天和众邦勘探技术股份有限公司 CMD100 型、CMD100T 型和 CMD150T 型车载（拖车）钻机，石家庄煤矿机械有限责任公司 SMJ5510TZJ15/800Y 和 SMJ5510TZJ25/1000Y 型车载钻机，江苏天明机械集团有限公司 TMC90 型和 TMC135 型车载钻机，连云港黄海勘探技术有限公司 HMC-800 型车载钻机等。

国产车载钻机的整体结构大都借鉴国外产品的设计理念，但国内煤层气钻井、大口径救援钻井的施工工艺复杂多样，为更好地满足国内的生产需求，国内相关研发人员在钻机的参数匹配、工艺适应性上做了较多研究，使其更加适合现场使用要求。国产车载钻机性价比高、配套工艺服务更加完善。

2.2.1　北京天和众邦车载钻机及拖车钻机

北京天和众邦勘探技术股份有限公司成立于 2005 年，是一家以地质勘探和矿产勘查用岩心钻机研发、生产及销售为主营业务的高新技术企业。在全液压车载（拖车）钻机方面，北京天和众邦相继推出 CMD100 型车载钻机、CMD100T 型拖车式钻机、CMD150T 型分体拖车式钻机产品。

1. CMD100 型车载钻机

CMD100 型多功能钻机（图 2. 20）采用车载形式，可应用于矿山快速救援井、煤层气直井、定向井、水平井、水平多分支井、深水井、地热井、地质勘查孔等施工领域，可以采用空气钻进、泥浆钻进和泡沫钻进等多种钻进工艺。

图 2. 20　北京天和众邦 CMD100 型车载钻机

CMD100 型车载钻机主要技术参数见表 2. 8。

该钻机机动性强，采用全液压多回路控制，具备多项安全保护功能。留有气水管路接口，可根据不同的施工工艺配套相关的辅助设备。

表 2. 8　北京天和众邦 CMD100 型车载钻机主要技术参数

指标		参数
整机	功率/kW	559
	质量/kg	55000
	运输状态尺寸（长×宽×高）/m	14. 56×2. 95×4. 25
给进系统	最大提升力/kN	1000
	最大下压力/kN	200
	行程/m	15. 2
回转系统	转速/（r/min）	两档：0 ~ 100 或 0 ~ 300
	扭矩/（N · m）	27500（0 ~ 100 r/min） 9700（0 ~ 300 r/min）
	主轴通孔直径/mm	105
工作台	工作台最大开孔直径/mm	810
	工作台最大高度/m	2. 08

2. CMD100T 型拖车式钻机

CMD100T 型多功能钻机（图 2. 21）采用拖车式结构，钻机机动性强，可用于煤层气开发、地热开发、矿山快速救援等领域，可满足空气钻进、泥浆钻进和泡沫钻进等多种钻进工艺需求，技术参数见表 2. 9。

图 2. 21　北京天和众邦 CMD100T 型车载钻机

表 2. 9　北京天和众邦 CMD100T 型拖车钻机主要技术参数

指标		参数
整机	功率/kW	515
给进系统	最大提升力/kN	1000
	最大下压力/kN	200
	行程/m	15. 2
回转系统	转速/（r/min）	两档：0 ~ 100 或 0 ~ 300
	扭矩/（N · m）	27500（0 ~ 100 r/min） 9700（0 ~ 300 r/min）
	主轴通孔直径/mm	105
工作台	工作台最大开孔直径/mm	810

CMD100T 型拖车式钻机能力参数与 CMD100 型车载钻机相当，选用四轴拖挂车式底盘，搬迁更加方便。井口架除作为工作平台外，也可作为钻机的辅助支撑，提高钻机整体稳定性。

井/孔口台净空高度 3. 5m，便于安装各类防喷器。

3. CMD150T 型拖车式钻机

CMD150T 型钻机（图 2. 22）采用分体拖挂式结构，由 4 部分组成：主机单元、动力单元、井口架、动力猫道。其中主机单元、动力单元、动力猫道均采用拖车式底盘，移动便捷，CMD150T 型钻机技术参数见表 2. 10。

图 2. 22　北京天和众邦 CMD150T 型车载钻机

表 2. 10　北京天和众邦 CMD150T 型拖车钻机主要技术参数

指标		参数
柴油机动力拖车	功率/kW	368（两台）
给进系统	最大提升力/kN	1500
	最大下压力/kN	300
	行程/m	15. 2
回转系统	转速/（r/min）	两档：0 ~ 80 或 0 ~ 160
	扭矩/（N · m）	36000（0 ~ 80 r/min） 18000（0 ~ 160 r/min）
	主轴通孔直径/mm	120
定心盘	最大开孔直径/mm	810
井口架	工作台最大高度/m	4. 5
	井口净空-安装 BOP	可装套管头、环形防喷器、双闸板防喷器、泥浆返出管等

CMD150T 型钻机控制系统采用电控与液控相结合的方式，简化了钻机液控司钻台繁杂液压管线，司钻台现场组装更加方便。电气系统的所有电气设备符合防爆要求，满足煤层气、页岩气及石油天然气施工要求。

主机单元配置移动定位装置，可实现主机与井口架精确定位。井口架为伸缩式，通过立柱的伸缩满足运输尺寸要求。

2.2.2　石家庄煤机车载钻机

石家庄煤矿机械有限责任公司在国内较早开展车载钻机研究工作，目前，已推出系列车载钻机，代表性机型有 SMJ5510TZJ15/800Y 型（图 2.23）和 SMJ5510TZJ25/1000Y 型，SMJ 系列车载钻机可满足空气钻进、泡沫钻进和泥浆钻进施工工艺，技术参数见表 2.11。

图 2.23　石家庄煤机 SMJ5510TZJ15/800Y 型车载钻机

表 2.11　石家庄煤机 SMJ 系列车载钻机主要技术参数

指标		参数	
		SMJ5510TZJ15/800Y	SMJ5510TZJ25/1000Y
整机	功率/kW	447	447
	质量/kg	51000	53500
	运输状态尺寸（长×宽×高）/m	13.70×2.85×4.19	14.35×2.87×4.35
	最大开孔直径/mm	711	770
给进系统	最大提升力/kN	800	1000
	最大下压力/kN	180	180
	行程/m	15	15
回转系统	转速/（r/min）	0～150r/min	两档：0～90 或 0～180
	扭矩/（N·m）	15000	25000（0～90r/min） 12500（0～180r/min）
	主轴通孔直径/mm	76	76/105

2.2.3　江苏天明车载钻机

江苏天明机械集团有限公司始创于 2000 年，总部位于连云港，目前已开发出 TMC60、TMC90（图 2.24）、TMC135（图 2.25）系列车载钻机，技术参数见表 2.12。

图 2. 24　江苏天明 TMC90 型车载钻机

图 2. 25　江苏天明 TMC135 型车载钻机

表 2. 12　江苏天明系列车载钻机主要技术参数

指标		参数		
		TMC60	TMC90	TMC135
整机	功率/kW	354	783	783
	质量/kg	48000	65000	65000
	运输状态尺寸（长×宽×高）/m	13. 20×2. 85×4. 20	16. 00×3. 05×4. 35	16. 00×3. 05×4. 35
给进系统	最大提升力/kN	600	900	1350
	最大下压力/kN	150	260	300
	行程/m	15. 3	15. 3	15. 3
回转系统	转速/（r/min）	三挡：0 ~ 90 0 ~ 190 0 ~ 397	两档：0 ~ 90 0 ~ 180	三挡：0 ~ 90 0 ~ 172 0 ~ 326
	扭矩/（N · m）	880（0 ~ 397r/min） 8100（0 ~ 190r/min） 17110（0 ~ 90r/min）	26200（0 ~ 90r/min） 12000（0 ~ 180r/min）	10450（0 ~ 326r/min） 19700（0 ~ 172r/min） 37500（0 ~ 90r/min）
	主轴通孔直径/mm	133	105	133

江苏天明系列车载钻机均采用特制底盘，其中 TMC90 型和 TMC135 型车载钻机早期产品主要采用军工专用车底盘，越野性能好。TMC60 型和 TMC135 型车载钻机可选配高、低

速两种动力头，低速动力头扭矩大，可进行大直径逃生孔和通风孔扩孔钻进；高速动力头适合于金刚石绳索取心钻进，主要用于地质勘探领域。

2.2.4　连云港黄海车载钻机

连云港黄海勘探技术有限公司是专业从事地质勘探、煤层气钻采、工程基桩钻孔和非开挖管线铺设等配套装备设计与制造的企业。连云港黄海根据国内煤层气勘测开采的特点并结合国外煤层气开采的先进经验，推出了 HMC-800 型车载钻机。该钻机主要应用于煤层气开采、浅层石油、天然气的钻探、石油井的修井、地热水井施工、并满足国内超深孔的勘测钻进需要，也可用于工程抢险、矿山通风孔、排水管道孔的施工，技术参数见表 2.13。HMC-800 型钻机可根据施工需求，客户化定制不同能力参数的动力头，适应不同钻进工艺的施工需求。

表 2.13　连云港黄海 HMC-800 型车载钻机主要技术参数

指标		参数
整机	功率/kW	522
	质量/kg	54000
	运输状态尺寸（长×宽×高）/m	13.80×2.85×4.25
给进系统	最大提升力/kN	800
	最大下压力/kN	160
	行程/m	15
回转系统	转速/（r/min）	两档：0～85 或 0～170
	扭矩/（N·m）	20000（0～85 r/min） 10000（0～170 r/min）
	主轴通孔直径/mm	75

2.3　ZMK 系列全液压车载钻机

目前，我国煤矿区煤层气目的煤储层埋深多为 200～1500m，地面开发井完井深度一般为：直井完井深度 300～1500m，水平井完井深度一般在 2000m 以内（垂直井段深度 300～800m），单分支水平段长度一般不超过 1000m。针对国内煤层气开发的需求，根据煤层气抽采施工工艺及钻进深度的需求，同时兼顾矿山救援钻孔施工工艺特点，中煤科工集团西安研究院有限公司先后推出了 ZMK5530TZJ60 型（图 2.26）和 ZMK5530TZJ100 型车载钻机，该系列车载钻机可满足钻深 2500m 以内煤层气井的施工需求。

2.3.1　钻机整体方案制定

根据煤层气井施工特点及钻进深度能力需要，确定 ZMK 系列车载钻机的整体结构特

图 2. 26　ZMK5530TZJ60 型车载钻机

点如下：①整机采用车载形式，将给进装置、动力单元、油箱、散热系统、电控系统等集成于特制车辆底盘之上，具有移动迅速、施工用地少、井场布置灵活、开钻准备时间短、施工效率高等特点；②采用全液压驱动，传动平稳、调速方便、过载能力强；③给进装置采用伸缩桅杆结构，运输时结构紧凑，工作状态行程长；④具备加压钻进功能，满足定向井、水平井等钻进需求。

根据适用钻进深度的不同，确定 ZMK5530TZJ60 型和 ZMK5530TZJ100 型车载钻机主要性能参数见表 2. 14。

表 2. 14　ZMK 系列车载钻机主要技术参数

指标		参数	
		ZMK5530TZJ60	ZMK5530TZJ100
整机	功率/kW	496	496
	质量/kg	53000	53000
	运输状态尺寸（长×宽×高）/m	13. 60×2. 85×4. 30	13. 63×2. 85×4. 19
	最大钻进深度/m	1500	2500
给进系统	最大提升力/kN	600	1000
	最大下压力/kN	150	180
	行程/m	15	15
回转系统	转速/（r/min）	0 ~ 150	0 ~ 140
	扭矩/（N · m）	12500	30000
	主轴通孔直径/mm	150	150
井口平台	最大开孔直径/mm	720	720
	工作台最大高度/m	2. 41	2. 41

2.3.2　动力系统设计

全液压车载钻机普遍采用柴油机作为动力源，为整个钻机提供原动力，是车载钻机的心脏，柴油机产品可供选择的国内外厂家较多，可根据性价比、维护的便捷性等综合考虑、选择。

ZMK5530TZJ60 型和 ZMK5530TZJ100 型全液压车载钻机动力源为美国康明斯（CUMMINS）公司原装进口的 QSK19 型柴油机，该柴油机为直列 6 缸结构，主要参数见表 2.15，性能曲线如图 2.27 所示。

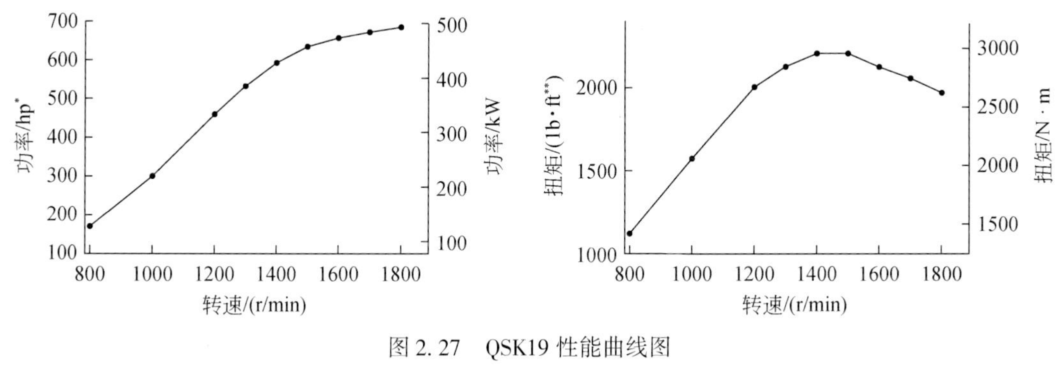

图 2.27　QSK19 性能曲线图

* 1hp=0.746kW；** 1lb · ft=1.355N · m

表 2.15　QSK19 型柴油机主要参数

指标	参数
功率/kW	496（1800 r/min）
扭矩/(N · m)	2983（1500 r/min）
排量/L	19.0
缸数/缸径/in	6/6.25
冲程/in	6.25
进气方式	涡轮增压与空空中冷

2.3.3　底盘设计

煤层气车载钻机整备质量一般在 50t 以上，选用五轴或以上二类底盘才能满足承载需要。常用的二类底盘分为通用底盘和专用底盘两种类型。通用底盘通用性较好，但其大梁为柔性梁，不允许整车厂家对底盘大梁做定制化更改，因此只能为底盘安装副车架，所有上装部分需安装于副车架上。专用底盘大梁为刚性梁，钻机上装部分可直接安装于底盘之上，并允许改装厂对大梁结构做适当的修改。另外，尽管通用底盘公路行驶性能较好，但底盘越野能力相对较差，因此，煤层气车载钻机多采用专用底盘。

目前国内专用底盘生产厂家有中国重汽集团泰安五岳专用汽车有限公司、三江瓦力特特种车辆有限公司、中国重汽集团济南商用车有限公司、中国第一汽车有限公司。中国重汽及中国一汽特种车底盘主要应用于汽车起重机、混凝土泵车等民用特种作业车。油田专用车大都采用中国重汽泰安五岳或三江瓦力特油气田专用底盘。

ZMK5530TZJ60 型和 ZMK5530TZJ100 型全液压车载钻机选用三江瓦力特 WS5532TYT 型车辆底盘，如图 2. 28 所示，它具有以下特点。

图 2. 28　WS5532TYT 车辆底盘

1. 越野性能突出

WS5532TYT 型车辆底盘驱动型式为 10×8，前、后各 2 桥驱动，分动箱带有高、低两挡速比，可以实现车载钻机对多种类型路面的全时越野行驶。

2. 承载能力大

底盘最大设计装载质量 42t，满足上装承载的需要。

3. 整体安全性好

整车完全按照国家 3C 强检要求设计，满足驾驶的安全性能。

同时装备有发动机捷可博（JACOBS）制动和美国艾力逊（ALLISON）液力缓速器的辅助制动系统，两者联合工作能彻底解决长距离下坡道时车轮过热、轮毂老化过快、刹车性能大幅下降等重载卡车普遍存在的顽疾，显著提高了行驶安全性。

4. 人性化设计，驾驶环境舒适、操控简单

优化改进的单人偏置驾驶室，满足驾驶员正常驾驶与操作要求，同时还进行了国家碰撞检测试验，其强度完全满足对驾驶员的防护要求。

采用自动滑挡控制离合器，并安装有倒车影像装置，提高了操作安全性。

5. 节能环保

国四排放的发动机，绿色环保，低油耗、低噪声，大幅度减小排放污染；驾驶室采用环保冷媒的空调系统；液力变速器与高效的辅助制动系统还能够有效减少摩擦片颗粒物的排放。

2.3.4　钻机主机设计

1. 动力头

动力头的主要功能是将回转钻进所需的转矩和转速传给钻具，驱动钻具回转运动。此外，还可以与其他装置配合，完成钻杆的拧卸工作。动力头由马达驱动经一级齿轮传动带动主轴回转，其传动原理如图 2.29 所示，主要设计参数为转速和扭矩。

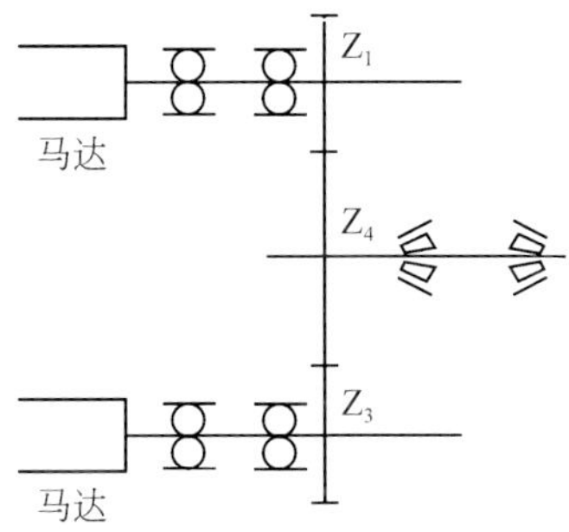

图 2.29　ZMK 系列车载钻机动力头传动原理图

转速的确定：全液压动力头可方便实现无级调速，最低转速需满足一开钻进、复杂地层钻进、划眼、拧卸钻杆和处理井内复杂情况的需求；最高转速根据钻头的实用最高转速、钻杆品质等因素确定。

转矩的确定：动力头的转矩根据系统所能提供功率、流量、耐压能力等参数综合确定。

1）参数计算

ZMK5530TZJ60 型全液压车载钻机动力头采用 2 个马达经一级齿轮传动带动主轴回转。

ZMK5530TZJ100 型全液压车载钻机动力头采用 4 个马达经一级齿轮传动带动主轴回转，其转速和扭矩由式（2.1）和式（2.2）计算：

$$n_{\mathrm{m}} = \frac{Q_{\mathrm{m}}}{n \times i \times q_{\mathrm{m}}} \times \eta_{\mathrm{mv}} \times \eta \times 10^3 \tag{2.1}$$

式中，n_{m}为动力头转速，r/min；Q_{m}为液压马达的输入流量，L/min；q_{m}为液压马达的排量，mL/r；n 为液压马达数量；i 为齿轮传动比；η_{mv}为液压马达的容积效率，通常取 $\eta_{\mathrm{mv}}=0.95$；η 为液压系统中油液的供给系数，通常取 $\eta=0.95$。

$$M = 0.159 \times n \times i \times \Delta P \times q_{\mathrm{m}} \times \eta_{\mathrm{mm}} \tag{2.2}$$

式中，M 为动力头扭矩，N · m；n 为液压马达数量；i 为齿轮传动比；ΔP 为回转系统的工作压力差，MPa；q_{m}为液压马达的排量，mL/r；η_{mm}为液压马达的机械效率，通常取 $\eta_{\mathrm{mm}}=0.95$。

ZMK5530TZJ60 型全液压车载钻机的动力头采用双马达经一级齿轮传动，$Q_{\mathrm{m}}=340$L/min、$i=3.05$、$n=2$、$\Delta P=21$MPa，马达为双速马达（低速时 $q_{\mathrm{m}}=665$mL/r；高速时 $q_{\mathrm{m}}=332.7$mL/r），分别代入式（2.1）和式（2.2），可计算出：

动力头最高转速 $n_{\mathrm{m}}=151.2$ r/min；动力头最大扭矩 $M=12867.4$ N · m。

ZMK5530TZJ100 型全液压车载钻机的动力头采用 4 个马达经一级齿轮传动，Q_m = 650L/min、i=3.706、n=4、ΔP=21MPa，马达为双速马达（低速时 q_m=665mL/r；高速时 q_m=332.7mL/r），分别代入式（2.1）和式（2.2），可计算出：

动力头最高转速 n_m=121.4r/min；动力头最大扭矩 M=32257.4 N · m。

2）结构设计

ZMK5530TZJ60 型和 ZMK5530TZJ100 型全液压车载钻机的动力头采用可翘式结构，方便钻具的拧卸。如图 2.30 所示，动力头主要由托板、回转器总成、翘起装置、泥浆管汇和制动装置等组成。

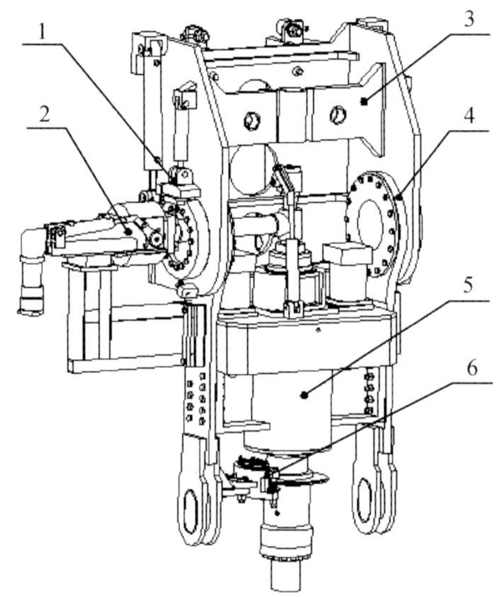

图 2.30　动力头结构组成示意图

1. 定位销；2. 泥浆管汇；3. 托板；4. 翘起装置；5. 回转器总成；6. 制动装置

a. 托板

动力头托板的主要功能是支撑回转器，沿导轨上下移动，完成钻进中的提升与给进，其整体结构如图 2.31 所示。

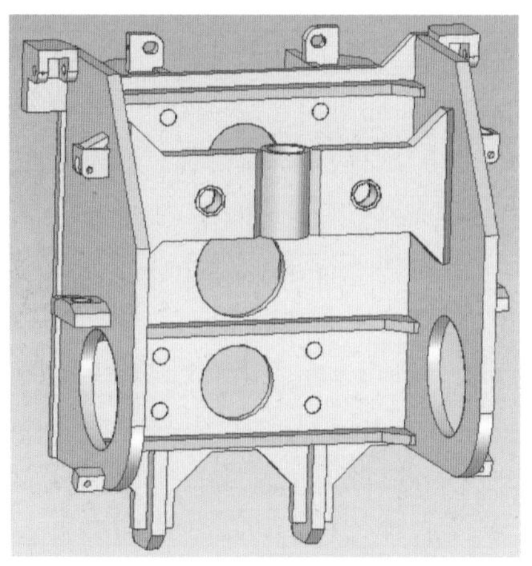

图 2.31　动力头托板三维结构图

b. 回转器总成

如图 2.32 所示，动力头回转器总成由液压马达、变速箱、浮动接头、冲管总成、放气阀组成。其中，放气阀由油缸驱动球阀，用于空气钻进中卸钻杆前泄掉钻杆中压缩空气，防止损伤钻杆接头。冲管总成提供旋转密封，卸荷孔如出现漏水现象，提示更换旋转接头内密封圈。

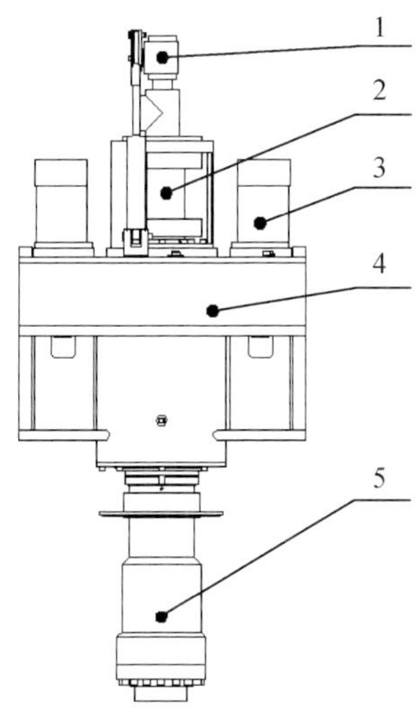

图 2.32　回转器总成三维结构图

1. 放气阀；2. 冲管总成；3. 液压马达；4. 变速箱；5. 浮动接头

回转器总成中，液压马达通过齿轮减速带动主轴回转，为了保证动力头的强度和刚性，采用有限元优化设计，针对 ZMK5530TZJ60 型钻机动力头施加最大负载：600kN 的提升力和 13000 N · m 的转矩。有限元分析结果显示箱体的最大位移 1.6mm，满足刚度要求；等效应力最大值 322MPa（图 2.33），出现在翼板焊缝处，焊接强度满足要求。

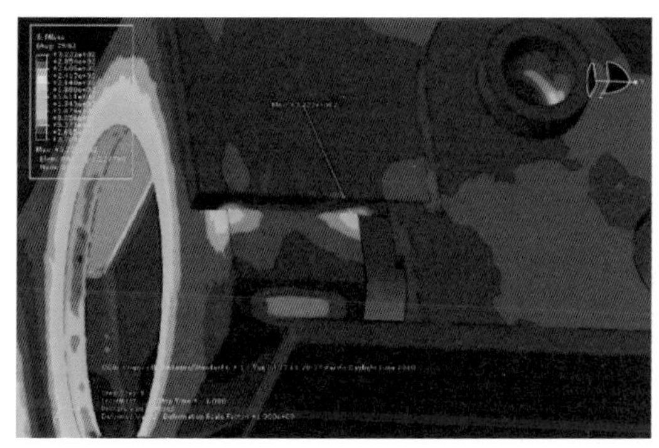

图 2.33　典型有限元分析等效应力云图

c. 泥浆管汇

泥浆管汇主要由由壬、旋转弯头等组成，用于连接循环系统中的泥浆管路。

d. 定位销

定位销的作用是锁死调角装置，防止调角装置在钻进过程中发生转动。

e. 翘起装置

如图 2. 34 所示，翘起装置由调角油缸驱动，由定位器限制翘起装置的最大翘起角度。翘起装置与自动加杆装置配合实现上卸钻杆。正常钻进时，锁紧油缸对翘起装置进行锁紧。

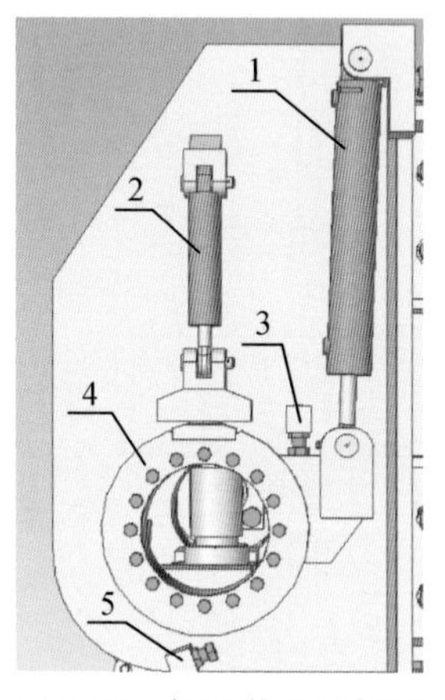

图 2. 34　翘起装置结构图

1. 调角油缸；2. 锁紧油缸；3. 定位；4. 回转点；5. 定位器

f. 制动装置

如图 2. 35 所示，制动装置由抱紧装置、摩擦盘等组成，用于锁定主轴，防止主轴在进行滑动定向钻进过程中发生转动。

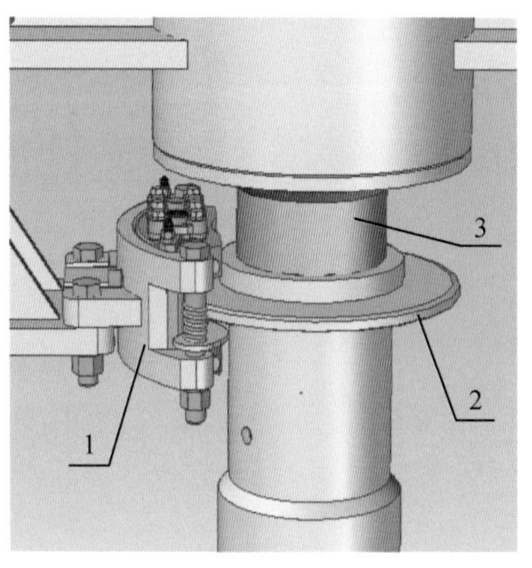

图 2. 35　制动装置三维结构图

1. 抱紧装置；2. 摩擦盘；3. 主轴

2. 给进装置

给进装置是车载钻机的主要执行机构之一，其性能的好坏直接影响钻机整机技术性能的优劣及钻探效率、井眼质量的高低。钻进方法和钻进工艺的不同，给进装置的功用也有所差异，对于回转式钻机，其主要功用有：①向井/孔底钻具提供合理的钻压；②实现倒杆，提动钻具和悬挂钻具；③能够强力起拔钻具，具有一定的处理事故的能力；④能够称量钻具质量。

目前，车载钻机给进装置大多采用油缸-钢丝绳倍速机构，不但可以满足长工作行程和足够的工作高度需要，而且在运输时钻机桅杆整体长度较短，方便出入狭窄场地，其主要技术参数有起拔力、给进力、给进速度、起拔速度和行程等。

起拔力是给进装置最主要的技术参数，正常钻进时，起拔力的作用是承受井/孔内钻具部分重量，维持减压钻进；提升钻具时，承受井/孔内全部钻具重量和附加阻力；处理井内事故时，进行强力起拔。

给进力主要用于正常钻进时给钻头加压，尤其是水平定向钻进时，不但要提供钻头所需的钻压，还需克服钻具与井壁之间的摩擦阻力，因此给进力间接决定了水平钻进的长度。对于油缸-钢丝绳给进机构，最大起拔力确定后，最大给进力由油缸有杆腔面积及油压决定，但须小于整个桅杆的重量。

给进速度和起拔速度由油缸作用面积及系统所提供的液压流量决定，直接影响倒杆的效率。

给进装置的行程决定了适用钻杆及套管等钻具的规格，在结构尺寸及重量允许的情况下，应尽量长。

ZMK 系列全液压车载钻机的给进装置由给进油缸、一级给进、二级给进等组成，如图 2.36 所示。采用油缸推动二级给进，二级给进通过钢丝绳倍速机构带动动力头运动。给进油缸的缸筒端通过销轴与一级给进固定，活塞杆与二级给进固定。这种给进装置的结构可以在短机身上获得长行程，运动平稳，机身刚度好。

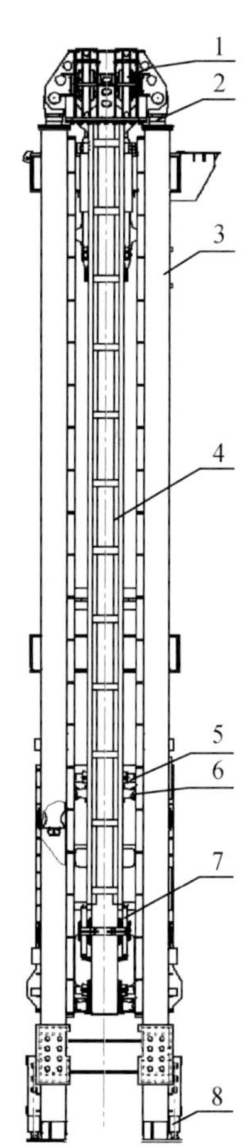

图 2.36　给进装置结构示意图

1. 天车轮；2. 给进油缸；3. 一级给进；4. 二级给进；5. 侧定位滚轮；6. 上下定位滚轮；7. 给进滑轮总成；8. 机械支腿

给进装置要满足在大负载和复合负载下的强度和刚度要求（李冬生等，2015）。在设计中对多种工况进行了仿真分析，典型分析结果如图 2.37 所示，并有针对性地对材料选取和局部结构进行优化设计，优化坡口位置和部件尺寸，大大提高了给进机构的强度和刚度。在后期的试验中也验证了该结构完全满足本机的使用要求。

钻机采用先导油源直接带动张紧油缸张紧钢丝绳，并在张紧油缸处采用限位滑槽限制钢丝绳的旋转，如图 2.38 所示。

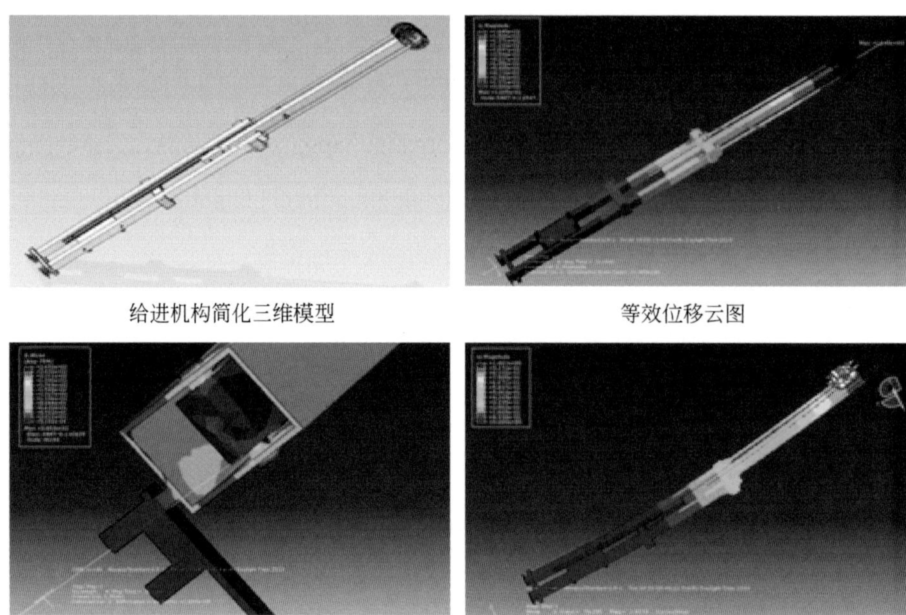

给进机构简化三维模型　　等效位移云图

等效应力分布图　　一阶模态振型

图 2. 37　给进装置有限元分析结果

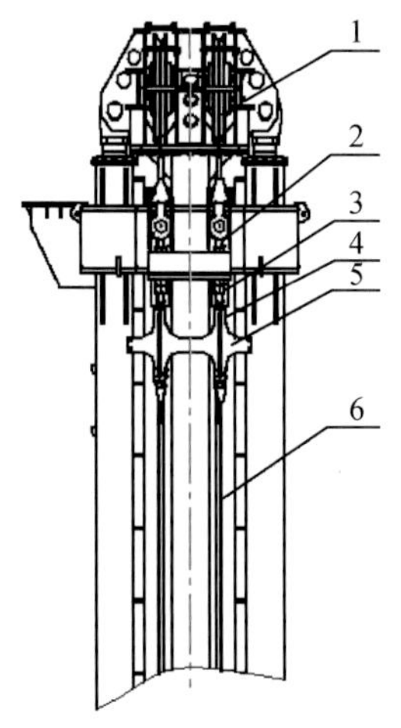

图 2. 38　钢丝绳张紧及防旋转结构

1. 起拔钢丝绳；2. 调整螺栓；3. 调整螺母；4. 张紧油缸；5. 防转组件；6. 给进钢丝绳

3. 卸扣器

卸扣器用于钻杆等钻进工具的拧卸，采用回转支撑连接在给进装置的侧面，不工作时让开井口，需要拧卸钻具时，通过回转支承移动到井/孔口，夹紧钻具，完成钻具的拧松。

ZMK 系列全液压车载钻机的卸扣器结构如图 2. 39 所示。

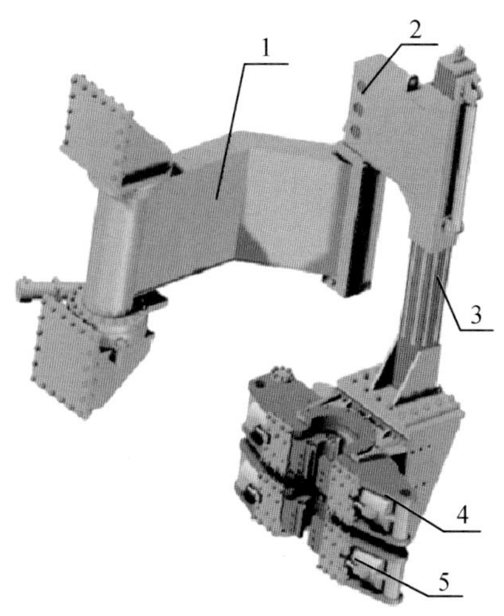

图 2.39　卸扣器结构图

1. 摆动臂；2. 支撑臂；3. 导杆组件；4. 卸扣体；5. 夹紧体

2.3.5　液压系统设计

液压系统是车载钻机的核心，直接决定了整机的操控性和技术性能。

ZMK 系列车载钻机采用 7 泵开式系统，如图 2.40 所示，主要实现功能包括：回转器

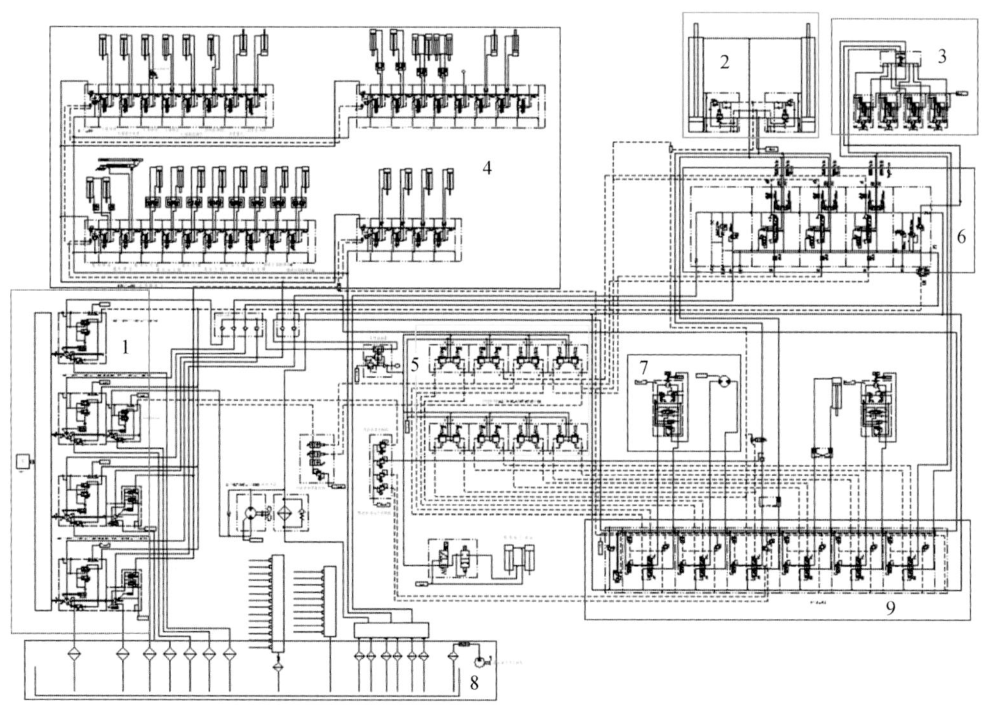

图 2.40　ZMK 系列全液压钻机液压系统原理图

1. 动力单元；2. 给进单元；3. 回转单元；4. 辅助动作；5. 控制单元；6. 换向阀；7. 卷扬系统；8. 油箱；9. 换向阀

转速、转矩调节；给进装置快速倒杆、慢速钻进调节；主卷扬、录井绞车控制，卸扣器控制；钻机整体稳固；桅杆起落、稳固；回转器锁定、翘起；系统冷却风扇控制等。

钻机的快速给进/起拔不仅要求动作迅速、耐冲击，降低大负载时对桅杆稳定性的影响，而且要求低速可控性好、精度高。为了达到上述目标，选用具有 LUDV 流量控制功能的 M7 阀（图 2.41），目前该阀在国外工程机械上已成熟应用，最大流量可达到 650L/min，性能可靠。M7 阀还可以解决大直径油缸两端油量不对称的问题，并具有冲洗功能，满足在高寒地区的应用。

图 2.41　M7 阀实物照片

冷却系统回路是液压系统的重要组成部分。ZMK 系列钻机的冷却回路不仅要冷却上装主发动机，而且要冷却液压系统，如何在保证冷却效果的同时尽量减少功率消耗是设计难点。如图 2.42 所示，系统利用温度传感器同时监测柴油机冷却水温、液压系统冷却水温和柴油温度，通过一定的逻辑关系和风扇转速控制阀直接控制油泵输出液压油的油量，从而实现对风扇转速的控制，达到控制温度的目的，节能效果显著（常江华，2015）。

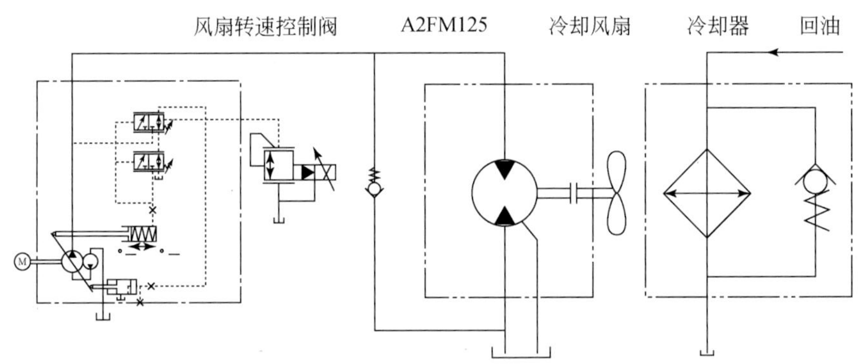

图 2.42　冷却回路组成示意图

2.3.6　电控系统

ZMK 系列钻机电控系统结构组成如图 2.43 所示，由主电控台、副电控台、柴油机及外围器件（传感器、开关、油门旋钮、指示灯及电磁阀等）构成。主、副控制台接收开关、传感器及油门旋钮的输入信息，并输出控制指令给指示灯和电磁阀。

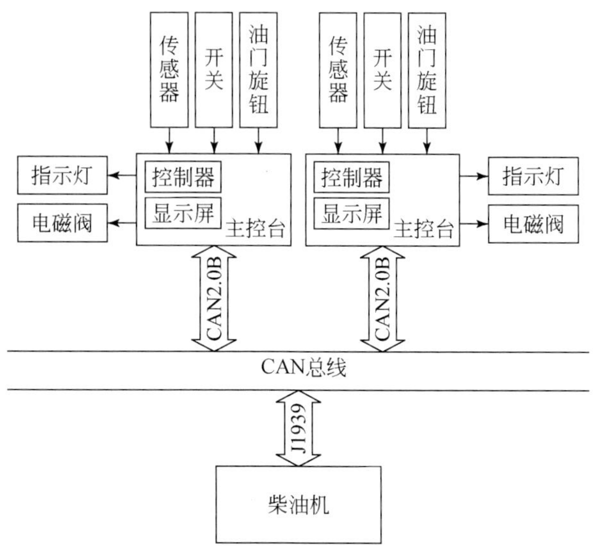

图 2.43　钻机车电控系统结构组成示意图

主、副控制台与柴油机之间交换数据通过 CAN 总线相互访问，并通过 CAN 总线组成网络，每个挂在 CAN 总线上的设备都是一个 CAN 节点，各节点通过帧 ID 来判断是否需要接收和处理。柴油机采用 J1939 协议，主、副控制台采用 CAN2. 0B 协议，主、副控制台采集连接到自身传感器的信号，并将信号进行调理和处理，然后计算出各物理量并保存在控制器的存储器中，最后将该物理量内容与帧 ID 发送出去，以便其他节点进行接收。

1. 主电控台

主电控台（图 2. 44）内嵌于液压操作台上，离井口最近，采用隔爆结构，防爆标志为 ExdIIBT6Gb。主控台前面板安装两个把手，方便在安装或拆卸时能将其推入或拉出。另外主电控台左右两侧盖板均用螺丝紧固，方便拆卸。维修时，拧下右盖板上的螺丝，打开右盖板即可进行维修。

图 2. 44　主电控台外观图

主控台面板有显示器透明窗、紧急模式指示灯、柴油机报警指示灯、钻进报警灯、紧急开关、熄火开关、照明开关、浮动开关、称重开关、先导油源开关、急停开关、油门旋钮等。各开关、指示灯及旋钮都采用防爆器件，增强电控系统的安全性。

主控台内部由控制器、液晶显示器、继电器组件、接线排、保险等构成。当柴油机启动并完成所有的辅助工作后，司钻人员到主控台进行钻进操作。启动液压系统前，先打开先导油源开关。当电控系统出现故障时，面板上的相关报警灯亮起提示司钻人员。主控台还配备了一个照明灯，用于司钻工作台的夜间照明。

2. 副电控台

副电控台位于车体中部，主要进行钻进前的辅助工作，离井口相对较远，其外观如图2.45所示。副控台面板有电源开关、照明开关、预加热开关、电子泵开关、诊断开关、远程油门切换开关、柴油机启动开关、柴油机熄火开关、急停开关、进气阀打开指示灯、回油压力报警指示灯、柴油机报警指示灯、柴油机维护指示灯、油门旋钮等。

图 2.45　副电控台外观图

副控台采用隔爆结构，防爆标志为 ExdIIBT6Gb，以便在有防爆使用要求的条件下使用。副控台内部由控制器、液晶显示器、继电器组件、接线排、保险等构成，内部所有出线从后侧引出。顶端面安装遮雨沿，并在雨沿下安装有 20W 的照明灯，由副控台面板上的照明开关控制，用于夜间工作照明。当系统需要上电时，打开副控台面板上的照明开关。为了在低温条件下能顺利启动柴油机，系统设计了预加热器，由面板上的预加热开关控制。钻机工作之前，柴油机在副控台侧启动。当出现故障时，按下诊断开关可以检测系统故障并复位。远程油门切换开关用于切换本地与远程油门，当切换到本地油门时，本地油门起作用，反之是位于主操纵台上的远程油门起作用。柴油机启动与熄火开关用于启动和关闭柴油机。为了在紧急情况下关停柴油机，面板上设置了急停开关。进气阀指示灯用于指示当前进气阀是否打开。另外，系统设置了报警指示灯，当回油压力超出报警值时，指示灯点亮，提醒更换回油滤芯；柴油机出现故障时柴油机报警指示灯亮起，并在显示屏上显示故障代码，柴油机需要维护时柴油机维护指示灯亮起，提醒工作人员对柴油机进行维护。

3. 外围传感器及电磁阀

电控系统监测的参数除了柴油机外，还有系统的部分液压参数、报警限位参数。柴油机的大部分传感器都位于柴油机机身上，只有冷却液的液位传感器需要额外安装。其他报警限位参数所需要的传感器主要有：液压油温度、回转器的转速、转矩、给进力与起拔力、称重、车身水平度与桅杆垂直度、到位信号，主要控制有电磁阀通断、数据记录与输出、先导油源的控制、风扇的控制。

2.3.7　给进装置的加工

给进装置的桅杆体积庞大，采用低碳钢焊接而成，除要求必要的配合精度外，还要求具备足够的刚度和强度；为了防止焊后变形，消除焊接应力，需要采取合理的热处理工艺。

ZMK 系列钻机给进装置采用焊后整体高温回火热处理工艺，即把焊件整体放入加热炉内（图 2.46），缓慢加热到 600 ~ 640℃，保温不少于 0.5h，最后在空气中或炉内冷却。

图 2.46　桅杆整体热处理

为了保证热处理效果，需采用以下技术措施：①工件装炉温度和出炉温度不宜超过 300℃；②焊件升温至 400℃后，加热区升温速度不得超过（$5000/\delta_m$）℃/h（δ_m 为焊接接头处较大钢材的厚度，mm），且不得超过 200℃/h，最小可为 50℃/h；③升温时，加热区内任意 5000mm 长度内的温差不得高于 120℃；④保温时，加热区内最高与最低温度之差不超过 65℃；⑤升温保温期间，应控制加热区气氛，防止焊件表面过度氧化；⑥炉温高于 400℃时，加热区降温速度不得超过（$6500/\delta_m$）℃/h，且不得超过 260℃/h，最小可为 50℃/h。

热处理后，整体加工（图 2.47）配合面，确保部件连接的精度。

桅杆加工完成后，按照顺序将油缸、回转支撑、钢丝绳、天车轮等部件安装于桅杆上，即完成给进装置的装配。

图 2.47　桅杆焊后加工

2.3.8　配套装置

1. 连续卸扣器

目前，国内外车载钻机自身携带的强力卸扣器具有上下升降和左右摆动的功能，可满足 ϕ89～244.5mm 范围内钻具的拧卸需求，但该卸扣器也存在以下不足之处。

（1）不能连续卸扣。

（2）可夹持最大钻具直径为 ϕ244.5mm，不能满足大口径井/孔施工用钻具的上、卸扣需要。

（3）尚不能准确掌握钻具、套管的上扣扭矩。

为提高车载钻机卸扣效率，ZMK 系列车载钻机配备了具有连续卸扣功能的连续卸扣器（图 2.48），其主要技术参数见表 2.16。

图 2.48　连续卸扣器

图 2.16　连续卸扣器主要技术参数

项目	参数
额定工作液压压力/MPa	14
额定工作气压/MPa	0.7 ~ 1.0
额定流量/（L/min）	114
夹持范围/mm	90 ~ 270
额定转速/（r/min）	高速 40，低速 2.7
最大扭矩/（N · m）	90000

卸扣器液压动力由钻机油源提供，额定压力 14MPa，用于卸扣器的卸扣动作；配备专用的空压机为系统提供气源，额定气压 0.7 ~ 1.0MPa，用于卸扣器的夹紧动作。

连续卸扣器通过轨道支架安装板与车载钻机的摆臂连接（图 2.49），改变摆臂的尺寸即可配套在不同型号的车载钻机上。

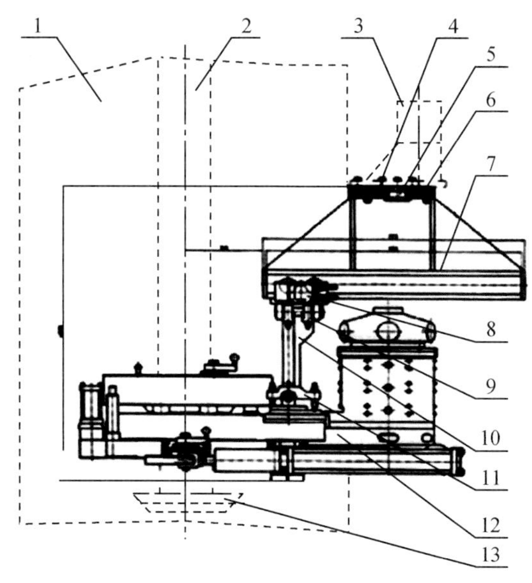

图 2.49　卸扣器安装示意图

1. 钻机；2. 钻具；3. 摆臂；4. 轨道支架安装板；5. 旋转轴；6. 锁紧螺栓；7. 移动轨道；8. 移动装置；9. 左右调平装置；10. 吊杆；11. 前后调平装置；12. 动力钳；13. 安全卡瓦

卸扣器通过吊杆及移动装置悬吊于轨道支架上，轨道支架可围绕其安装板旋转一定角度后用锁紧螺栓锁紧，此时连续卸扣器中心线通过钻杆中心。卸扣器可在移动轨道上由初始位置移动至工作位置，完成一个工作循环后回到初始位置，如此往复。

连续卸扣器的主要特点如下。

（1）夹持范围大，既可拧卸钻杆，也可拧卸套管。

（2）为了实现高速低扭矩旋扣和低速大扭矩冲扣，卸扣器采用两档行星变速和不停车换挡机构，提高了卸扣器的工作效率。

（3）连续卸扣器采用钳头浮动方案，浮动体通过浮动气缸中的 4 个弹簧座到缺口齿轮上，依靠弹簧的弹性可保证浮动体有足够的垂直位移，拧卸钻具时可有效保护丝扣。

2. HG-2 型换杆装置

车载钻机起下钻工序须同时考虑起下钻杆和套管的需要，钻具较长且质量较大，靠人工搬迁困难，劳动强度大，效率低，存在安全隐患，所以研制高效、节省人力的辅助起下钻装置非常必要。HG-2 型换杆装置（图 2. 50）是一种新型的 ZMK 系列钻机配套装备，主要功用是辅助配合钻机完成起下钻工序，提高钻机上下钻杆的自动化程度，降低工人劳动强度。

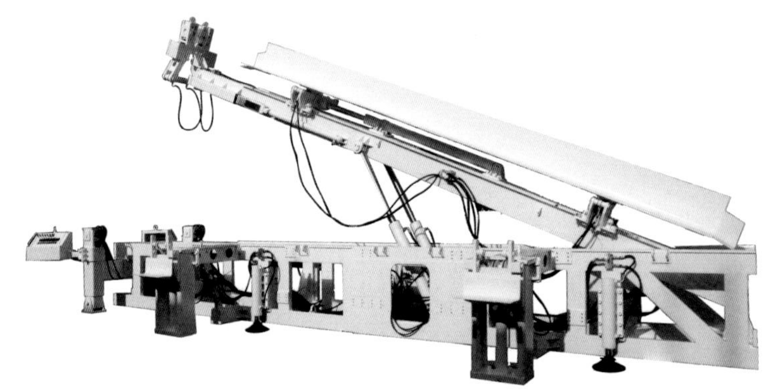

图 2. 50　HG-2 型换杆装置

HG-2 型换杆装置最大可使用 ϕ237mm 规格钻杆，上杆最大仰角 23°，其主要特点如下。

（1）使用车载钻机输出液压动力源。由于换杆工作为非连续性作业，单独配备动力源需要频繁启动、停止，额外增加负荷，经济性较差。使用车载钻机输出液压动力源，结构更加紧凑、节能、经济。

（2）整机采用卧式结构。由于立式换杆装置体积庞大，对于在不易行车的山区难以进行车载运输，成本较高，不适合车载钻机的使用。卧式换杆装置结构简单，更倾向于低空作业，体积较小，易于车辆运输。

（3）具备升降功能。具备钻具从地面到换杆装置工作平台的提升/下放装置，钻场不需配置其他的提升设备。

（4）换杆装置后端为开放结构，使用钻具的长度不受限制。

ZMK5530TZJ60 型车载钻机及配套装置系统的典型应用详见 7. 3 节。

2. 4　车载钻机钻进性能检测试验台的建设与应用

2. 4. 1　车载钻机钻进性能检测试验台的建设

试验台是检测钻机性能、控制产品质量的基本手段。中煤科工集团西安研究院有限公司的钻机试验台始建于 1990 年，经过多次改造、新建，形成了最大扭矩 15000N · m、给进/起拔力达 250kN 的试验检测能力。但是，这些都是针对坑道钻机特点设计建造的。鉴于地面车载钻机的特点和要求，需要重新设计建造新的车载钻机检测试验台，其扭矩和抗拔力需分别达到 30000N · m 和 1000kN 以上。

1. 车载钻机试验台的总体设计

车载钻机钻进性能试验台选用匹配的扭力传感器和拉力传感器，难点是用什么构筑物如何实现扭力和拉力的传递和抵抗。通过充分调研、对比多种方案后，设计采用长度为 20m、直径为 800mm 的钢筋混凝土灌注桩来抵抗、平衡试验载荷，中间埋设 ϕ127mm 钻杆作为传力构件，桩身采用 C30 混凝土浇筑，如图 2. 51 所示。

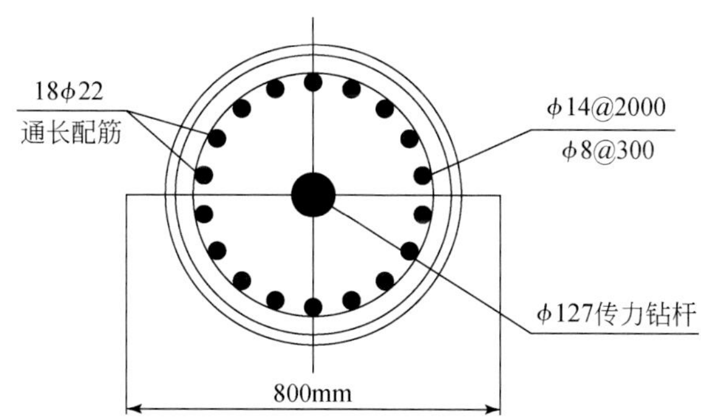

图 2. 51　抗拔抗扭灌注桩截面示意图

扭矩测量和抗拉力测量有成熟配套的传感器及测试方法，本书不再做论述。在此重点介绍在 30000N · m 扭矩和 1000kN 起拔力作用下受力构筑物如何保证稳定。

2. 灌注桩抗扭计算

灌注桩的抗扭力可采用桩侧阻力与半径相乘，则满足扭矩的最小桩长可用式（2. 5）计算：

$$M_k = 1000Q_{sk} \cdot r \tag{2.3}$$

$$Q_{sk} = 2\pi r \cdot q_{sk} l \tag{2.4}$$

$$l = \frac{M_k}{2000\pi r^2 q_{sk}} \tag{2.5}$$

式中，M_k为灌注桩抗扭力，N · m；Q_{sk}为灌注桩总侧阻力，kN；q_{sk}为极限侧阻力标准值，kPa；r 为灌注桩半径，m；l 为灌注桩长度，m。

据《煤炭科学研究总院西安分院产业基地土工程勘察报告》① 相关数据，灌注桩的极限侧阻力标准值 q_{sk}选用最小值 66kPa，代入式（2. 5）计算可得 l=0. 45m，考虑 2 倍的安全系数，可得 l=0. 90m。由此可见采用灌注桩可以很容易满足试验台抗扭的要求。

① 中煤科工集团西安研究院. 2014. 煤炭科学研究总院西安分院产业基地土工程勘察报告。

3. 灌注桩抗拔力计算

采用《建筑桩基技术规范》（JGJ94-94）中的单桩抗拔力公式：

$$U_k = \lambda q_{sk} u l \tag{2.6}$$

式中，U_k为基桩极限抗拔力标准值，kN；λ 为抗拔系数，在黄土中可取 0.7；q_{sk}为极限侧阻力标准值，kPa；u 为基桩周长，m；l 为基桩桩长，m。

则 $l = \dfrac{U_k}{\lambda q_{sk} u} = \dfrac{1000}{0.7 \times 66 \times 2 \times 3.14 \times 0.4} = 8.62\text{m}$，安全系数取 2，可得 $l=17.24\text{m}$。

经过以上的计算表明，选用 ϕ800mm 的桩径和 20m 的桩长完全能够满足试验台能力要求，并留有足够的安全余地。对于桩中心的 ϕ127mm 钻杆，其强度也完全能够满足车载钻机试验中的抗扭和抗拉要求。同时，为了增加钻杆和混凝土之间的黏结力，在钻杆表面焊接了四道钢筋肋，根据经验数据，在混凝土中埋设长度超过 5m 即可，但为了增加试验时的安全性，采用两根 9m 钻杆连接后全部埋入灌注桩中，这样也增加了灌注桩的桩身强度，为后期钻机能力提升时的检测试验预留充足的能力空间。

2.4.2 车载钻机钻进性能检测试验台的应用

车载钻机钻进性能检测试验台主要由机械加载装置和性能检测系统两部分组成。机械加载装置是将钻杆预埋在混凝土桩中，通过摩擦力来提供回转性能测试和提升力测试所需的负载。性能检测系统则由传感器及配套仪表组成。

回转性能测试（图 2.52）主要检测车载钻机的静扭矩，通过 KR-806F 型静态扭矩传感器及配套仪表进行测试，其中传感器选用北京中科昆锐科技有限公司生产的产品，测量范围为 0 ~ 50000N · m，精度为 0.5 级，扭矩输出信号为 4 ~ 20mA 标准信号，采用双法兰的结构形式，主要用于静态大扭矩参数的测量。检测中，将传感器一端的法兰盘与试验台

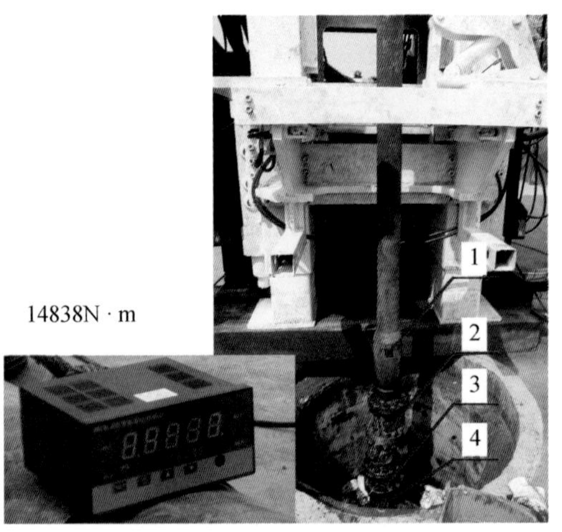

图 2.52 扭矩检测装置及显示仪表

1. 钻杆；2. 万向节；3. 扭矩传感器；4. 预埋钻杆

预埋的钻杆用螺栓连接，另一端的法兰盘与万向节一端的法兰盘连接，万向节另一端的法兰盘与车载钻机动力头上连接的钻杆连接，在动力头回转加载状态下通过传感器及显示仪表检测车载钻机动力头输出的扭矩值。

提升力测试（图 2.53）主要检测车载钻机的提升能力，通过 HM2D1-G20-120t-10B 型拉压力传感器及配套仪表进行测试，传感器测量范围为-1200～1200kN，精度为 1 级，采用双法兰连接形式，同静态扭矩传感器的结构和尺寸一样，主要应用于较大拉压力参数的测量。检测时，拉压力传感器一端法兰盘与试验台预埋的钻杆连接，另一端通过钢丝绳组与动力头上连接的钻杆连接，在车载钻机动力头提升状态下通过传感器及显示仪表检测车载钻机的提升力。

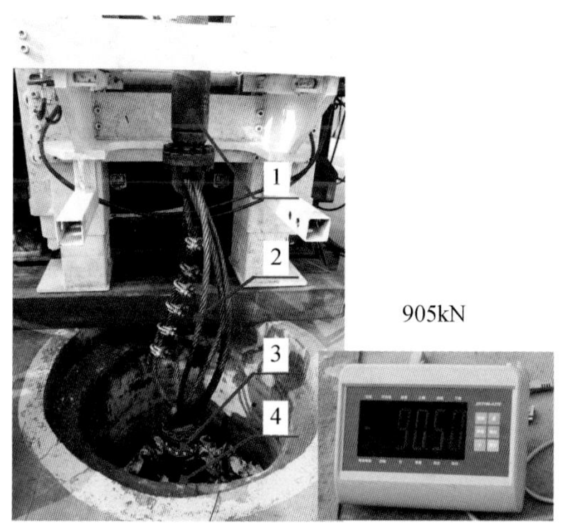

图 2.53　提升力检测装置及显示仪表

1. 钻杆；2. 钢丝绳组；3. 拉力传感器；4. 预埋钻杆

车载钻机钻进性能检测试验台可完成 ZMK 型系列车载钻机的整机调试和成品出厂检验工作。该试验台结构简单，便于操作，误差较小，测试效果直观。目前，该试验台已经顺利完成了西安研究院 ZMK5530TZJ60 型车载钻机的调试和出厂检验工作，并对 ZMK5530TZJ100 型车载钻机样机进行了试验。在整机调试和出厂检验过程中，试验台运行正常，效果良好，达到试验台建设之初的目标。该试验台还对行业中其他企业生产的车载钻机进行了回转性能和提升能力的测试。

第3章　对接井钻进配套装备研制与选型研究

煤矿区煤层气开发对接井定向钻进施工过程中，合理选用钻具组合是钻井工程顺利实施的关键。根据对接井适用的地质条件及成井工艺的特点，对接井组中的水平连通井典型井身结构普遍采用三开完井。精确对接井施工过程中，根据井身结构特点及钻进工艺要求，合理选择钻铤及稳定器的规格，保证井眼轨迹平直。为此，本章围绕煤矿区对接井施工配套用钻杆、钻铤、稳定器、螺杆钻具、钻头等进行详细介绍，并推荐配套附属装备的选型情况。

3.1　配套专用钻具研制与选型

钻杆、钻铤、稳定器、螺杆钻具等是煤矿区煤层气开发对接井施工所必需钻具。在垂直井钻进过程中，钻杆除了承受拉力、压力和扭矩外，还需承受随机性的震动、冲击载荷，尤其在对接井小曲率半径造斜段和长距离水平段施工中，钻柱的受力状态更为复杂，在拉、压、扭、弯曲、震动等多种复杂载荷的作用下产生交变应力，加上磨损腐蚀等作用，钻杆容易失效，引起井内事故（刘永刚等，2008）。为此有必要研制高强度斜坡钻杆，以满足对接井钻进施工要求。钻铤是钻具组合的重要组成部分，作用包括两方面：一是加压，即为钻头提供轴向压力，保证钻头高效碎岩；二是增强井底钻具组合的刚度，控制井斜。稳定器在石油、煤层气及地质勘探钻井工程中，对整个钻柱起稳定、稳斜、扶正及导向作用，是必不可少的重要工具。螺杆钻具则是实现定向钻进的关键钻具。

3.1.1　高强度斜坡钻杆研制

钻井施工过程中，钻柱将钻压和扭矩传递至井底钻头，随着井深的增加，钻柱因与井壁接触所受摩阻越来越大，加之水平连通井造斜段曲率半径小，对配套钻杆的强度和韧性提出了更高的要求，常规钻杆已不能完全满足使用要求（张燕，2007）。根据煤层气开发对接井井身结构及钻进工艺方法特点，中煤科工集团西安研究院有限公司研制了 ϕ73mm、ϕ89mm、ϕ114mm 和 ϕ127mm 四种规格的高强度斜坡钻杆，其中 ϕ114mm、ϕ127mm 钻杆用于一开、二开井段回转钻进、冲击回转钻进施工，ϕ73mm、ϕ89mm 钻杆用于三开造斜井段和水平段的滑动定向钻进、回转复合钻进施工。本书以 ϕ73mm、ϕ114mm 两种规格为例介绍高强度斜坡钻杆的设计与制造。

1. 钻杆结构设计

高强度斜坡钻杆按照加厚方式分为外加厚和内外加厚两种，其中 ϕ114mm 高强度斜坡钻杆为内外加厚，ϕ73mm 高强度斜坡钻杆为外加厚。两种规格的钻杆均由外螺纹接头、内螺纹接头和钻杆管体三部分组成，通过摩擦焊接方式加工制成一体。

1）设计原则

钻杆结构的合理性直接影响钻进效率与施工安全。为了满足对接井多工艺钻进的需要，两种规格钻杆设计原则与要求如下。

（1）高强度斜坡钻杆均采用 G105 钢级标准。

（2）ϕ114mm 钻杆管体内外加厚部分最小内锥面长度不小于 100mm，内锥面与管体的过渡圆角半径不小于 300mm，内锥面应平整，无波浪、凹坑等几何缺陷，加厚锥面以镦粗方法成型。

（3）ϕ114mm 和 ϕ73mm 钻杆内螺纹接头吊卡台肩设计为 18°锥形，避免几何截面突变而导致应力集中引起失效。

（4）钻杆螺纹根部采取滚压强化技术措施，提高钻杆的疲劳强度。

2）接头选型

根据高强度斜坡钻杆设计要求，钻杆接头内螺纹采用 NC 系列，严格控制螺纹几何尺寸、形状、表面粗糙度、精度，特别是齿根圆弧尺寸和表面粗糙度，防止应力集中造成螺纹早期失效。钻杆外螺纹根部进行滚压强化，提高钻杆的疲劳强度，螺纹表面镀铜或磷化处理，防止内外螺纹粘扣。

3）管体选型

为了满足煤层气开发对接井钻进施工要求，钻杆须具备较好的综合机械性能。管体选型时，综合考虑钻进工艺、地层条件及配套设备等因素，采用 G105 钢级的镦粗管体。由于钻杆加厚为管材端部局部热成型，变形方式为端部轴向聚料，加厚过渡带内锥面在镦粗过程中容易出现褶皱、微裂纹等表面缺陷。而且钻杆在使用过程中，加厚过渡带易形成应力集中，尤其在“狗腿”井段受到反复交变载荷作用，表面容易形成疲劳裂纹源，出现刺漏导致断裂事故发生，因此钻杆管端加厚位置的设计是重点。

在管体选型设计时，将内加厚过渡带消失点提高至外加厚区域内，同时增大内加厚过渡区最小内锥面长度和内锥面与管体的过渡圆角半径。ϕ114mm 内外加厚钻杆和 ϕ73mm 外加厚钻杆结构如图 3. 1、图 3. 2 所示。

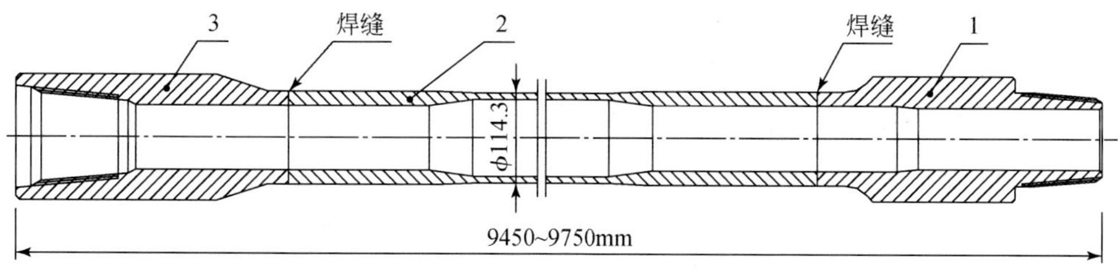

图 3. 1　ϕ114mm 内外加厚钻杆

1. 外螺纹接头；2. 钻杆管体；3. 内螺纹接头

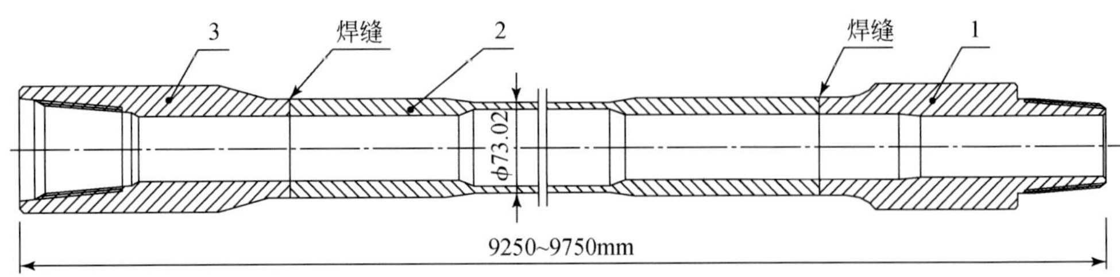

图 3.2　ϕ73mm 外加厚钻杆
1. 外螺纹接头；2. 钻杆管体；3. 内螺纹接头

2. 钻杆加工工艺

决定钻杆品质优劣的关键技术包括钻杆接头生产技术、管端加厚技术、钻杆摩擦焊接技术及其配套的在线热处理、在线无损检测技术等（张玉英等，2005），其生产流程如图 3.3 所示。

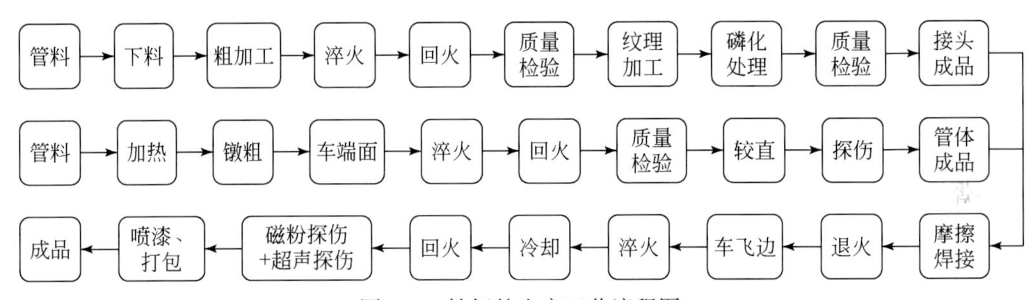

图 3.3　钻杆的生产工艺流程图

1）钻杆接头生产工艺

一般钻杆接头生产工艺流程为：下料→加热炉加热→锻造成型→质量检测→内外表面机加工→淬火（奥氏体化）→回火→质量检测→精车螺纹→螺纹镀铜或磷化→质量检测→接头成品（朱世忠，2006）。

钻杆接头制造原材料及工艺基本要求包括：①保证毛坯用钢的纯净度，严格控制硫、磷及五害元素含量；②锻压比大于 5，以使金属材料更加致密；③非金属夹杂物（硫化物、硅酸盐、氧化铝、粒状氧化物等）总和控制在 0.10% 以内；④不得有气孔、偏析和白点；⑤表面不得有长度大于 3mm 的各种缺陷；⑥毛坯硬度不得超过 HB285；⑦金属流线塑性流动，不得有局部卷曲及紊乱；⑧控制接头材料的碳含量以保证其良好的焊接性能，同时，成品接头热处理过程中严格控制加热温度及淬火冷却速度，保证淬透性和合理的强韧性配合；⑨机加工螺纹时保证螺纹几何尺寸、形状、表面粗糙度、精度，尤其须保证齿根圆弧尺寸和表面粗糙度，避免因应力集中造成早期失效。严格控制螺纹镀铜、磷化层厚度保证其密封性能。

2）管端加厚技术

钻杆端部加厚有内加厚、外加厚、内外加厚三种成型方式，其工艺流程为：下料→管端加粗→管端修磨及检验→调质热处理→热矫直→纵横向无损探伤及内外表面缺陷检查。

其中内外加厚的管端材料稳定性差，成型难度大。

钻杆加厚为管材端部局部热成型，变形方式为端部轴向聚料，其加厚过程为径向夹紧、轴向加压，进行加厚（镦粗），局部成型的工艺。钻杆加厚的专用设备一般为专用液压机或机械平锻机，其产生的垂直压力用于工件的夹紧，水平压力用于管端加厚（镦粗）。

由于管端内加厚无法采用模锻成型，因此我国和日本钻杆生产厂家均采用三次中频感应加热，逐渐增加加热长度，而后用瓦斯炉均热后高压水除鳞，以保证加热段呈现平滑的温度梯度变化和塑性变形能力，再经两次平锻镦粗使其转变为符合要求的尺寸及平滑过渡的几何形状。

在管端加厚过程中，通过严格控制加热温度梯度分配及平锻力的分配，避免产生波浪形过渡带（加厚不充满）及褶皱，导致使用中产生早期疲劳失效。管端加厚完成后，为消除热应力的影响，保证要求的机械性能，根据管体的不同钢级做"正火+回火"或"淬火+回火"热处理，其金相组织按不同钢级要求分别达到"铁素体+珠光体"或索氏体，最后进行矫直及无损探伤检验。

3）钻杆摩擦焊接技术

钻杆摩擦焊接工艺流程为：管体管端内外圆及端面加工→摩擦焊接→加热回火→除去焊区内外部焊瘤→焊缝区调质处理→焊区外观及尺寸检查→焊区非破坏性检查→测长、称重→标记与表面涂层。

摩擦焊是一种优质的固态焊接技术，焊缝强度可以达到甚至超过母材的水平。连续驱动摩擦焊接过程可分为四个阶段，包括施加摩擦压力前的旋转阶段、工件旋转向前施加压力阶段、保持摩擦压力并旋转的加热阶段及顶锻阶段。在整个焊接过程中，选择合理的摩擦压力、摩擦时间、摩擦变形量、刹车时间、顶锻时间和顶锻变形量是得到理想的接头金相组织、机械性能和较大焊合面积的必要条件。因此，优化摩擦焊接工艺参数是保证钻杆使用性能的必要途径。

4）焊缝热处理技术

热处理工艺是指通过加热、保温和冷却的方法改变焊区的组织结构，从而获得工件所要求性能的一种热加工技术（王三云，2001）。根据加热、冷却方式及获得的组织和性能的不同，钢的热处理工艺可分为普通热处理、表面热处理及形变热处理等。钢在加热和冷却过程中的组织转变规律为制定正确的热处理工艺提供了理论依据，针对不同的需要选择相应的热处理工艺，结合实际环境（设备状况、人员素质等）及煤层气定向井施工特点，采用的热处理工艺包括感应加热焊后热处理和形变热处理。

a. 感应加热焊后热处理

摩擦焊接后的钻杆焊区应及时进行退火处理，防止产生裂纹和变形。退火是将钢加热至临界点 A_{C1}（在亚共析钢加热过程中，奥氏体开始形成的温度）以上或以下温度，保温以后缓慢冷却以获得近于平衡状态组织的热处理工艺，其主要目的是均匀焊接热影响区化学成分及组织、细化晶粒、调整硬度、消除内应力和加工硬化，改善焊区成型及切削加工性能并为淬火做好组织准备。

b. 形变热处理

形变热处理是将工件加热至 A_{C3}（在亚共析钢加热过程中，奥氏体完全形成的温度）

以上，在稳定的奥氏体温度范围内进行变形，然后立即淬火，使其发生马氏体转变并回火至所需的性能。由于形变温度远高于钢的再结晶温度，形变强化效果易于被高温再结晶所削弱，严格控制变形后至淬火前的停留时间，形变后立即进行淬火冷却。

c. 高强度斜坡钻杆的选型

在煤矿区钻井施工中，主要根据钻井施工井身结构及钻进工艺方法选取高强度斜坡钻杆。对接井施工中，主要选用中煤科工集团西安研究院有限公司生产的 ϕ73mm 和 ϕ114mm 两种规格高强度斜坡钻杆。

目前，国内生产该类钻杆的企业主要有上海宝钢集团有限公司、江苏曙光格兰特钻杆有限公司、渤海能克钻杆有限公司、山西风雷钻具有限公司、无锡西姆莱斯石油专用管制造有限公司、上海华实海隆石油装备有限公司、江阴德马斯特集团等。

3.1.2 高强度加重钻杆研制

在煤矿区钻井施工中，加重钻杆连接在钻杆与钻铤之间，防止钻柱截面模数的突然变化，减少钻杆疲劳破坏，且能够代替一部分钻铤，减轻钻机提升负荷，增加其钻深能力。在施工精确对接井的水平井段过程中，加重钻杆与钻铤常采用“倒装”形式，即将加重钻杆置于垂直井段内，为井底钻头提供钻压，解决小曲率半径造斜后长水平段施工时加压困难的问题。加重钻杆与井壁接触面积较钻铤小，因此不容易形成压差而卡钻。

加重钻杆的壁厚介于普通钻杆与钻铤之间，其结构形式与钻杆类似。目前，加重钻杆分整体加重钻杆和摩擦焊接加重钻杆两类。整体加重钻杆是采用 AISI4145H 合金钢加工而成，采用整体热处理工艺。摩擦焊接加重钻杆是采用材料为 AISI4145H 或 AISI4137H 的高级合金钢接头和材料为 AISI1340 的合金钢管体摩擦焊接而成，与整体加重钻杆相比，它具有以下优点。

（1）在制造上采用分体投料，经摩擦焊接成型，管体、接头采用不同的材料和热处理工艺，管体采用加工余量较小的无缝钢管，其柔性好，更利于加重钻杆在造斜段的使用。

（2）接头部分经专用热处理炉处理后，螺纹强度进一步提高，延长了加重钻杆的使用寿命。因此，摩擦焊接加重钻杆既保证了管体部分的柔性，又保证了接头部分的强度。

1. 加重钻杆结构设计

根据煤矿区煤层气开发对接井井身结构及钻进工艺特点，确定常用加重钻杆外径尺寸为 ϕ127mm 和 ϕ73mm 两种。

加重钻杆设计方面，内螺纹接头吊卡台肩设计成 18°锥形，两端接头和中间加厚部分敷焊耐磨带，螺纹根部加工应力分散槽，结构如图 3.4、图 3.5 所示。

2. 加重钻杆加工工艺

摩擦焊接加重钻杆的接头制造工艺、摩擦焊接工艺和焊缝热处理工艺与上述高强度斜

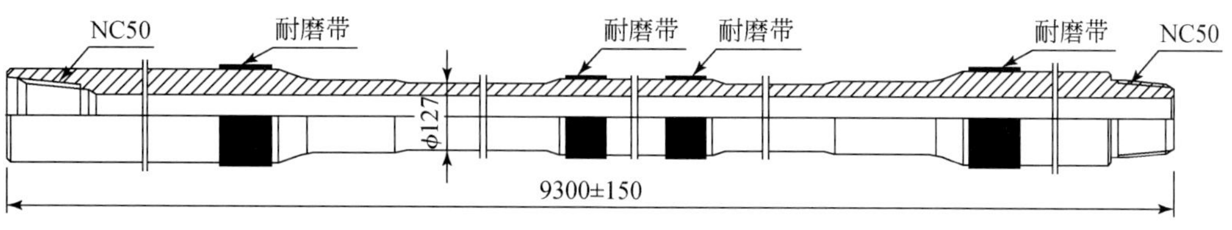

图 3.4　ϕ127mm 加重钻杆

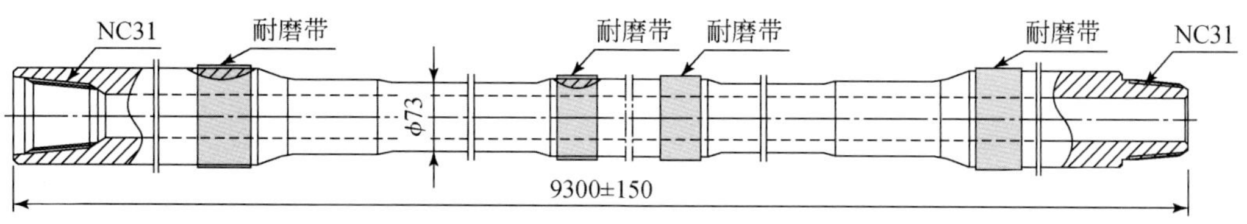

图 3.5　ϕ73mm 加重钻杆

坡钻杆的制造工艺基本相同。加重钻杆受力工况复杂，在加工接头时，一般对螺纹根部的应力分散槽进行滚压强化，提高其抗疲劳性能。另外，加重钻杆在使用过程中承受拉力，螺纹牙底采用冷滚压处理，使其牙底根部的残余应力得以释放。

3.1.3　钻铤选型

根据煤层气开发对接井施工特点，钻井过程中需满足井眼刚、满、直的钻进要求，在钻进施工中，钻铤主要用来为钻头提供钻压，使钻杆处于受拉状态，并以其较大的刚性扶正钻头，实现防斜打直。

1. 钻铤分类

钻铤用在钻柱的最下部，是下部钻具组合的重要组成部分，其主要特点是壁厚，具有较大的重量和刚度。在钻进过程中，钻铤主要作用有：给钻头施加钻压；保证钻柱在压缩条件下的必要强度；减轻钻头的振动、摆动和跳动等，使钻头工作平稳；扶正钻头保持井眼垂直，控制井斜。

钻铤根据结构及材质不同一般分为三种：①整体钻铤，整体为厚壁圆管，两端加工连接螺纹，是最常用钻铤；②螺旋钻铤，外圆柱面上加工有右旋的螺旋槽，它与井壁的接触面积小，能有效地防止压差卡钻；③无磁钻铤，主要用于石油、煤层气钻井过程中的井斜方位角监测，结构与整体钻铤相同，采用无磁不锈钢材料制造，经过严格的化学成分分析锻造而成，可确保硬度、韧性、冲击功及抗腐蚀性能，具有良好的低磁导率和良好的机械加工性能。

2. 钻铤工作特性

钻进过程中，钻铤连接螺纹主要承受弯、扭交变载荷的作用，在螺纹尾端部的牙根处易产生应力集中，疲劳失效多发生于此。在石油勘探开发钻井领域，统计数据表明钻铤失效以螺纹断裂为主（杨自林等，2000），如四川川东地区 1996 ~ 1997 年发生的 142 起断裂事故中螺纹断裂 110 起，占总数的 77.5%；大庆油田钻井所用钻铤的损坏基本上也都发生在钻铤螺纹连接处。为了预防疲劳失效，在钻铤螺纹根部加工应力分散槽，并对螺纹根部进行滚压强化处理，消除牙根处应力集中，提高钻铤的抗疲劳性。

3. 钻铤选型

根据煤层气开发对接井井身结构特点，结合钻铤 API 加工标准及外形尺寸［参见 ANSI/API SPEC 5DP（R2015）］，在对接井一开钻进时选用 ϕ165mm 钻铤，常用结构形式为螺旋钻铤和无磁钻铤，螺旋钻铤主要作用是给钻头加压及保直，防止钻井过程中出现吸附及压差卡钻，其基本结构如图 3.6 所示；无磁钻铤除发挥与普通钻铤相同作用外，还用于放置钻井参数测量仪器，其基本结构如图 3.7 所示。

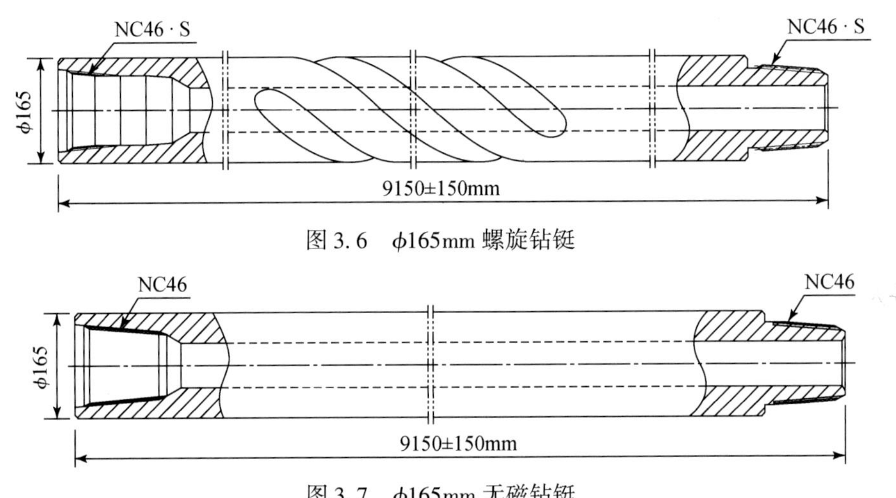

图 3.6　ϕ165mm 螺旋钻铤

图 3.7　ϕ165mm 无磁钻铤

目前，国内生产钻铤的企业较多，加工能力强、销售量较大的企业主要有山西风雷钻具有限责任公司、中原特钢股份有限公司、西安长庆石油工具制造有限公司等。

3.1.4　稳定器选型

在油气勘探开发井及地质勘探钻孔钻进领域，稳定器是对整个钻柱起稳定、稳斜、扶正及导向作用必不可少的重要井下工具。在施加较大钻压的情况下，合理使用稳定器，可降低井斜变化率和井斜方位变化率，避免形成“狗腿”急弯，进而提高井身质量和钻进速度，降低钻井成本。

1. 稳定器作用

稳定器主要作用如下。

1）控制井眼轨迹

稳定器在钻具组合中主要起着支点和扶正作用，多个稳定器安装在不同位置将井斜角和井眼曲率控制在规定范围内，有助于钻铤的绝大部分重量集中在钻头上，减少钻柱和钻头上所承受的非井眼中心力的其他外力。保证底部钻柱与井眼基本同轴，防止钻铤与井壁长距离接触，相应地减少形成键槽卡钻和产生压差卡钻的可能性，从而提高钻头工作的稳定性，延长其寿命，这对金刚石钻头尤为重要。随着稳定器的发展和大量施工水平井和定向井，稳定器在钻井过程中逐渐由单一的扶正作用演化为辅助造斜、稳斜和降斜，成为现代井眼轨迹控制技术中不可或缺的井底钻具。

2）扩眼作用

稳定器主要作用不是扩眼，但在弯曲井眼或井眼缩径处，它随钻柱一起钻进，其下端本体与工作段过渡的倒角处，起着一定的扩眼作用。

3）修整井壁

随钻柱一起转动的稳定器在与井壁摩擦接触过程中，对井壁具有一定程度的修整作用，使井壁更光滑平整，提高井身质量。

此外，在钻井过程中，使用稳定器不但能有效地控制井斜，提高井身质量，而且还可以强化钻压、提高钻速，延长钻头使用寿命。

2. 稳定器分类

稳定器按结构形式分为四种：①整体螺旋稳定器，包括整体三螺旋、四螺旋稳定器，工作表面的耐磨材料有表面镶嵌硬质合金柱、表面镶嵌金刚石复合体、表面低温钎焊硬质合金块及表面堆焊耐磨带等多种形式，由于其结构简单，约束条件少，使用寿命长，现使用最广泛；②整体直棱稳定器，包括整体三棱、四棱及多棱稳定器，其工作表面有镶硬质合金复合体及堆焊等，主体是由高强度合金钢经热处理制成；③可换套螺旋稳定器，由主体、稳定套、护套组成，具有不破坏井壁的优点，但其受温度限制较大，且使用寿命低；④滚轮式稳定器，具有较强的修整井壁的能力，主要用于研磨性地层。

3. 对接井稳定器选型

稳定器主要用于煤层气开发对接井一开、二开井段，根据一开、二开井眼尺寸、配套钻具组合及稳定器 API 加工标准，选择常用的螺旋稳定器即可满足钻井使用要求，图 3.8 所示为天合石油集团股份有限公司生产的 ϕ214mm 螺旋稳定器。

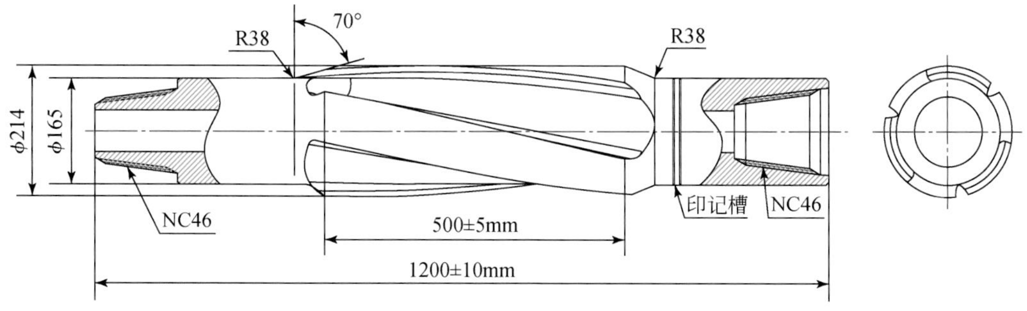

图 3.8　ϕ214mm 螺旋稳定器

3.1.5　螺杆钻具选型

螺杆钻具是一种以钻井液为动力介质、把液体压力能转化为机械能的容积式井下动力钻具，又被称为定排量马达（positive displacement motor，PDM），它被广泛应用于石油钻井、地质勘探等领域的钻进作业中。

1. 螺杆钻具的基本结构及工作原理

油气勘探开发钻井用螺杆钻具的典型结构如图 3.9 所示，主要由旁通阀总成、马达总成、万向轴总成和传动轴总成组成。

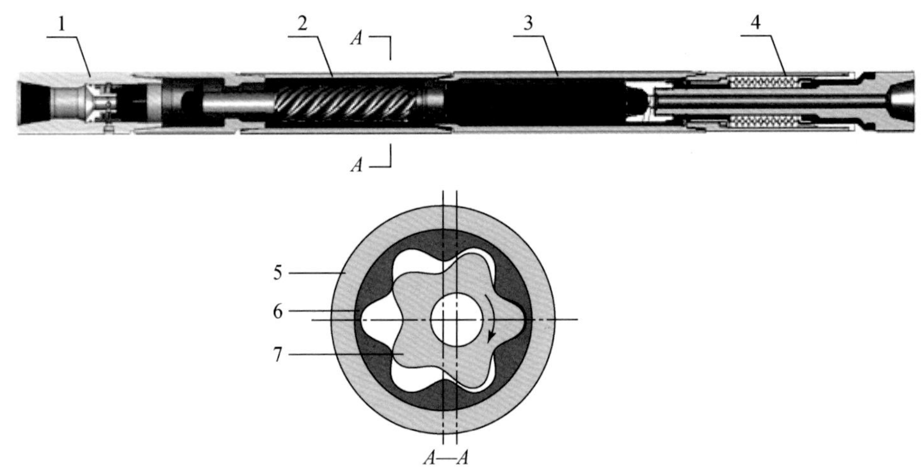

图 3.9　螺杆钻具的结构组成示意图

1. 旁通阀总成；2. 马达总成；3. 万向轴总成；4. 传动轴总成；5. 定子外管；6. 橡胶衬套；7. 转子

旁通阀总成由阀体、阀芯、阀套及弹簧等组成，有旁通和关闭两个工作位置。正常钻进过程中，旁通阀自动处于关闭状态，即当钻井液流量和压力达到标准设定值时，阀芯下移，关闭旁通阀孔，钻井液流经马达总成，把压力能转换成机械能。起下钻作业过程中，旁通阀处于旁通位置，即弹簧将阀芯顶起，旁通阀孔打开，钻杆柱内的钻井液进入井眼环空，避免钻井液溢流到钻台上。

马达总成是螺杆钻具的核心部件，包含转子和定子，其中转子是一根表面镀有耐磨材料的钢制螺杆，其上端是自由端，下端与万向轴相连；常规定子是在钢管内壁上压注并黏结牢固的橡胶衬套，内孔具有螺旋曲面形状，其螺距与转子的螺距相同、波齿数比转子的多一个；马达总成中的转子与定子相互啮合，通过二者的导程差而形成螺旋密封腔，以完成能量转化。

万向轴总成由壳体和万向轴本体组成，其中轴体常用的有活瓣式结构和球铰式结构两种，万向轴本体将转子与传动轴连接起来，并将马达转子的平面行星运动转化为传动轴的定轴转动，同时把马达输出的扭矩及转速通过传动轴传递给钻头。

传动轴总成由壳体、传动轴、推力轴承、径向轴承等组成，主要作用是将马达总成输出的扭矩和转速传递给钻头。

螺杆钻具是 1956 年美国史密斯国际公司（Smith International）根据莫伊纳原理设计的，其工作原理与螺杆泵相反，它把钻井液的液压能转换成旋转机械能，即高压钻井液经旁通阀进入马达总成，在马达总成的上下端产生压力差，进而驱动转子绕定子轴线旋转、输出扭矩和转速；转子输出端的平面行星运动通过万向轴转化为传动轴的定轴转动，再传递给钻头，使其在井底回转切削碎岩不断取得进尺。

采用螺杆钻具滑动定向钻进时保持钻杆柱不旋转，减少或消除了钻杆柱与井壁之间的回转摩擦阻力，因而在较小动力损失的情况下就能达到较大的钻进深度。更为重要的是，由于钻头破碎岩石所需的扭矩由螺杆钻具直接提供，不需要钻杆柱回转，因此只要装上造斜工具（如弯接头、弯外管等）并在钻进中保证造斜工具朝向（即工具面向角）不变，就可使井眼轨迹按预定方向延伸，实施定向钻进工艺。

2. 螺杆钻具工作特性

螺杆钻具的工作特性（外特性）是由其动力部件——马达总成决定的，了解和掌握螺杆钻具的工作特性，对于正确选择和使用螺杆钻具至关重要。

1）理论工作特性

在不计各种损失的情况下，根据容积式机械工作过程中的能量守恒原则，在单位时间内钻头输出的机械能（$M_T \cdot \omega_T$）应等于螺杆钻具输入的水力能（$\Delta p \cdot Q$），则有

$$M_T\omega_T = \Delta pQ \tag{3.1}$$

根据容积式机械的转速关系，有

$$n_T = \frac{60Q}{q} \tag{3.2}$$

由式（3.1）、式（3.2）及 $\omega_T = \frac{\pi n_T}{30}$ 可得

$$M_T = \frac{1}{2\pi}\Delta pq \tag{3.3}$$

$$N_T = \Delta pQ \tag{3.4}$$

式中，M_T为螺杆钻具理论转矩，N · m；ω_T为钻头理论角速度，rad/s；n_T为钻头理论转速，即马达输出的自转转速，r/min；Δp 为螺杆钻具进、出口的压力降，Pa；q 为螺杆钻具每转排量，是一个结构参数，仅与线型和几何尺寸有关，m^3/r；Q 为单位时间内流经马达的流量，即泵的排量，m^3/s；N_T为螺杆钻具的理论功率，W。

根据式（3.2）和式（3.3）可得出如下结论。

（1）螺杆钻具转速只与排量 Q 和结构 q 有关，而与工况（钻压、转矩等）无关。

（2）工作转矩与螺杆钻具压力降 Δp 和结构 q 有关，而与转速无关。

（3）螺杆钻具的输出转速和扭矩是两个各自独立的参数。

（4）泵压表可作为井底工况的“监视器”，根据 Δp 的变化来判断 M_T和显示井下工况。

（5）转矩与转速均与结构 q 有关，增大马达的每转排量，可获得适合于钻井作业的低转速大转矩特性。

螺杆钻具的理论工作特性曲线如图 3. 10 所示。

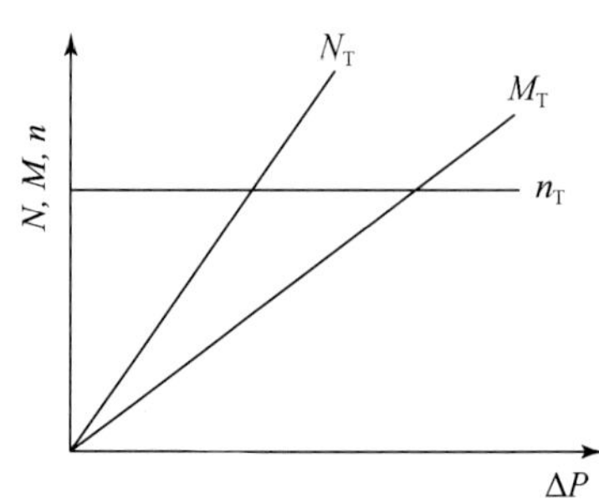

图 3. 10　螺杆钻具理论工作特性曲线

2）实际工作特性

在实际工作中，螺杆钻具转子与定子间存在摩擦阻力和密封腔间的漏失，万向轴、传动轴等也存在机械损失和水力损失，因此螺杆钻具具有机械效率 η_m 和水力效率（也称容积效率）η_v，其总效率 η 为

$$\eta = \eta_m \cdot \eta_v \tag{3.5}$$

其实际转矩 M、实际转速 n 和实际输出功率 N_0 为

$$M = M_T\eta_m = \frac{1}{2\pi}\Delta pq\eta_m \tag{3.6}$$

$$n = n_T\eta_v = \frac{60Q}{q}\eta_v \tag{3.7}$$

$$N_0 = N_T\eta = \Delta pQ\eta \tag{3.8}$$

螺杆钻具的实际工作特性曲线如图 3. 11 所示。

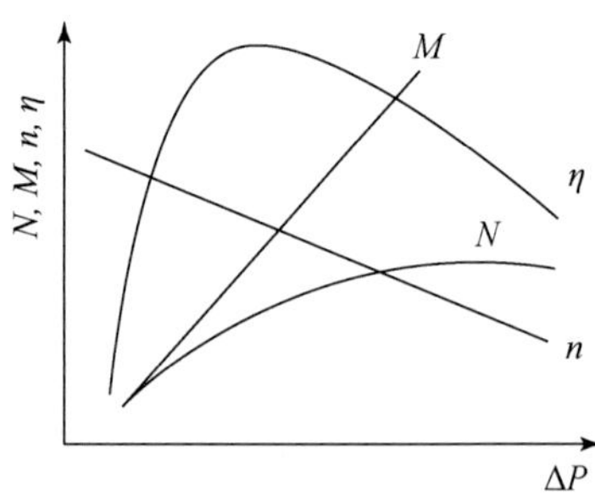

图 3. 11　螺杆钻具实际工作特性曲线

对比图 3. 10 和图 3. 11 可发现螺杆钻具实际工作特性与理论工作特性之间的差异，由于容积效率 η_v 的影响，实际转速 n 随着 Δp 的增大而降低（特性变“软”），这是马达定子橡胶衬套在 Δp 作用下产生变形和漏失所引起的。转矩 M_T 仍随 Δp 的增大而线性增加，表明螺杆钻具实际上仍有良好的过载能力。当钻压增大时，钻头阻力矩增加，引起转速降低，随之马达压力降 Δp 增大使马达转矩 M_T 增大，以克服阻力矩。当压力降逐渐增大到临界值 Δp_c 时，$n=0$，螺杆钻具被制动，转矩 M_T 达到 M_{max}，称为制动力矩。此时，进入马达的钻井液全部由转子和变形的定子橡胶衬套间的缝隙漏失（又称击穿），$\eta_v=0$，总效率

$\eta=0$。制动工况对螺杆钻具的危害较大，应予以避免。在操作时应缓慢施加钻压，一旦发生制动工况（表现为泵压表数值骤增），应立即将钻具提离井底并循环钻井液，待泵压下降后再下放钻具缓慢加压钻进。

3. 螺杆钻具选型

国外在发展井下动力钻具的过程中，大量采用新工艺和新技术，争创产品特色，不断更新换代，以保证在激烈的市场竞争中立于不败之地。我国在 20 世纪 70 年代末至 80 年代初开始引进迪纳钻具和纳维钻具，主要应用于石油勘探开发钻井领域。由于国内定向井和水平井的数量日益增多，一些有实力的生产制造企业和研究单位通过引进技术不断开发新的螺杆钻具。我国生产的螺杆钻具在结构、性能和使用寿命方面已取得了重大突破，国产产品逐步取代进口产品，且产品规格从 ϕ43mm 到 ϕ244mm 已成系列化。目前，国内大型螺杆钻具生产厂家主要有天津立林机械集团有限公司、山东陆海石油技术股份有限公司、北京石油机械厂、渤海石油装备中成（天津）机械制造有限公司等。

根据煤层气开发对接井井身结构及钻进工艺技术特点，选用 3 种国产的单弯螺杆钻具，型号为 5LZ165×7.0-DW-L-5、9LZ95×7.0-DW-L-4 和 9LZ95×7.0-DKW-L-4［执行标准为《螺杆钻具》（SY/T 5383—1999）］，其主要技术参数见表 3.1。

表 3.1　典型螺杆钻具主要技术参数表

型号	外径/mm	两端连接螺纹	头数	级数	排量/(L/min)	转速/(r/min)	工作压降/MPa	输出扭矩/(N·m)	最大压降/MPa	最大扭矩/(N·m)
5LZ165×7.0-DW-L-5	165	4-1/2REG	5：6	5	862～1724	87～174	4	4590	5.65	6484
9LZ95×7.0-DW-L-4	95	2-7/8REG	9：10	4	460～928	139～280	3.2	1426	4.52	1895
9LZ95×7.0-DKW-L-4	95	2-7/8REG	9：10	4	460～928	139～280	3.2	1426	4.52	1895

5LZ165×7.0-DW-L-5 螺杆钻具的外径为 165mm，弯外管为固定式，弯角 1.5°，主要用于煤层气开发对接井一开 ϕ311.15mm 井段纠斜钻进和二开 ϕ215.9mm 井段造斜定向钻进。

9LZ95×7.0-DW-L-4 和 9LZ95×7.0-DKW-L-4 螺杆钻具的外径均为 95mm，主要技术参数完全相同，两者的区别是：9LZ95×7.0-DW-L-4 螺杆钻具带固定式弯外管，9LZ95×7.0-DKW-L-4 螺杆钻具带可调式弯外管。这两种螺杆钻具主要用于煤层气开发对接井三开 ϕ152.4mm 或 ϕ149.2mm 井段定向钻进及后续的侧钻分支钻进。

3.2　配套钻头研制与选型

根据煤矿区煤层气开发对接井井身结构、钻进工艺方法、钻遇地层性质等特点，对接井施工过程主要用到两种类型的钻头：金刚石复合片（PDC）钻头和牙轮钻头。

3.2.1 专用PDC钻头研制

PDC（polycrystalline diamond compact）钻头，即聚晶金刚石复合片钻头是在早期刮刀钻头的基础上发展起来的。PDC钻头与牙轮钻头的结构不同、破岩机理、钻进特点、使用条件也不同。目前，这两种类型钻头在油气勘探开发钻井领域均发挥着重要作用。理论分析和现场实践表明：两种类型钻头各有特点，选用时应根据地层和钻井液特点，优选钻头和参数，使其发挥最佳破岩作用。PDC钻头的剪切破岩基本消除了牙轮钻头的牙齿敲击、挤压岩石所带来“压持效应”的重复切剪，能保持较高的机械钻速。PDC钻头的小钻压和高转速钻进工艺参数有利于防斜和扩大井眼直径，使井眼规则。而牙轮钻头的超顶、复锥和移轴不利于防斜打直。

1. PDC钻头的结构特点及碎岩机理

聚晶金刚石复合片（简称复合片）是PDC钻头的切削齿。复合片一般为圆柱状，它由人造聚晶金刚石薄层和碳化钨底层构成，金刚石晶体作随机排列，具有高强度、高硬度及高耐磨性的特点，可耐温750℃。为了满足排渣及冷却的需要，PDC钻头上设有由中心水道、喷嘴、排屑槽等组成的钻井液流道。图3.12所示为ϕ215.9mm PDC钻头结构尺寸图。

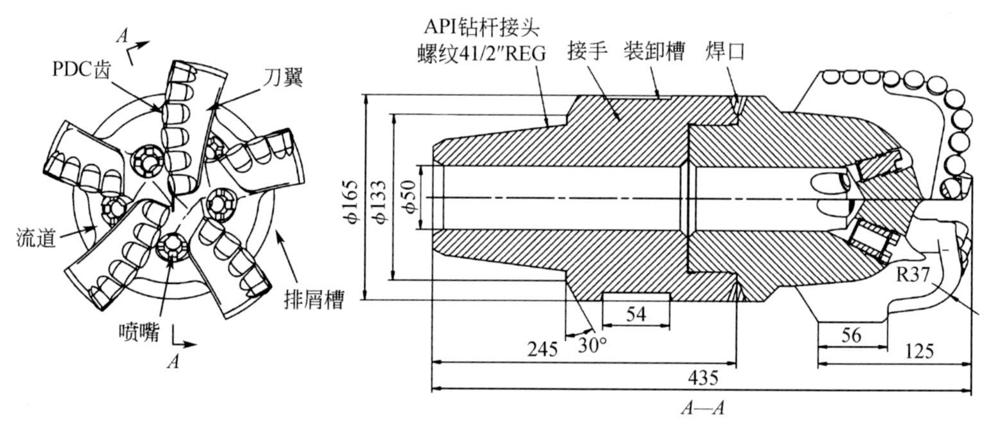

图3.12 PDC钻头结构示意图

PDC钻头是以切削-剪切的形式破碎岩石的。国内外在PDC切削齿破岩机理方面已做了大量研究工作，研究的手段主要是在各种条件下的单齿或多齿实验，由于实验条件和实验目的不同所得到的结论也不完全相同，但有两点认识一致。

（1）PDC切削齿对塑性较大的岩石（包括泥页岩、软砂岩等）的切削过程是一个剪切滑移的过程；影响切削力的主要因素有岩石性质、齿前角、侧转角、围压、切削深度、切削面积等。

（2）钻进压力对切削过程和钻进效率有重要影响；齿前角和侧转角有一个合理的范围。

2. PDC 钻头的分类

PDC 钻头按照功能和结构可分为全面钻头、取心钻头、扩孔钻头等多种类型，其中应用最为广泛的是全面钻头。PDC 钻头按照钻头体材料可分为胎体钻头和钢体钻头两类，它们的性能对比见表 3. 2。

表 3. 2　胎体/钢体钻头性能对比表

项目	胎体钻头	钢体钻头
特性	采用铸造碳化钨粉、碳化钨粉和浸渍料经无压浸渍烧结而成	采用整块合金钢毛坯经机加工而成，钻头体与带 API 公扣的接头焊接在一起
优点	结构灵活，表面耐冲蚀，保径面采用天然金刚石或金刚石聚晶，保径作用强	主要靠机械加工，加工质量容易保证
缺点	制造工艺复杂，加工质量不易控制	钻头表面不耐冲蚀（尽管钻头表面有抗磨敷层），规径易磨小

3. PDC 钻头设计

1）PDC 钻头剖面形状设计原则

钻头剖面形状是 PDC 钻头总体设计的一个重要组成部分，直接影响钻头工作时的稳定性、导向性、布齿密度等，同时对清洗和冷却效果有一定影响，所以钻头的剖面设计必须与钻井环境相匹配（居培，2014）。设计钻头剖面形状时，应满足以下三个基本原则。

（1）剖面形状设计应有助于实现钻头设计整体意图，如按等切削或等磨损原则设计钻头时，就应保证易于实现钻头上的各切削齿的切削量或磨损量大致均衡的设计原则。

（2）切削齿在冠部表面容易布置，有足够的布齿空间和排屑空间。

（3）设计的剖面形状易于加工成型。

在实际设计过程中，有三种基本的剖面形状可供选择和参考，即双锥形、浅锥形和抛物线形，其他形状多是在上述形状基础上改动而成的。不同的剖面形状具有不同的工作特性，对于地层的适应性也不相同（刘建风，2003）。双锥形 PDC 钻头的内外锥体保持钻头稳定，有助于打直井，钻头外侧部位可布置较多齿；浅锥形 PDC 钻头的冠部面积小，较平坦，水力能量集中，清洗效果较好，有利于消除泥包，提高钻速，适合定向井施工，但浅锥形钻头复合片密度不易过大；抛物线形 PDC 钻头整个冠部载荷均匀，无明显载荷过渡区，并且钻头肩部及规径部位可布更多的切削齿，其侧向切削能力强，常与螺杆钻具配合用于定向钻进，并具有良好的使用寿命，但要求较高的流量和水力能量来实现清洗和冷却。

2）PDC 钻头布齿设计原则

PDC 钻头的布齿设计是 PDC 钻头设计中最关键的部分，布齿设计的合理与否直接决定着 PDC 钻头碎岩效果的好坏及其使用寿命的长短。布齿设计主要包括切削齿的径向布齿设计、周向布齿设计及其工作角度的优化设计三个方面。

a. 径向布齿设计原则

径向布齿设计是在钻头剖面（钻头轴线与半径方向线构成的半平面）内沿钻头剖面

线布置所有的切削齿，获得的结果为各切削齿的径向位置、切削齿数量和井底切削覆盖图。具体设计时，一般应遵循以下两方面的原则：①保证井底切削覆盖良好；②使各切削齿磨损相对均匀，提高切削齿的利用率。

b. 周向布齿设计原则

周向布齿是将一定数量的切削齿按一定方式分布在钻头冠部表面上。目前 PDC 钻头设计主要采用刀翼式布齿结构，所以周向布齿设计的内容包括确定刀翼数量、各刀翼上切削齿布置设计、刀翼分布设计和各切削齿周向角设计等内容。为了提高钻进效率，保证钻头寿命和排屑顺畅，具体设计时，应遵循以下原则：①刀翼数量应能满足布齿要求；②同一刀翼上的切削齿在安装时互不干涉；③切削齿按一定规律分布在各刀翼不同部位上；④刀翼设计和切削齿的分布有利于提高钻头的稳定性；⑤切削齿和刀翼的布置有利于提高水力清洗和冷却效果。

c. 切削齿工作角度设计

切削齿工作角度设计是按照一定原则在一个强制的平衡条件下工作，以防止某些切削齿先期损坏，最大限度地发挥切削齿的工作能力。确定合理的切削齿工作面空间（即金刚石复合片）走向是 PDC 钻头布齿设计的主要工作之一。

PDC 钻头切屑齿有复合片式和齿柱式两种结构，但结构不同只影响安装方式，其工作原理、结构角度和空间位置参数是一致的。切削齿工作面的空间走向对 PDC 钻头破岩效率以及钻头的排屑能力有着重要的影响，是决定钻头工作性能的主要因素之一。

根据 PDC 钻头的结构及运动特点，用图 3. 13 所示的钻头圆柱坐标系 ORZ 及切削齿位置坐标系 $oxyz$ 表示各个切削齿在钻头表面的空间位置。坐标系 ORZ 的 OZ 线和钻头轴线重合，方向与钻头钻进方向一致；O 为钻头冠部底面圆心，ORZ 是右手系。对于钻头的任意切削齿，金刚石复合片即为其工作面，用切削齿复合片圆心 o 作为其在钻头表面的参考点，用 ORZ 中的坐标 o（r，θ，z）来表示切削齿在钻头冠部上所处的空间位置，r 表示复合片圆心 o 在钻头冠面上所处的径向半径，θ 表示复合片圆心在钻头冠面上所处的圆周角，z 表示复合片圆心在钻头冠面上所处的轴向坐标。此外，o 为复合片表面圆心，BB_1 为切削齿柱的轴线，过点 o 及 BB_1 的平面与复合片表面交线为 AA_1，显然平面 AA_1 即为切削齿的对称面。在复合片表面内过 o 点作 CC_1 与 AA_1 垂直，CC_1 与 AA_1 是复合片两条相互垂直的直径。切削齿铅直放置时 AA_1 为复合片在铅直平面内的直径线。CC_1 为水平平面内的直径线。决定切削齿在钻头上工作面空间走向的安装参数主要如下。

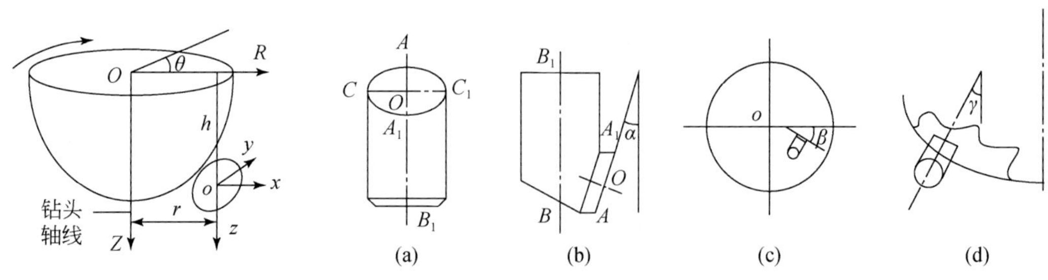

图 3. 13　PDC 钻头空间位置参数

（1）齿前角。为了使切削齿半径易于切入地层，将金刚石复合片绕水平直径线 CC_1 旋转一个角度 α，切削齿切削平面和切削齿轴线所成的角 α 称作齿前角，如图3.13（b）所示，AA_1 与 BB_1 所成的角，一般情况下 $\alpha=10°\sim25°$。

（2）侧转角。切削齿安装在钻头上后，一般情况下为便于排除切削齿齿前岩屑，平面 AA_1BB_1 与过复合片圆心 o 及钻头轴线的平面并不垂直，而是绕过复合片圆心 o 且与钻头轴线平行的直线转过一个角度 β 为侧转角，如图3.13（c）所示。

（3）装配角。切削齿安装在与钻头体表面正交的孔内。一般情况下，切削齿柱轴线与钻头轴线成一角度，此角称作装配角，用 γ 表示，如图3.13（d）所示。

在坐标系 ORZ 中，用切削齿工作面圆心的位置坐标 o（r，θ，z）及 R_o、α、β、γ 四个参数完全可以确定并描述切削齿工作面在空间的位置、方位及所占据的区域。上述讨论以齿柱式切削齿为对象，对于胎体式钻头的切削齿，情况与其完全相同。

3）PDC 钻头的水力结构设计

PDC 钻头的水力结构主要包括喷嘴、水道和排屑槽三部分，其设计结果对钻头水力冲洗效果产生重要影响，主要表现在以下三个方面：①钻头冷却；②井底清洗；③辅助破岩。

喷嘴空间参数：PDC 钻头喷嘴具有喷距、喷射角度等多个位置参数，同时为保证钻头表面均能得到充分清洗，PDC 钻头一般布置多个喷嘴，可以组合成不同的形式。因此，喷嘴的结构参数包括喷嘴的位置参数和喷嘴的组合方式。喷嘴的选用原则是流量系数高、射流扩散角小和等速核长度长，这些因素都与喷嘴的流道形状有关。目前一般选择的都是流线型流道的标准喷嘴。图3.14 所示为20#喷嘴结构图。

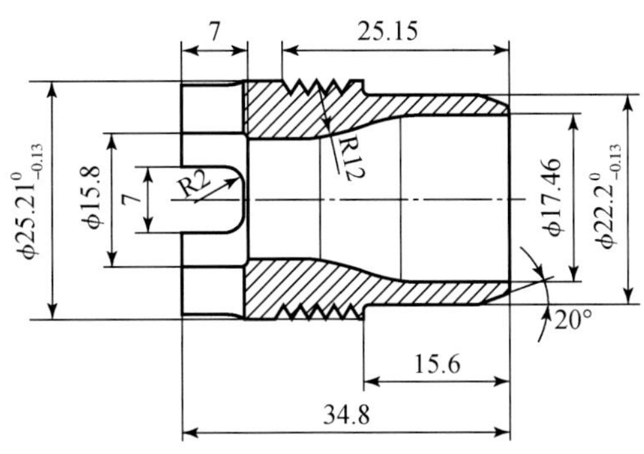

图3.14　20#喷嘴结构图

水道设计：PDC 钻头的流道是指钻井液从喷嘴出口喷出之后在 PDC 钻头体上流动的通道，PDC 钻头水力设计的一项重要内容就是钻头工作面上的流道设计。PDC 钻头的流道设计同样应满足三方面的基本要求，即 PDC 钻头齿的冷却、防止钻头体的冲蚀和充分清洗井底和钻头。PDC 钻头的流道应设计成光滑曲面，避免产生涡流和回流。

排屑槽设计：排屑槽过流面积是以其排屑能力为依据来设计的，衡量排屑能力的好坏则是以钻井液在排屑槽中的流速大小为标准。当已知钻井液总流量和排屑槽中的给定钻井液返速，就可以试算出保径宽度和排屑槽直径的数值。钻头类型不同，排屑槽的形状则不同，其设计与地层有关。楔形排屑槽肩部保护能力强，同时又具有较大的排屑面积。在保证宽度相同的情况下，扇形排屑槽排屑面积最大，常用于刀翼式布齿的钻头；而半圆形排屑槽面积较小，一般只用于侧钻钻头。

4. 胎体式 PDC 钻头的制造工艺

针对地层特性完成胎体式 PDC 钻头的设计后，根据设计要求，采用合理的加工制造工艺生产符合设计要求的 PDC 钻头，并进行现场应用。钻头的生产制造过程是：先采用机加工的办法加工出钢芯，根据地层情况和用户要求选用合理的胎体材料配方进行混料，然后采用先进的模具加工工艺制造出符合要求的烧结用模具，且在模具上预留出复合片凹坑位置和水路系统位置，最后将混合均匀的冶金粉料装入预制的模具中，插入钢芯装配完毕，将模具、粉末材料和钢芯组成的组合体送入钻头烧结炉中，采用粉末冶金的方法制造出符合设计要求的钻头胎体。将烧结好的钻头胎体清理干净并进行特殊处理，之后再将复合片切削齿镶焊在钻头上，最后与接头焊接在一起并加工成型。图 3.15 所示为胎体式 PDC 钻头加工工艺流程。

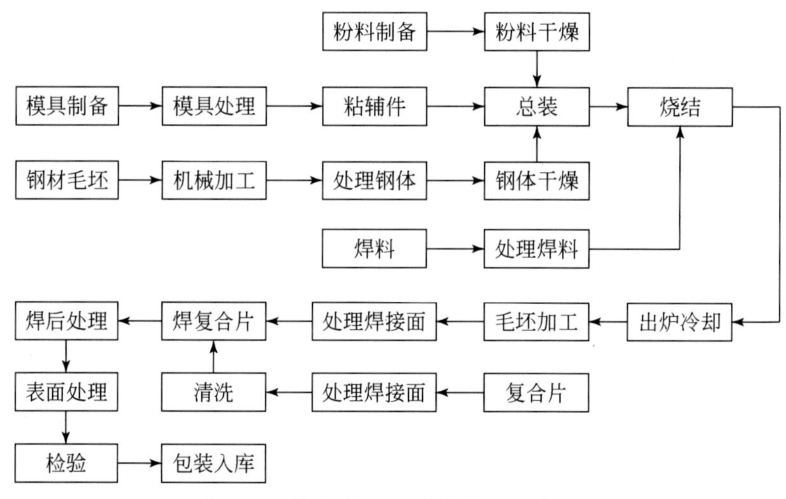

图 3.15　胎体式 PDC 钻头的工艺流程图

钻头的质量与性能主要受制造工艺和原材料性能两方面因素的影响（邹德永、王瑞和，2005）。原材料的性能包括胎体粉末的性能、复合片的性能、模具的性能等，使用前要进行严格的检测。而制造工艺关键步骤包括模具的组装、胎体的烧结、复合片的焊接等，具体如下。

1）模具加工和组装

采用 3D 打印技术加工阴模，然后压注橡胶模，利用软模成型技术形成烧结用模具，并进行烘干。钻头烧结模具组装时，首先将钢体与模具进行定位，其次将胎体材料（铸造碳化钨 95wt%①，镍粉 5wt%）充分混合后，注入模具至保径斜面位置，进行振实（振动机启动频率由小缓慢增大，持续振动 10 ~ 20s）；卸掉钢体卡具后注入胎体粉料至模具表

① wt% 表示质量分数。

面，重复振实过程，保证中心部位胎体粉料至胎体斜面以上 5mm；然后注入结晶碳化钨粉至模具封口，模具外套及模具间隙部分充砂；最后放入铜合金等待进炉烧结。

2）烧结和冷却

加热炉预热至 900℃，将组装好的模具缓慢放入炉内烧结，烧结温度至 1150℃，达到要求的保温时间后出炉。烧结后强制冷却，在冷却的过程中钻头体内部结构应力的不规则释放往往会导致成型钻头体中产生裂纹，最终导致产品报废。因此在胎体式煤层气 PDC 钻头的生产过程中，需要增加模具烧结后强制冷却的环节，其原理是通过在模具底部喷洒冷却水，使烧结钻头体内部的应力从冠部逐渐向尾部（该部分还需经过车削加工）转移，从而最终减少和消除钻头体内部的残余应力，提高产品的质量。钻头强制冷却装置的结构示意图如图 3. 16 所示。

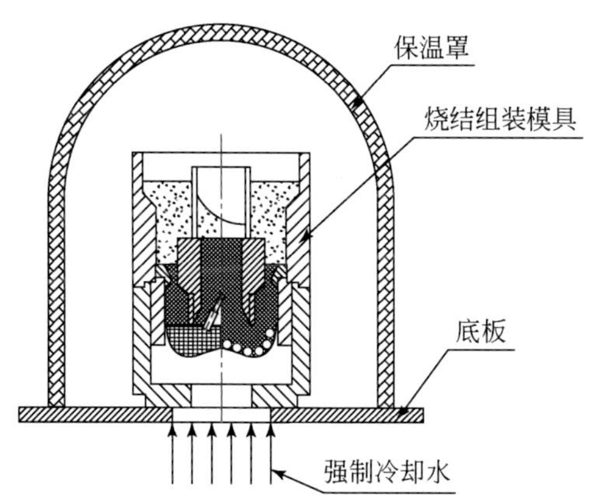

图 3. 16　钻头烧结模具及强制冷却结构示意图

3）PDC 切削齿钎焊工艺

PDC 片是金刚石层和硬质合金底衬经高温高压合成的，具有硬度高、耐磨性强、切削效率高等优点，但金刚石复合片不耐高温，在空气中，温度达到 750℃时，金刚石层就会出现氧化脱层等不良现象，导致金刚石复合片失效。所以在选择焊料时，其焊接温度不能高于 700℃，目前普遍采用银焊料。根据以上分析可知，金刚石复合片焊接是一项复杂的工艺，其关键点如下。

a. 钻头体焊前处理

将检验合格的钻头体焊接面上的毛刺等异物清除干净；放入 2% ~3% 的清洗剂溶液中，将油脂去除干净；对焊接面进行喷砂处理，喷枪工作压力在 0. 3 ~0. 5MPa 选择；工件喷砂结束后，用清水冲洗干净，然后放入 3% ~5% 的缓蚀剂溶液中；最后用无水乙醇或丙酮清洗干净焊接面。

b. 金刚石复合片焊前处理

将金刚石复合片放入 2% ~3% 的清洗剂溶液中煮沸 10 ~15min，捞出后用清水冲洗干净；金刚石什锦锉锉钎焊面；最后用无水乙醇或丙酮清洗干净复合片钎焊面。

c. 火焰钎焊过程

氧气压力为 0. 3 ~1. 2MPa，乙炔压力为 0. 01 ~0. 1MPa，金刚石复合片钎焊温度为

630～650℃，在钎焊过程中，使用钎焊熔剂，钎剂活性温度550～850℃。

钻头体加热钎焊区域达到钎剂活性温度后，涂抹钎剂，除去钎焊面氧化膜，继续加热至钎焊温度，添加钎料，直至焊料完全均匀地铺展在钎焊面上；放置复合片或保径，加热整个钎焊区域，使各个组件均匀受热，达到钎剂活性温度后，涂抹钎剂，达到钎焊温度后，适当活动复合片并定位；加压后停止加热，直到钎料凝固，然后把钎焊结束的钻头立即放入箱式电炉中保温冷却。

图3.17所示为试制出的ϕ152.4mm四翼胎体式PDC钻头；图3.18所示为试制出的ϕ215.9mm五翼胎体式PDC钻头。

图3.17　ϕ152.4mm四翼胎体式PDC钻头

图3.18　ϕ215.9mm五翼胎体式PDC钻头

5. 钢体式PDC钻头的制造工艺

与胎体式PDC钻头相比，钢体式PDC钻头生产工艺相对简单，生产工序较少，生产周期较短，生产成本相对较低。此外，钢体式PDC钻头采用铣削方式加工而成，钢体韧性好，无断刀翼风险，且其可修复性强，敷焊后钻头耐磨性能与胎体耐磨性能相近，得到了越来越广泛的应用。钢体式PDC钻头加工工艺为：先采用机械加工（主要为加工中心加工）方式完成钻头体加工制造，其次进行钻头体表面敷焊，增强其耐磨性和抗冲蚀性，然后经过一系列焊前特殊处理，再焊接PDC片，最后进行焊后特殊处理，安装好喷嘴后就基本完成了钻头的生产，其工艺流程如图3.19所示。

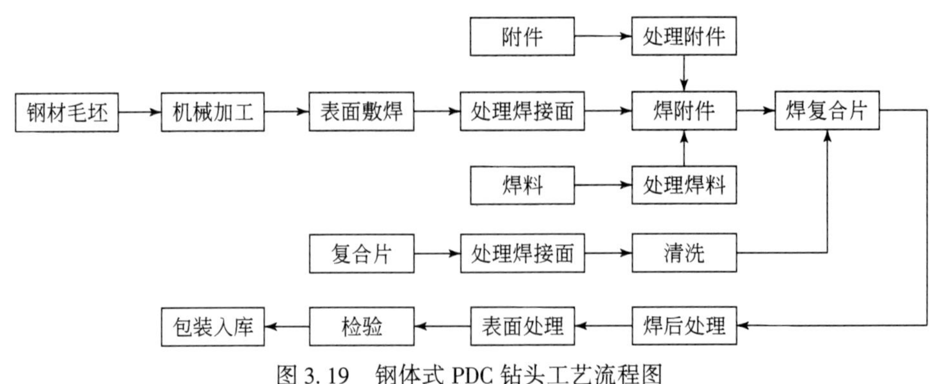

图3.19　钢体式PDC钻头工艺流程图

钢体式 PDC 钻头在实际加工过程中，以钻头体加工、表面敷焊工艺和 PDC 切削齿钎焊最为关键，其中 PDC 切削齿钎焊与前述相似，下面详细介绍钻头体加工和表面敷焊工艺。

1）钻头体数控加工

钢体式 PDC 钻头的关键工艺为钻头体加工，一般采用五轴数控加工中心完成（图 3.20），一方面能够保证加工精度，另一方面提高了加工效率，因为钻头体布齿比较复杂，布齿参数多，还有大量曲面需要加工，所以由五轴加工中心进行一次装夹成型加工。但因五轴加工中心效率相对较低，钻头体常采用数控车床和三轴或四轴加工中心进行粗加工，之后再采用五轴加工中心进行精加工。

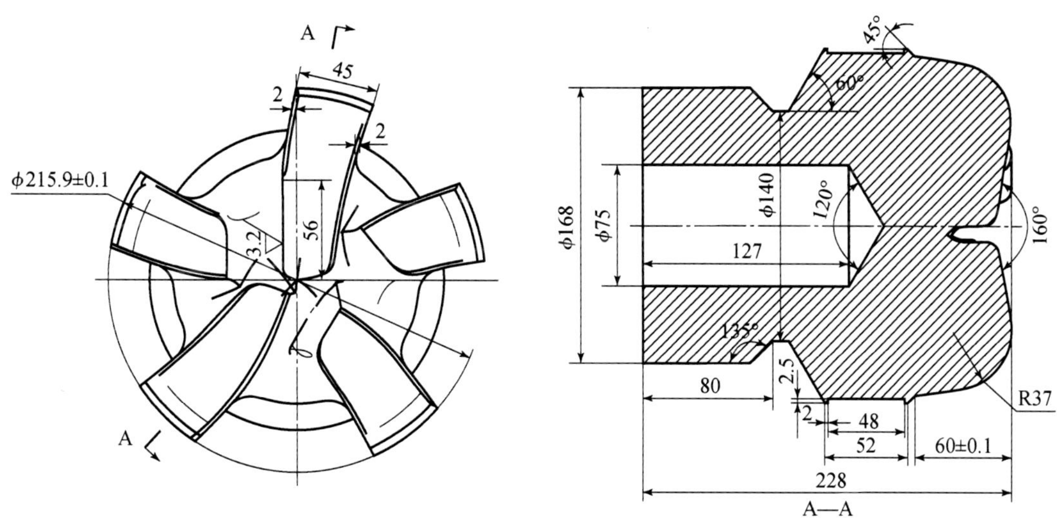

图 3.20　ϕ215.9mm 钢体式 PDC 钻头粗加工尺寸图

图 3.21 所示为 ϕ152.4mm 五翼钢体式 PDC 钻头精加工过程和成品图。

图 3.21　ϕ152.4mm 钢体式 PDC 钻头精加工过程和成品图

2）表面敷焊工艺

为了提高钢体式 PDC 钻头的耐磨性能和抗冲蚀性能，在钻头体外面需要敷焊一层碳化钨耐磨层。主要步骤如下。

（1）进行焊前处理，包括精喷砂去锈、打磨毛刺及锐角倒钝等。

（2）在齿窝内镶嵌上石墨替代块后，将钢体放入加热炉中，盖上炉罩，通电加热。钻头体入炉的起始温度不得大于400℃，升温速率（5～7）℃/min，整体加热至550～600℃。

（3）取平焊位置进行堆焊，为此可使用适当的工装具来控制堆焊层厚度，可利用限厚块；使用中性焰焊咀均匀平稳地在工件表面上移动，焰心勿接触工件表面，距离以25mm为宜，火焰对着合金焊条加热（注意不可使焰心尖端接触合金颗粒），使焊条中胎体合金熔化，堆焊层厚度按设计要求控制。

（4）对于需要进行热处理的工件，焊后表面检验合格后应立即进行焊后回火处理，以消除堆焊残余应力，提高工件的塑性和机加工性能。

6. PDC 钻头的失效类型分析

PDC 钻头的工作条件十分恶劣，承受较大钻压的同时还承受随机性的冲击力，此外还存在钻井液冲蚀、摩擦等作用。要合理地进行 PDC 钻头设计、制造及使用，首先就要对 PDC 钻头的失效形式进行分析，以达到在设计制造过程中采取积极措施来预防、减少乃至避免钻头过早失效的目的，提高钻头使用寿命。下面分别从 PDC 切削齿的磨损、钻头泥包和钻井液冲蚀三个方面进行分析。

1）PDC 切削齿的磨损

切削齿是 PDC 钻头的主要工作元件，金刚石层是 PDC 切削齿的主要工作部分，它承受着绝大部分的工作载荷（包括钻压、切削阻力等），一旦损坏，将影响钻头的工作性能，严重时甚至导致整个钻头的失效。PDC 金刚石层的磨损机理及碳化钨-钴基体的磨损机理共同决定了切削齿的磨损机理。切削齿工作时，聚晶金刚石层形成一个硬的、具有自锐能力的切削刃，该切削刃切削岩石并保护碳化钨-钴基体免受磨损；同时，碳化钨-钴基体支持 PDC 层，以防止 PDC 层在张力、剪切力及冲击外载荷作用下发生损坏。

PDC 切削齿的结构及材料性质是决定切削齿磨损方式的内在因素，而切削齿工作时摩擦面上产生的热及冲击性载荷则是引起切削齿磨损的外在因素。对于切削齿磨损的解决办法有两种，一是从冶金学角度提高 PDC 切削齿的耐高温能力，研制热膨胀性能与 PDC 颗粒更接近的新生填充材料；另一种办法则是从钻头结构设计入手，合理分配切削齿的受力，避免钻头涡动现象，并提高水力冷却效率。

2）钻头泥包

泥包是影响 PDC 钻头性能的重要原因之一，只有正确认识产生泥包的机理，才能有效地防止泥包的发生，从而提高钻头性能。常见的泥包形式主要有钻头泥包和井底泥包两种。岩屑黏结到切削结构及钻头体上就形成钻头泥包，它严重削弱了钻头的破岩能力。而井底泥包是指岩屑与钻井液的黏性混合物形成一层厚厚的泥皮黏结在井底上，在地层与钻头之间形成一层屏障，阻碍了切削齿有效破碎岩石，它常常伴随着钻头泥包发生。

对 PDC 钻头来说，钻头泥包是最主要的泥包形式，井底泥包则比较少见。PDC 钻头的切削机理表明，当克服摩擦所需挤压力超过了岩屑的强度或岩屑移动受到钻头体阻碍（如流道尺寸较小）时，岩屑失稳成为碎屑并层叠起来，这时如果岩屑生成速率超过了钻井液对岩屑的冲蚀速率，岩屑就堆积起来，从而导致钻头泥包。如果岩屑含有对水分敏感的黏土，这种趋势还将加强。井底地层压力的释放和切削过程中岩石颗粒之间原始黏结力的破坏，都会激活岩屑的膨胀潜力。实际上，这种基于黏土水合作用的膨胀潜力可能比压差平衡过程诱发的膨胀潜力更大。

为了解决钻头泥包问题，目前采用的技术措施主要包括以下几个方面：①优化水力结构，合理布置喷嘴数量及角度，达到充分冷却切削齿，并避免井底产生涡流的目的，避免岩屑重复破碎，充分清洗井底，从而避免产生泥包；②合理布置刀翼夹角，避免因排屑槽过小而导致泥包；③布齿设计，合理确定冠部形状，与地层、井身结构、钻进工艺等相匹配，并合理设计钻头露齿高度及齿间距，便于岩屑及时排出；④刀翼结构设计，刀翼背部采用大倒角或者变径倒角设计，减少刀翼与岩屑的接触面积，最大限度避免刀翼端面岩屑堆积形成泥包。而在钻井现场出现泥包现象时，主要通过控制和改善钻井液性能、合理确定钻进工艺参数和操作方法、增大钻井液流量和压力，以及下钻前进行钻头表面防护等措施，消除钻头泥包现象。

3）钻井液冲蚀

在 PDC 钻头的使用过程中，为了解决 PDC 切削齿的冷却和井底清洗问题，通常的做法是增加钻头的水力能量，但同时这也大大增加了钻头被冲蚀的危险性。因此，必须对冲蚀的机理进行分析，从而根据具体使用环境合理地进行钻头的水力结构设计和水力参数设计。

国内外许多研究者认为，PDC 钻头的冲蚀主要是射流到达井底后的反射流动造成的。但试验表明，反射流动不是造成钻头冲蚀的唯一原因，甚至不是主要原因。中国石油大学（华东）王瑞和教授研究认为，井底流场中除了在离井底较近的地方存在着漫流以外，在靠近钻头底面的空间有逆向流动，在流速急剧变化处还存在涡流。根据现场 PDC 钻头的冲蚀部位，以及冲蚀形成的沟槽状和环状痕迹分析，可以断定这种逆向流动和涡流是造成冲蚀的重要原因之一。其冲蚀过程为：当钻井液到达井底后，携带有许多小岩屑，形成固液两相流，其中小岩屑成为一种磨料，在逆向流动过程中，对钻头不断磨蚀，尤其是当逆向流动遇到切削齿阻挡时，便形成绕流，并在齿柱的背部产生附面层脱离，形成涡旋，这种绕流和涡旋就导致切削齿及其周围的钻头体遭到冲蚀。一旦冲蚀坑形成，则涡流的加剧便发生更严重的冲蚀，最终导致掉齿或断齿。

3. 2. 2　牙轮钻头选型

1. 牙轮钻头碎岩机理

1）牙齿的运动状态

牙轮钻头依靠牙齿破碎岩石，所以分析牙轮钻头的碎岩机理，首先要了解牙轮的运动状态。牙轮钻头工作时，固定在牙轮上的牙齿随钻头一起绕钻头轴线旋转，称为公转（王荣等，2006）。公转速度为转盘或井下动力钻具的旋转速度；牙轮上各排牙齿公转的线速度是不同的，外排齿公转的线速度最大。同时，破碎岩石过程中牙齿与地层之间相互作用使牙轮自身旋转，即固定在牙轮上的牙齿还绕牙轮轴线旋转，称为自转，其自转速度与公转速度及牙齿对井底的作用有关。

2）牙轮钻头碎岩过程及机理分析

在牙轮钻头钻进过程中，牙齿公转与自转并存。在牙轮滚动过程中，“单齿”和“双齿”交替与井底相接触，当“单齿”与井底接触时，轮轴心升高，当“双齿”与井底接触时，轮轴心降低，如此循环交替，钻头便随牙轮轴心高低变化产生小幅振动，形成冲击。牙轮钻头的超顶、复锥和移轴设计，使固定在牙轮上的牙齿相对井底滚动的同时还存在滑动，进而对井底产生一定的剪切和研磨作用。因此，牙轮钻头承受的钻压经牙齿作用在井底岩石上，除静载外还有冲击载荷，使其破碎岩石是一种冲击加剪切的联合作用，并以牙齿冲击、挤压碎岩为主，剪切碎岩为辅。

牙轮钻头的切削齿根据形状可分为楔形齿和球形齿两种，碎岩机理略有不同，但都主要以挤压为主。

2. 牙轮钻头的分类与适用性

牙轮钻头中使用最多、最广泛的是三牙轮钻头，它与刮刀钻头相比，具有与井底接触面积小，比压高，工作扭矩小，工作刃总长度大等优点，适宜钻进中硬以上地层。自洁式牙轮钻头和球齿钻头的出现，解决了软地层和坚硬岩层的钻进问题，这使牙轮钻头的适应范围进一步扩大。根据牙轮数目划分，牙轮钻头可分为单牙轮、双牙轮、三牙轮和多牙轮钻头四种；根据功能划分，可分为不取心牙轮钻头和取心牙轮钻头两类。

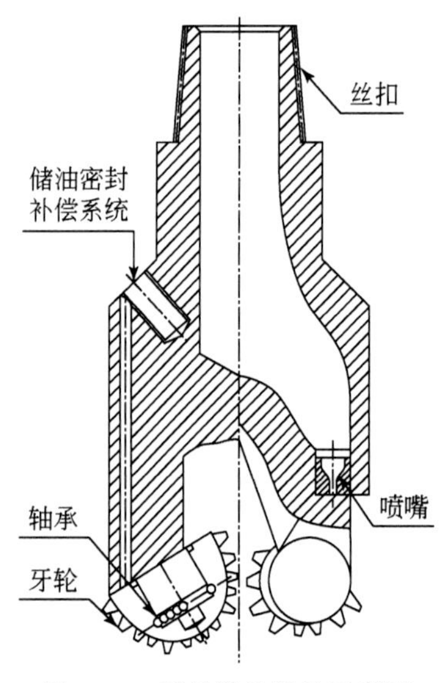

图 3. 22　牙轮钻头结构示意图

牙轮钻头由钻头体、牙爪（巴掌）、牙轮、轴承、水眼和储油密封补偿系统等部分组成，外形结构如图 3. 22 所示。

钻头体是钻头的基体，其上端通过螺纹与钻柱连接，下部带有牙爪，且牙爪与牙轮轴相连，用以支撑固定牙轮，钻头体上装有水眼或镶装喷嘴。钻头体与牙爪分别制造、牙爪焊在钻头体侧面的称为有体式钻头，一般直径大于 374. 65mm 的钻头多为有体式，丝扣多为母扣。三组装有牙轮的牙爪直接焊接成一体的叫无体式钻头，又称三合一钻头，直径 311. 15mm 以下的钻头多为无体式，丝扣都为公扣。无体式钻头结构可靠性更高，因此市场上以该种牙轮钻头居多。

1）牙轮结构特点

牙轮几何尺寸设计的原则是在有限的空间内尽量加大牙轮的体积，以加大轴承尺寸，保证轮壳有足够的厚度，以及在牙轮的外表面可以布置更多的牙齿，延长使用寿命。

牙轮是由不同锥体组成的，分单锥牙轮和复锥牙轮两种。单锥牙轮由主锥和背锥组成，适用于钻进硬及研磨性强的地层。复锥牙轮由主锥、副锥和背锥组成，副锥可有 1 ~ 3 个，适用于钻进软及中硬地层。

牙轮的牙齿可分为铣齿和镶齿两大类。

铣齿：牙齿与牙轮壳体为一整体，由牙轮毛坯经过铣削加工形成。为提高牙齿的耐磨性，往往在齿面上敷焊硬质合金粉。铣齿形状主要为楔形齿，齿尖角大小因地层而异：软地层 38°～40°，中硬地层 40°～43°，硬地层 42°～45°。

镶齿：硬质合金齿镶装在牙轮上，主要用于钻进坚硬地层、中硬和软地层。合金齿的镶装部分均为圆柱体，其出露于牙轮外面部分的形状有楔形、锥形、球形、抛射体形和平顶形几种。一般楔形齿适用于塑性小的中硬、硬及强研磨性地层，齿高 4～6mm，加高楔形齿适合钻进塑性较大及中硬地层，齿高 7～8mm。锥形齿适合钻进坚硬、强研磨性地层，锥顶角 80°～120°，齿高 3～3.5mm。加高锥形齿适合钻进中硬地层，锥顶角 60°～70°，齿高 7～8mm。球形齿和抛射体形齿，适合钻进高研磨性坚硬地层，外圈球齿直径 8～10mm，内圈和背锥球齿直径 6～8mm；齿高 2～4mm。平顶形齿只用于背锥上，用以防止背锥磨损、保持钻头直径不变，延长钻头使用寿命。

牙轮轴线偏移值根据钻头结构和岩性而定：低硬度高塑性岩层，偏移值要大；高硬度低塑性岩层，偏移值要小；强研磨性和坚硬岩层，偏移值为零；同直径钻头，若类型不同，偏移值不同；同类型钻头，直径大的，偏移值也大，反之，钻头直径小，偏移值也小。牙轮对井壁的切削和修整作用取决于牙轮背锥与井壁的接触情况，即与牙轮的布置方案密切相关。

牙轮的布置方案因地层而异，常见的牙轮布置方案有如下几种。

（1）非自洁式牙轮的布置方案是牙轮的轴线、主锥母线交于钻头中心线，主锥不超顶，纯属滚动，牙轮齿圈不与相邻牙轮齿圈啮合，这种布置形式适用于钻进坚硬地层。

（2）自洁不移轴牙轮的布置方案是牙轮轴线交于钻头轴线，有一个牙轮主锥超顶，各牙轮的齿圈与相邻齿圈啮合，可以剔出齿圈上的积泥，因此称自洁。同时由于超顶，有滑动（切向）运动，这种布置形式适用于钻进软及中硬地层。

（3）自洁移轴式牙轮的布置方案是牙轮轴线偏移，牙轮可自洁，并有轴向滑动，适用于钻进软岩层。

2）轴承结构特点

轴承由牙轮内的轴承跑道、牙轮、轴颈和滚动体组成。大轴承和小轴承承受径向载荷，滚珠轴承主要起定位作用，锁紧牙轮；止推轴承承受轴向载荷。牙轮钻头的轴承结构是决定其使用寿命的重要因素之一。滚动轴承按机构分为“滚柱-滚珠-小轴滑动副-止推”和“滚柱-滚珠-滚柱-止推”两种，前一种结构用在 ϕ241.33mm 以下的小尺寸钻头上，后一种结构用在 ϕ241.33mm 以上的大尺寸钻头上。

3）储油密封补偿系统

牙轮钻头储油密封补偿系统可防止钻井液进入轴承腔和防止润滑油漏失，还可储存和向轴承腔内补充润滑油。储油润滑密封系统主要由储油囊、过油通道、密封等组成，其工作原理可简述为：橡胶制成的储油囊内部储油，外部与井眼环空相通；钻进过程中，由于钻头振动使轴承内部产生抽吸，同时钻井液压力作用于油囊上使其受压收缩，进而使油囊内的润滑油不断通过过油孔进入轴承内部润滑轴承；同时密封防止钻井液进入轴承系统和防止润滑油漏失。

4）水力系统

钻井液流经钻头喷嘴在井底形成流场，井底流场的变化与喷嘴的数量、形状、空间结构参数有关。喷嘴的数量、尺寸形状、空间结构参数组成牙轮钻头水力结构，其作用主要是清洗牙齿，携带钻屑，同时还能辅助碎岩。喷嘴由硬质合金材料制成，通过优化其空间分布、喷距、喷射角度等，可达到最佳效果。一般来说，直喷嘴辅助碎岩效果好，斜喷嘴清渣效果好。

牙轮钻头历经百年而不衰，是因为存在以下优点：①冲击和剪切双重作用碎岩，既有牙齿的冲击又有滑动引起的剪切，碎岩效率高；②适应地层范围广，适合在所有地层中钻进；③钻头自洁洗效果好，不容易泥包；④钻头成本较低。

然而，由于结构上复杂性，特别是易损件所用的材料、工艺等技术上的限制，牙轮钻头在使用过程中也会出现一些问题，严重时可造成钻井事故，甚至井眼报废，其缺点主要体现在以下几个方面：①由于轴承的寿命和牙齿耐磨性的限制，钻头使用寿命相对较短；②由于存在薄弱环节，如轴承密封与锁紧部位等，时常发生牙轮脱落，造成钻井事故；③由于轴承在高转速下寿命较低，牙轮钻头不适合高转速，一般适合在200r/min以下；④在高温条件下，钻头密封和润滑系统容易损坏，因而不适合高温地层；⑤在小井眼中牙轮尺寸受到限制，寿命短，因此不适合小井眼钻进；⑥所需钻压相对较高，不适合在易斜地层使用等。

3. 牙轮钻头新技术及常用型号

目前，牙轮钻头在石油天然气勘探开发领域得到了广泛应用，许多知名钻头厂家从轴承密封性能、钻头布齿结构及切削齿强度等方面进行新产品的研究工作。

1）国外钻头厂家

美国史密斯国际公司（Smith International）推出了Gemini ™ 新产品系列，包括8-1/2′～17-1/2′的钻头，使用一种“双密封”结构，使钻头的密封效率达到90%；Gemini系列牙轮钻头采用一对协同工作的密封圈以提供一种高度可靠和耐用的牙轮钻头密封结构，采用先进的密封材料和独特的、具有专利权的几何形状是这种密封结构成功的关键，该结构能适应高转速、大钻压、大比重钻井液及深井等典型钻井环境。

美国新技术钻头（New Tech Rock Bit）公司还在钻头结构上做了改进，推出了一系列7-7/8′的新型牙轮钻头，如NT17C，它的切削结构更经久耐用，且其齿数要比普通的NT15X钻头的齿数多16%，而新型的NT27C钻头齿数要比NT17C钻头齿数还多10%，上述两种钻头用于美国得克萨斯州中部地区钻井作业，显示出耐磨性更强的特性。

贝克休斯（Baker Hug）公司根据多年钻井试验与积累，针对不同钻井工艺与地层条件，推出了以下几种牙轮钻头：针对高温高速的ULTRAMAX系列、适用于软到中硬的GX系列、适用于软地层、具有防泥包功能的HYDRABOSS系列、适用于硬\研磨性地层的HARDROK系列、适用于小井眼钻进的STAR2系列、低成本高效钻头GT系列、空气钻井AIRXLxilie系统，以及定向钻进用GTX系列等钻头。

2）国内钻头厂家

国内比较著名的牙轮钻头生产厂家有江汉石油钻头股份有限公司、天津立林机械集团有限公司、江西飞龙钻头制造有限公司等，特别是江汉石油钻头股份有限公司根据国内外钻井技术、工艺的发展和市场变化，贴近用户推出了多个倾向解决针对问题的功能化产品系列，主要包括针对定向井、水平井及水平分支井的MD高速马达钻头、MINIMD小井眼钻头、针对涡轮或螺杆井下动力钻具的SMD超高速马达钻头、HardFighter硬地层钻头、SWT高效钢齿钻头，以及针对气体钻井工艺开发的Air系列钻头等，分别用于满足不同地层和钻进工艺对钻头的需求。

3）含煤岩系常用牙轮钻头型号

由于含煤岩系相对较软，目前在煤层气勘探开发领域，多采用国产牙轮钻头，一方面节省成本；另一方面近年来国内牙轮钻头综合性能和可靠性得到了显著提高。

从性能和成本综合考虑，钻进煤系地层时，在表层黏土层或第四纪地层多选用铣齿牙轮钻头；在软–中硬地层或者含有夹层的软地层，多采用镶齿牙轮钻头。相对于滚动轴承和浮动型滑动轴承，滑动轴承从承载能力、高速旋转等综合性能上具有明显优势，所以牙轮钻头多采用滑动轴承。而选择密封方式时，橡胶密封多用于普通钻井，而用在高温、高转速等钻进时，金属密封方式更可靠。煤系地层钻进时，常用牙轮钻头型号见表3.3。

表3.3　常用牙轮钻头

钻头类型	轴承型式	密封型式	江钻型号	立林型号	飞龙型号	适用地层	推荐参数	
							钻压/(kN/mm)	转速/(r/min)
铣齿牙轮钻头	滑动轴承	橡胶密封	HAT127	LHT127	GY127	低抗压强度、高可钻性的软地层，如页岩、软石灰岩等	0.35～1.00	150～70
	滚动轴承		GA125	LGT125	GY125	低抗压强度、高可钻性的极软地层，如页岩、黏土、盐岩等	0.25～0.70	200～80
镶齿牙轮钻头	滑动轴承	橡胶密封	HA517G	LHA517G	GY517	低抗压强度、高可钻性的软地层，如页岩、黏土、砂岩等	0.35～1.05	120～50
			HA537G	LHA537G	GY537	低抗压强度、中软、有较硬研磨性夹层等，如硬页岩、硬石膏等	0.35～1.05	110～40
			HA637G	LHA637G	GY637	低抗压强度、高可钻性的软地层，如页岩、砂岩、软石灰岩等	0.70～1.20	70～40
		金属密封	HJ517G	LHJ517G	GHJ517G	低抗压强度、有较硬研磨性夹层的中软地层，如硬页岩、硬石膏等	0.35～1.05	240～50
			HJ537G	LGJ537G	GHJ537G	低抗压强度、高可钻性的极软地层，如硬页岩、砂岩、含夹层白云岩等	0.50～1.05	220～40
			HF637G	LHJ637G	GHJ637G	高抗压强度、有研磨性的中硬地层，如石灰岩、白云岩、硬砂岩等	0.50～1.10	200～40

从表3.3中可知，因不同牙轮钻头厂家的命名规则不同，相应的钻头型号也不相同，

但钻头型号中的 3 位数字是相同的，该数字是牙轮钻头的国际标准代码，即 IADC CODE。

所以在了解钻进岩层性质、采用的钻进工艺等基础上，合理选择牙轮钻头。其中 IADC 中 3 位数字代表的含义如下。

（1）第一个代码代表齿型及其适用的地层，1 ~3 表示铣齿钻头，4 ~8 表示镶齿钻头，具体含义见表 3.4。

表 3.4 IADC 第一代码含义

齿型	代码	适用地层
铣齿	1	低抗压强度，高可钻性的软地层
	2	高抗压强度的中到中硬地层
	3	半研磨性及研磨性的硬地层
镶齿	4	低抗压强度高可钻性的极软地层
	5	低抗压强度的软到中等地层
	6	高抗压强度的中硬地层
	7	半研磨性及研磨性的硬地层
	8	高研磨性的极硬地层

（2）第二个代码代表在第一位数码表示的所钻地层中再依次从软到硬分成 1、2、3、4 共 4 个等级。

（3）第三个代码代表牙轮钻头结构特征代号，用 9 个数字表示，其中 1 ~7 表示钻头轴承及保径特征，8 与 9 留待未来的新结构钻头用。1 ~7 所代表的含义见表 3.5。

表 3.5 IADC 第三代码含义

代码	结构特征内容
1	非密封滚动轴承
2	空气清洗、冷却，滚动轴承
3	滚动轴承，保径
4	滚动密封轴承
5	滚动密封轴承，保径
6	滑动、密封轴承
7	滑动、密封轴承，保径

3.3 配套附属装备选型

煤层气开发对接井钻进施工过程相对复杂，垂直段穿越多种地层，在煤层中水平段长距离延伸并与远端目标直井对接，因此要求对接井配套设备先进、功能齐全，主要包括柴油发电机、泥浆泵机组、固控系统、空压机等。

3.3.1 柴油发电机选型

煤层气地面开发井施工地点大多在山区地带，施工周围环境差、交通不便，施工现场大多无外接动力电可用，只能采用柴油发电机组供电。柴油发电机组具有机动灵活，使用维护方便，对环境的适应强等特点，在野外作业的钻井行业得到了广泛的应用。

煤层气钻井施工设备中，钻机和泥浆泵都配套有独立柴油机，柴油发电机主要为固控系统、小电器设备、现场照明、生活用电等提供电力。固控系统为四级固控，包括振动筛、除砂器、除泥器、离心机、射流混浆装置、搅拌器等设备，用电量较大，是现场主要用电设备，其总功率约 170kW，因此选用主柴油发电机功率为 200kW，主要用于为固控系统满负荷运转时提供动力及照明用电；在煤层气开发井一开、二开井段施工时，固控系统只有部分设备运转，为降低成本，配套 120kW 发电机为辅助发电机。

目前，国内生产柴油发电机组的厂家较多，如江苏星光发电机设备有限公司、扬州正驰动力有限公司、扬州引江发电设备有限公司和江苏永冠动力设备有限公司等，以上单位生产的 120kW 和 200kW 柴油发电机组主要技术参数详见表 3.6、表 3.7。

表 3.6 120kW 柴油发电机组主要技术参数

生产厂家	江苏星光发电机设备有限公司	扬州正驰动力有限公司	扬州引江发电设备有限公司	江苏永冠动力设备有限公司
机组型号	XG-120GF	ZCDL-C120	YH120VGF	YG-C120
柴油机型号	6BTAA5.9-G2	6BTAA5.9-G2	TAD731GE	6BTAA5.9-G2
发电机型号	MP-120-4	ZC120-14	ITLS-120I-14	YG120-14
输出功率/kW	120	120	120	120
额定电压/V	400/230	400/230	400/230	400/230
额定电流/A	216	216	216	216
额定频率/Hz	50	50	50	50
外形尺寸/mm	2800×1050×1550	2300×860×1563	2250×866×1600	2350×800×1585
机组质量/kg	1800	1760	1550	1460

表 3.7 200kW 柴油发电机组主要技术参数

生产厂家	江苏星光发电机设备有限公司	扬州正驰动力有限公司	扬州引江发电设备有限公司	江苏永冠动力设备有限公司
机组型号	XG-200GF	ZCDL-C220	YH200CGF	YG-C200
柴油机型号	6BTAA8.9-G2	6BTAA8.9-G2	6LTAA8.9-G2	6LTAA8.9-G2
发电机型号	MP-200-4	ZC220-14	ITLS-200I-14	YG200-14
输出功率/kW	200	200	200	200
额定电压/V	400/230	400/230	400/230	400/230
额定电流/A	360	360	360	360

续表

生产厂家	江苏星光发电机设备有限公司	扬州正驰动力有限公司	扬州引江发电设备有限公司	江苏永冠动力设备有限公司
额定频率/Hz	50	50	50	50
外形尺寸/mm	3100×1020×1800	2650×1000×1612	2900×1000×1730	2650×1000×1612
机组质量/kg	3000	2430	2000	2430

3.3.2　泥浆泵选型

泥浆泵是钻井设备的重要组成部分，其主要功能是在钻进作业过程中向井底输送一定流量、压力的钻井液，用以冷却钻头，携带岩屑，为井下动力钻具提供动力、辅助钻头碎岩。泥浆泵性能的好坏会直接影响着钻井的速度和质量。

国外泥浆泵在钻井工程中的使用已有100多年的历史。20世纪60年代我国从美国引进泥浆泵用于钻井工程施工，最早引入的泥浆泵结构为双缸双作用泵，这种泵传动效率低、流量和压力波动幅度大、体积大、重量大，生产成本高。随着钻井技术的快速发展，国内研发制造出三缸单作用泥浆泵，其优点在于体积小、重量轻、效率高、压力波动小，经过50余年的不断改进与完善，三缸单作用泵研发制造技术已经非常成熟，现已有P系列、F系列和3NB系列三类泥浆泵。

F系列泥浆泵为卧式三缸单作用往复式活塞泵，主要由动力端总成、液力端总成和各部位的润滑系统及冷却系统组成，液力端、动力端、喷淋泵、润滑链条箱的齿轮油泵及高压管线一端，均固定在一个刚性很好的底座上，使整个泵运转平稳，整机运输方便。F系列泥浆泵具有以下特点：①采用无退刀槽人字齿轮传动、合金钢曲轴、可更换的十字头导板；②机架采用钢板焊接件；③中间拉杆盘根采用双层密封结构，动力端采用强制润滑和飞溅润滑相结合的润滑方式等。其冲程较长，可保持在较低的冲次下使用，以延长液力端易损件的使用寿命，因而液力端比普通泥浆泵更为耐用，且极大地提高了三缸泥浆泵的工作性能。目前，F系列泥浆泵在钻井行业应用最为广泛。

我国生产泥浆泵的单位主要有宝鸡石油机械有限公司、兰州兰石国民油井石油工程公司、青州石油机械厂有限公司等单位。

根据煤层气水平井各井段排渣对泵排量的要求、钻进过程对泵压的要求及处理可能出现的井内事故所需的泵压，经计算，煤层气水平井设备配套泥浆泵常选用F-500、F-800、F-1000三种类型。

F-500、F-800、F-1000三种泥浆泵组的主要技术参数见表3.8～表3.10。

表3.8　F-500型泥浆泵组主要技术参数

生产单位	宝鸡石油机械有限公司	青州石油机械厂有限公司
泵组型号	F-500	QF-500
额定功率/kW	373	373

续表

生产单位	宝鸡石油机械有限公司			青州石油机械厂有限公司		
泥浆泵型式	三缸单作用活塞泵			三缸单作用活塞泵		
冲程长度/mm	190.5			190.5		
缸径/mm	170	150	120	170	150	120
理论排量/(L/s)	35.67	27.77	17.77	35.6	27.7	17.7
额定压力/MPa	9.4	12.1	18.9	9.2	11.8	18.6
外形尺寸/mm	3960×2400×2350			3639×2709×2231		
质量/kg	9770			9543		

表 3.9　F-800 型泥浆泵组主要技术参数

生产单位	宝鸡石油机械有限公司			青州石油机械厂有限公司		
泵组型号	F-800			QF-800		
额定功率/kW	597			588		
泥浆泵型式	三缸单作用活塞泵			三缸单作用活塞泵		
冲程长度/mm	228.6			228.6		
缸径/mm	170	150	120	170	150	120
理论排量/(L/s)	38.92	30.30	19.39	41.5	32.3	20.6
额定压力/MPa	13.8	17.7	27.7	13.6	17.5	27.3
外形尺寸/mm	3960×2400×2350			3963×2913×1668		
质量/kg	14500			14000		

表 3.10　F-1000 型泥浆泵组主要技术参数

生产单位	宝鸡石油机械有限公司			青州石油机械厂有限公司		
泵组型号	F-1000			QF-1000		
额定功率/kW	746			746		
泥浆泵型式	三缸单作用活塞泵			三缸单作用活塞泵		
冲程长度/mm	254			254		
缸径/mm	170	150	120	170	150	120
理论排量/(L/s)	40.36	31.42	20.11	43.2	33.6	21.5
额定压力/MPa	16.6	21.4	33.4	16.4	21.1	32.9
外形尺寸/mm	3960×2400×2350			3930×2380×2300		
质量/kg	18790			16642		

3.3.3　固控系统选型

1. 固控系统概况

钻井液固控系统是石油钻井设备中的主要设备之一。在对钻井质量要求日趋提高的钻井工艺中，钻井液净化的质量直接影响钻井质量和钻井成本，高质量钻井液固控系统在钻井工程中起着必不可少的作用。固控系统是对钻井液中的有害固相颗粒进行处理，通过科学地布置固控设备，形成合理、高效的固控流程，以清除钻井液中的有害固相，保留有用固相，实现对钻井液进行循环、净化，保证钻井液的密度、黏度等参数，满足钻井工艺的要求。

固控系统根据钻井需要配有振动筛、除砂器、除泥器、离心机、混合器、剪切泵等不同形式和级别的净化及辅助设备。随着钻井技术的快速发展，固控系统及配套工艺已发展得较为完善、成熟，能实现五级净化处理，即振动筛+除砂器+除泥器+离心机+除气器，完全能够满足各种钻进作业对钻井液质量的要求。

2. 固控系统选型

煤层气开发对接井的水平段主要沿煤层钻进，根据钻进工艺、储层保护、螺杆钻具使用要求、钻井液质量、钻井成本等因素，结合现有各级固控系统钻井液处理能力，对接井施工需配套四级固控系统，即振动筛+除砂器+除泥器+离心机，四级固控系统主要设备组成及工艺流程如图 3. 23 所示。

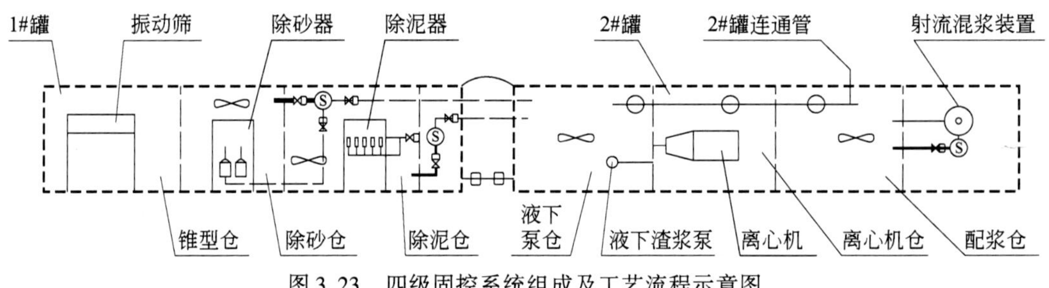

图 3. 23　四级固控系统组成及工艺流程示意图

1）四级固控系统主要设备组成

a. 振动筛

钻井振动筛是 20 世纪 30 年代由矿山领域引入石油工业的，作为第一级钻井液固相控制设备，已经经历了几十年的发展。

振动筛是一种利用振动筛分原理进行固-液相分离的过滤性装置，主要由底座、激振器、筛箱、筛网、隔振弹簧等构成。

钻进过程中，井口返出的钻井液首先输送至振动筛，将钻井液所含中偏粗和粗固相颗粒清除，小于筛孔的颗粒和液相通过筛孔后被收集进钻井液罐。目前，振动筛所分离的固相颗粒的粒度由几微米到几十微米，煤层气开发井钻进常用筛网目数多为 40 ~ 120 目。

b. 除砂器

除砂器是固控系统中第二级固控设备，通过旋流沉降的方式实现固液分离，主要用于清除钻井液所含的中偏细和细固相颗粒。除砂器在固控工艺流程中位于振动筛之后，用于将通过振动筛后还混在钻液体系中的更微小的固相颗粒清除出来。典型的除砂器是由一组水力旋流器和一个处理旋流器底流并回收钻井液的小型超细网目振动筛组成，其中水力旋流器为核心部件，根据离心沉降分离原理设计的固液分离设备，其分离固相的能力与本身的结构参数、进浆压力和钻井液特性有关，旋流体内径越小，能分离出的固相颗粒越细。

c. 除泥器

除泥器是固控系统中第三级固控设备，其工作原理、基本结构组成与除砂器基本一样，是用于清除钻井液所含的细和超细固相颗粒。

d. 离心机

离心机是固控系统中第四级固控设备，是利用离心沉降原理分离固体和液体的专用设备，它所处理钻井液是除泥器溢流钻井液，工作原理是离心机转鼓高速旋转，在离心力的作用下使钻井液中的固相按颗粒大小梯度沉降，实现逐步分离。离心机的主要作用是控制影响钻井液黏度的胶体颗粒含量，回收重晶石，消除污染物造成的污染，在回收化学药剂和胶体颗粒的同时，降低钻井液中总固相含量。中速离心机（1800～2200r/min）的分离点为15μm，高速离心机（3000r/min以上）的分离点为2～7μm。

2）四级固控系统配置选型

目前，国内生产固控系统的厂家较多，在煤矿区煤层气开发钻井领域应用较多的主要有河北冠能石油机械制造有限公司、西安科迅机械制造有限公司等。根据煤层气开发对接井井身结构，储层保护要求，钻井液体系、性能，钻场大小等因素，典型固控系统主要配套设备选型详见表3.11。

表3.11　四级固控系统配套明细表

生产厂家	西安科迅机械制造有限公司	河北冠能石油机械制造有限公司
系统总功率/kW	254	175
系统有效容积/m^3	65	36
最大处理能力/(m^3/h)	180	90
泥浆罐	8500×2400×2100	9400×2200×2367
振动筛	QZS703	GNZS852
除砂器	LCS250	GNZJ852/1×10（泥浆清洁器）
除泥器	CNQ100×10	
离心机	LW450×842	LWF450×1000N
液下渣浆泵	80YZ（S）40-10	50YZ50-20
搅拌器	WNJ-11KW	JBQ7.5
射流混浆装置	SLH150×45	SLH150-35
砂泵	150SB180-35	SB5×4-13J

3.3.4　空压机选型

在煤层气开发对接井施工过程中，为提高钻进效率、降低钻井成本，针对浅、表层完整基岩层直井段可利用空压机、风动潜孔锤等机具实施空气钻进。此外，实施充气欠平衡钻进工艺时也需向水平连通井环空中注气，高风压、大风量的空压机是煤层气开发对接井施工必需的重要设备。

空压机是将原动机（多为柴油机）的机械能转换成气体压力能的装置，是压缩空气的气压发生装置。目前，常用的空压机主要有活塞式空压机、往复式空压机、离心式空压机和螺杆式空压机等几种类型，其中螺杆式空压机由于其结构简单、体积小、易损件少、工作可靠、寿命长和维修简便等特点，在钻井行业得到最广泛应用。螺杆空压机系统主要由动力源、螺杆压缩机、控制器、空气处理设备、附件及管路分配系统等组成。

根据煤层气开发对接井井身结构、施工工艺、钻进参数等特点，直井段风动潜孔锤钻进需要的气体注入量多在 30～100m^3/min，在单台空压机不能满足供气量要求的情况下可采用多台空压机并联工作的方式进行供气。

目前，国内外煤层气钻井施工采用的高风压、大风量空压机以寿力、阿特拉斯、复盛等品牌为主，其中阿特拉斯和寿力使用最广泛。结合煤层气开发井空气钻进施工特点，推荐选用阿特拉斯 XRXS1275/1350 和寿力 DLQ900XHH/1150XH 两种型号空压机，其主要技术参数见表 3. 12。

表 3. 12　空压机主要技术参数

品牌	阿特拉斯	寿力
型号	XRXS1275/1350	DLQ900XHH/1150XH
额定工作压力下排气量/(m^3/min)	37. 8（2. 5MPa）/35. 5（3MPa）	25. 5（3. 5MPa）/32. 8（2. 5MPa）
额定工作压力/MPa	2. 5/3. 0	3. 5 / 2. 5
压缩机润滑油容量/L	82	170
燃油箱容量/L	975	800
最高工作海拔/m	3000	4267
柴油发动机型号	C18 ACERT T3	C-15 ATAAC
额定转速下输出功率/kW	429	403
卸载/满载发动机转速/(r/min)	1300/ 1900	1400/ 1800
整机尺寸（长×宽×高）/m	4. 562×2. 251×2. 435	4. 896×2. 184×2. 395
运输质量/t	6. 95	8. 1

第4章　随钻测量仪器研制与选型

为保证煤矿区煤层气开发对接井钻进技术和工艺方案的成功实施，达到定向钻进及精确对接中靶连通的目的，钻进过程中要用到多种类型的随钻测量仪器系统，并要求具备精度高、可靠性高、传输效率高等特点。

4.1　随钻测量技术

根据信号传输方式划分，随钻测量（measurement while drilling，MWD）仪器系统分为有线和无线两种。有线方式的优点是可直接向井内测量仪器供电，并能实现井内和地表设备之间的双向通信，实时性好，数据传输效率高，测量成本较低；其缺点是通信电缆往往影响正常钻进作业。无线方式是定向钻进技术发展历程中的一个里程碑，它不使用电缆，按具体传输方式可进一步细分为泥浆脉冲、电磁波和声波等几种，其中已成功应用于生产实践的有泥浆脉冲和电磁波两种。对接井施工除需使用高精度、高可靠性的MWD无线随钻测量仪器系统控制水平连通井轨迹延伸外，定向钻进至靶区一定范围后还需要使用旋转磁测距系统（rotary magnetic ranging system，RMRS）进行精确对接连通作业。

4.1.1　垂直井段测量技术

对于煤层气开发井，采用压缩空气或泥浆作为循环介质、以冲击回转或回转的方式钻进井深小于600m的直井段时，对井斜、井斜方位控制要求不高，测量间距比较大，使用有线随钻测量仪器或电子多点测斜仪就可以满足要求，同时有线随钻测量仪器和电子多点测斜仪具有诸多技术优势，便于钻进施工、降低成本。

4.1.2　造斜井段、水平井段随钻测量技术

无论是以清水、低固相钻井液或无固相钻井液作为循环介质，利用螺杆钻具钻进造斜井段和水平井段均要求对井眼轨迹进行精确测量与控制，保证井眼按预先设计轨道延伸，并达到精确对接中靶连通的目的。为此，需采用测量精度更高的无线随钻测量仪器系统执行精确对接井造斜井段和水平井段的轨迹随钻测量，在地层条件或钻进工艺无法满足无线随钻测量技术使用条件时也可选择有线随钻测量方式。

泥浆脉冲随钻测量仪器系统是目前国内油气勘探开发钻井领域应用最多、最广泛的无线随钻测量仪器系统，它以泥浆脉冲形式传输测量数据，通信可靠，但对钻井液有严格要求，即含砂量 $\omega_B<4\%$，含气量 $\omega_H\leqslant7\%$；此外，泥浆脉冲随钻测量仪器系统不能实现双向通信，整体传输速度较慢；因对含气量敏感，泥浆脉冲传输方式不能用在空气钻进、泡

沫钻进、充气钻井液钻进等不连续液相的欠平衡钻进中。

电磁波随钻测量（electromagnetic measurement while drilling system，EM-MWD）仪器系统将一个类似低频天线的电磁波发射器装在井底仪器中，井底仪器将测量的数据加载到载波信号上，测量信号随载波信号由电磁波发射器向四周发射。地面检波器将检测到的电磁波中的测量信号卸载，之后通过解码、计算得到测量数据。电磁波随钻测量仪器系统的技术特点主要如下。

（1）不受循环介质压缩性的影响。在地层压力较低或者存在漏失的情况下，欠平衡钻进是最佳选择。在钻井液中注入压缩气体是减轻钻井液密度的常用方法，井眼环空冲洗液柱的不连续和多相介质会抑制泥浆脉冲信号的传递，导致无法在地面进行可靠解码。

EM-MWD 方式不受循环介质压缩性的影响，适合在欠平衡钻进、充气钻进和环空压耗比较大的水平井中使用。

（2）测量数据传输速度快。EM-MWD 随钻测量仪器系统可以在钻进、循环及起下钻过程中接收数据，不必停钻进行测量；常规的泥浆脉冲随钻测量仪器系统的数据传输速率在 8b/s 左右，而电磁波随钻测量仪器系统的数据传输速率可以达到 100b/s 以上，大幅提高数据传输量和速度，为精确控制井眼轨迹创造有利条件。

（3）可以实现地面与井下的双向通信。泥浆脉冲随钻测量仪器系统所有操作参数都需预先在地面设定好，井底仪器一旦下入井内这些参数就不能再改变；针对常规泥浆脉冲双向通信的研究已经开始，但目前尚未有商业化的产品。EM-MWD 随钻测量仪器系统可以比较容易地实现地面与地下的双向通信，实现对井内仪器的直接控制，大大提高井眼轨迹控制精度，提高综合钻进效率。

（4）地层中的信号会出现衰减。虽然电磁波随钻测量系统具有适用钻井液类型广泛、数据传输速率快等优点，但电磁波通过地层进行传输，因而受地层电阻率的影响很大。通常情况下，地层电阻率越小，电磁波信号的衰减就越严重，当达到一定井深时，在地面将难以检测到有效的电磁波信号。接收天线通过地面电极间的电场进行信号检测，而接收到的信号一般只有几十微伏，为解决这一问题，采用的技术措施包括提高发射功率、降低载波频率、利用高效检波降噪技术和使用扩展天线。

在煤层气开发对接井定向钻进过程中，以清水、低固相钻井液、无固相钻井液作为循环介质进行造斜井段和水平井段定向钻进时，可选择成本相对较低的泥浆脉冲无线随钻测量仪器系统；在以充气钻井液、泡沫等液相不连续循环介质进行定向钻进时，可以选择电磁波无线随钻测量仪器系统。应用 EM-MWD 仪器系统，其成本高于泥浆脉冲 MWD 仪器系统，对于垂深 800m、水平段长度 1000m 以内的水平连通井不存在信号衰减而无法检测到电磁波信号问题，同时还具有井底信息传输速度快、可以实现地面与地下的双向通信等优点。

4.1.3　对接段随钻测量技术

煤层气开发对接井涉及水平连通井与目标直井的精确对接连通。目标直井煤层段洞穴直径一般为 0.5 ~0.7m，客观地讲，依靠常规随钻测量仪器进行对接连通的成功率很低，即使选用国外（如 Schlumberger、Halliburton、Weatherford 等）超高精度的 MWD/LWD 仪器，由于轨迹逐点测量过程中存在井斜和井斜方位累计偏差，难以实现点对点的精确中靶。因此，进行两井对接连通钻进时，必须采用近靶点测量技术。

近靶点测量技术是指钻进至距离靶点一定范围（通常 60 ~ 80m）以内，通过测量、计算钻头与靶点间的相对位置参数、轨迹姿态参数，进而引导对接连通的测量技术。在进入近靶点区域之前，由常规的 MWD/LWD、陀螺仪（gyros）等完成井眼轨迹的随钻测量，只要是在矿层内，允许一定的方位或井斜偏差。但进入近靶点区域以后，就必须快速纠偏以实现对接中靶、连通。

目前，国内外近靶点测量技术主要有钻孔雷达、被动磁场测距技术和主动磁测距技术等。钻孔雷达和被动磁场测距技术由于自身固有技术缺陷应用较少，主动磁测距技术以其独特的技术优势，在国内外被广泛应用于石油、采矿、煤层气开发、地质勘探等行业。

4.2　有线随钻测量系统研制

有线随钻测量系统主要应用于煤层气开发对接井钻进过程中的垂直井段井身质量、检测、控制。

4.2.1　有线随钻测量系统技术指标

根据煤矿区煤层气开发对接井直井段井身质量检测、控制随钻测量的要求，确定有线随钻测量系统的测量精度指标、工作环境指标、其他技术指标及井内仪器的外形尺寸要求见表 4.1 ~ 表 4.4。

表 4.1　有线随钻测量系统测量精度指标

项目	测量范围/(°)	测量精度/(°)	限制条件
井斜角	0 ~ 180	0.1	—
磁方位角	0 ~ 360	1	井斜≥5°
高边工具面角	0 ~ 360	1	井斜≥5°
磁性工具面角	0 ~ 360	1	井斜≤5°

表 4.2　有线随钻测量系统工作环境指标

项目	要求
最高工作温度/℃	125
抗冲击性/g，ms	1000，0.5
抗振动性/g，Hz	20，20 ~ 200
最高承压/MPa	120

表 4.3　有线随钻测量系统其他技术指标

项目	要求
传输距离/m	>3000
一组数据传输时间/s	<1.5

表 4.4　井内仪器外形尺寸

项目	要求
仪器外径/mm	ϕ35
仪器长度/mm	<6000

4.2.2　有线随钻测量系统结构组成

有线随钻测量系统的整体设计是利用加速度计传感器、方位传感器（如磁通门）将反映井斜和井斜方位等信息的物理量转换成电信号，然后由探管内的数据采集板采集处理，利用电缆将数据传输到地表，由地面仪器接收、处理、显示。典型的有线随钻测量系统由井底仪器总成、地面仪器、电缆密封总成和绞车装置四部分组成。测量传感器和数据处理电路集成在井底仪器总成中的探管内，借助绞车将其下放至井眼内的无磁钻杆中进行测量。

1. 井底仪器总成

1）探管

探管由传感器、CPU 控制及数据采集电路、通信接口电路、电源控制电路等组成，所有电路和传感器安装固定在外径 ϕ35mm、长 1500mm 的无磁管内。

探管工作时，三轴重力加速度计测量出来的仪器相对于重力的变化量，三轴磁通门测量出来的仪器相对于磁场的变化量，以及其他工程参数的模拟电压信号，经过多路模拟开关、采样保持器进入 A/D 电路转换成数字信号，再由 CPU 解调出来后通过通信电路将信号传递给电缆。探管电气框图如图 4.1 所示。

（1）探管传感器。探管传感器的主要作用是完成井斜角、方位角、工具面角等参数的精确测量，基本原理是通过精确测得重力加速度和地磁场强度在探管测量坐标系各轴上的分量，就可以计算出井斜角、方位角和工具面角。探管传感器的选择直接关系到系统的测量精度，其中加速度计和磁传感器在探管中的布置示意图如图 4.2 所示。

加速度计传感器：目前有多种类型的加速度计可选，其参数各有利弊。决定测量精度的参数主要有非线性、灵敏度、零位漂移、零位漂移温度系数及灵敏度漂移温度系数等，常用的几种类型的加速度计参数见表 4.5。

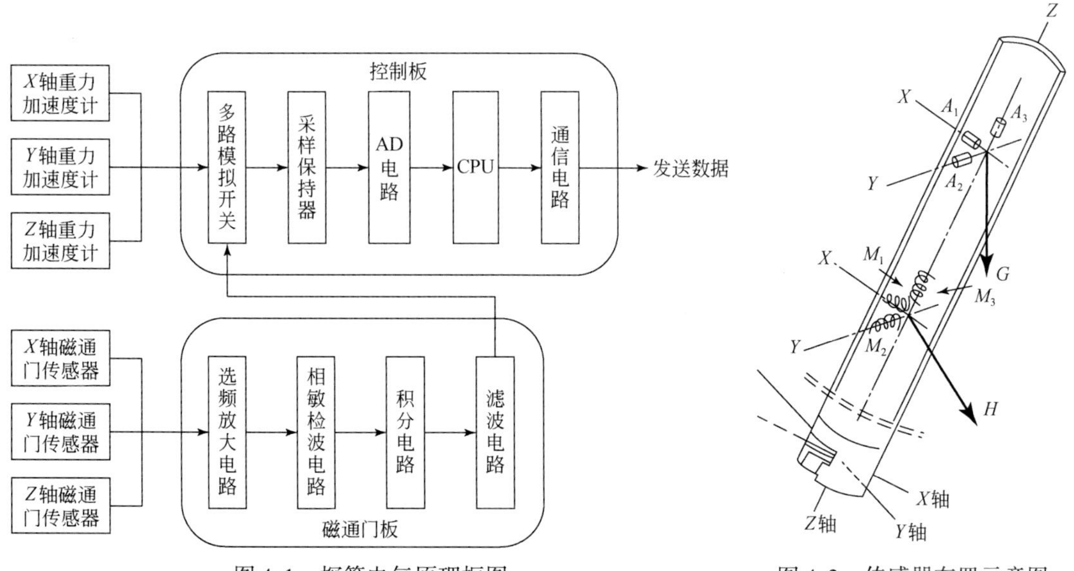

图 4.1　探管电气原理框图　　　图 4.2　传感器布置示意图

表 4.5　不同类型加速度计参数对比表

参数	石英加速度计	磁悬浮加速度计	基于 MEMS 的加速度计（ADXL203）
非线性/%	0.07	0.1	0.2
灵敏度/(mV/G*)	可调	可调	1000（DC5V 供电）
零位漂移/(mg/℃)	5	10	20
零位漂移温度系数/(mg/℃)	0.015	0.05	0.1
灵敏度漂移温度系数/(mg/℃)	0.03	0.05	0.03

* $1G=10^{-4}T$。

从表 4.5 中所列的参数可知：石英加速度计的测量精度明显优于其他两种类型的加速度计。为满足测量精度要求，井底探管总成采用三个石英挠性加速传感器测量重力加速度。该传感器由检测质量、力矩器、信号传感器和电子线路组成，具有线性度高、温度漂移小、重复性好、抗冲击性强等特点，在低温下能可靠启动，满足在低温下的作业要求，能够保证仪器的测量精度及可靠性、稳定性。

磁传感器：目前可选的磁传感器主要有磁通门传感器和磁阻传感器两种，其主要参数对比见表 4.6。

表 4.6　常用磁传感器参数对比表

参数	磁通门传感器	磁阻传感器
非线性/%	0.1	0.1
灵敏度/(mV/G)	可调	4
零位漂移/G	0.00005	0.0002
零位漂移温度系数/($\times10^{-6}$/℃)	50	100
灵敏度漂移温度系数/（$\times10^{-6}$/℃）	100	3000

从表 4. 6 所列参数可见：磁通门传感器的测量精度优于磁阻传感器。井底探管总成采用三个传统的磁通门传感器测量地磁场强度。

磁通门传感器由两根铁芯、一组磁化线圈和一个测量线圈组成。铁芯采用起始磁导率数很大、而剩磁又很小的坡莫合金做成。磁化线圈有两个，分别绕在两根铁芯上，它们的匝数相同，绕向相反，并且互相串联。在绕好磁化线圈的两根铁芯上，再共同绕一个测量线圈。

针对选用的磁通门传感器设计的解调电路原理框图如图 4. 3 所示。磁通门传感器激励电路如图 4. 4 所示。

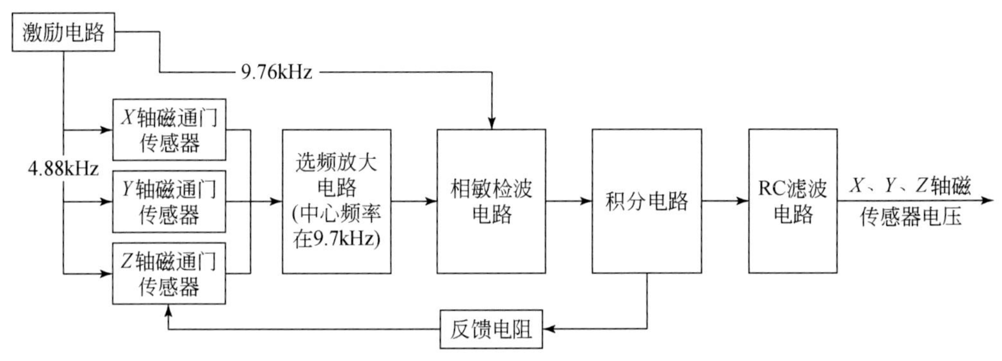

图 4. 3　磁通门解调电路原理框图

选频放大电路、相敏检波电路、积分电路、滤波电路如图 4. 5 所示。

三路磁通门传感器线路相同，它们输出的感应电动势与磁通门传感器的灵敏轴与地磁场水平分量的夹角有关，即夹角为 0°时感应电动势为 E_0，则感应电动势的计算公式为

$$E = E_0 \times \cos\Psi \text{（}\Psi\text{ 表示夹角）} \tag{4.1}$$

由于交变激励电流的作用，磁通门传感器输出的二次谐波分量中会产生正脉冲和负脉冲。当夹角等于 90°时，正脉冲和负脉冲幅值相同，则输出为 0；当夹角不等于 90°时，正脉冲和负脉冲幅值不相同，经过带通、解调、积分电路输出产生电压，并通过反馈电阻返回到输入端，迫使磁通门传感器输出的二次谐波分量为 0。由于磁通门传感器输出的开环、二次谐波分量始终正比于地磁场，则闭环系统的积分输出也正比于电磁场。

（2）供电电源电路。井底仪器通过电缆和地表仪器连接，可以通过电缆向井底传感器和数据采集电路板供电。

在有线随钻测量系统中，单芯电缆既保证地面仪器为井底仪器供电，同时保证井底仪器通过单芯电缆传送数据。传输距离超过 3000m，需要解决单芯电缆供电及信号传输的问题。

由于要适用于不同长度的电缆，若采用恒压供电，在电缆较短时，在井底仪器电源输入端会产生很高的电压，容易导致井底仪器损坏，因此考虑采用恒流供电。恒流供电电路采用常规的达林顿管形式，用一个小的三极管去推动一个大三极管对井底仪器进行供电，用稳压管控制大三极管的集电极电流，从而保证供电电流的恒定性，如图 4. 6 所示。

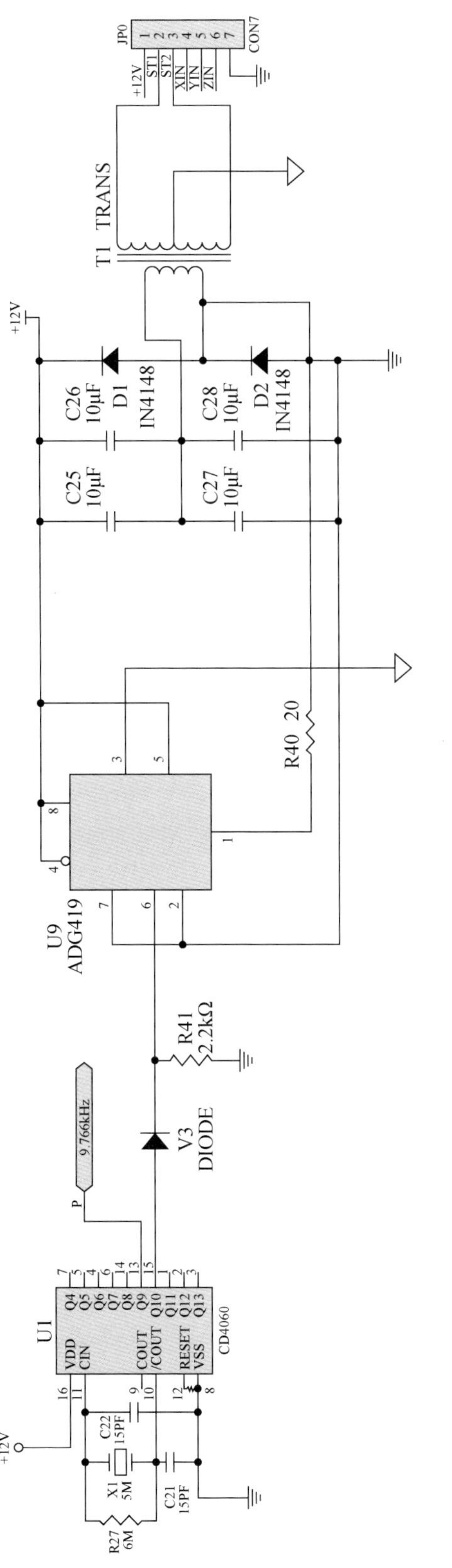

图 4.4　磁通门传感器激励电路图

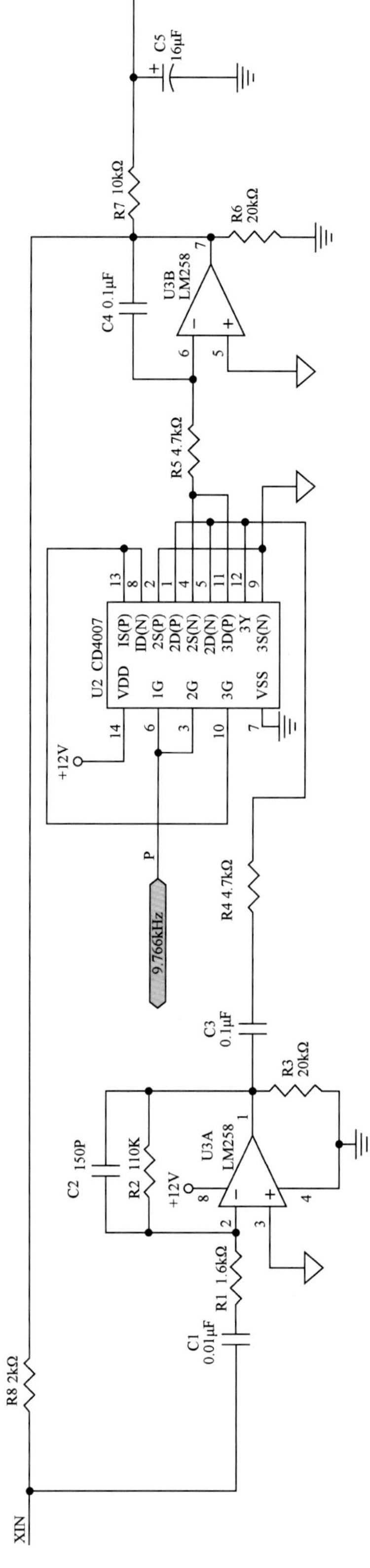

图 4.5　选频放大电路-相敏检波电路-积分电路-滤波电路图

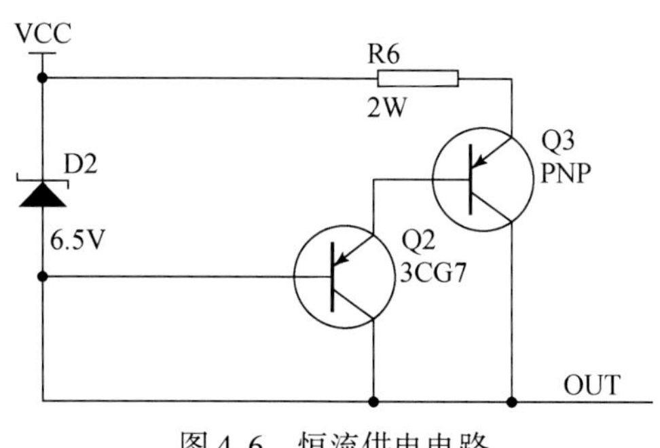

图 4.6　恒流供电电路

井底仪器包括多种传感器，需要两组电源：DC±12V 和 DC±6.5V。DC±12V 负责为加速度计、温度传感器、运算放大器、多路开关、采样保持器、AD 电路供电；DC±6.5V 负责为磁传感器及解调电路供电，同时负责给 CPU、存储器供电，而输入电源只是一个恒流源，需要重新设计二次电源。

经过分析研究，决定采用线型二次电源，虽然线型电源效率低，但输出纹波小，且没有高频分量，利于井底仪器模拟电路部分的性能稳定，具体实现方法如图 4.7 所示。

（3）硬件电路。探管内硬件主要是用来进行信号采集、数据转换和信号传输的电子元件。在选择好传感器后，进行数据采集控制系统的设计。

硬件电路板选用 AT89C51 单片机，内有三个与串行通信有关的寄存器：串行数据缓冲器（SBUF）、串行通信控制器（SCON）、电源控制器（PCON）。CPU 可以通过不同的指令对数据缓冲器进行存取；串行控制器控制单片机的串行口工作方式和字符帧格式；电源控制器可对串口波特率进行选择。

电路板采集的输入信号包括 3 路加速度传感器、3 路磁通门传感器、1 路温度传感器信号和 1 路电压信号。为了保证高速采集数据，选用并行高速 A/D 芯片。通过改变负载大小实现载波（利用恒流源的特性，当负载变化时，地面主机的输出电压会发生变化）；为了保证有足够的负载能力和驱动能力，通信线路中采用达林顿管来进行驱动。

2）电缆与探管间固定装置

电缆负责将探管送入井底测量位置及将其提出，同时用于传输探管的测量信号，两者之间的连接必须可靠、牢固。

首先在井底仪器的最上部设置绳帽头，将电缆从绳帽头顶部穿过，配合卡头卡套和定位螺钉将电缆固定嵌装在绳帽头上，将电缆转化为便于连接的装置。随后，将电缆转换接头的锥形铜接头一端与绳帽头上的电缆芯连接，另一端与电缆密封接头连接。电缆转换接头和电缆密封接头都须绑扎牢固、密封良好，防止钻井液浸入。

3）保护及减震装置

由于钻杆内径较小，且往往充满钻井液，为了保护电缆在下放和使用时不被碰撞和避免发生腐蚀，在探管的外面设置一个外保护筒，将探管固定在保护筒内。保护筒的一端连接电缆密封接头，以防止流体进入。它采用无磁材料制作壳体，抗高压、密封性能良好。

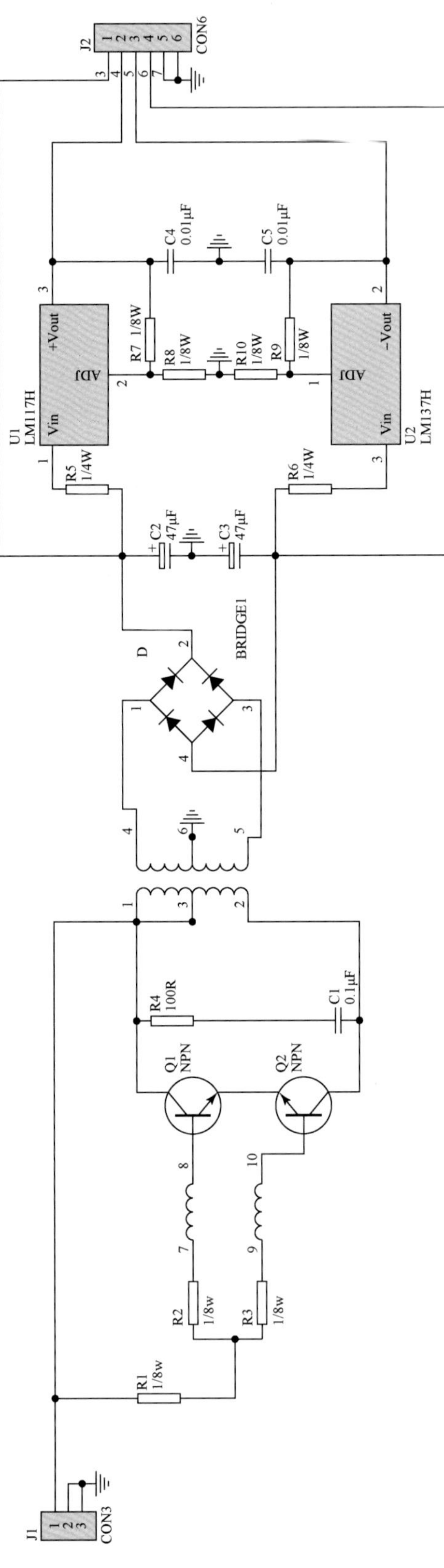

图 4.7　线性二次电源电路

当向井内下放探管时，在钻杆中心孔变径处或者接近井底时，容易发生碰撞和振动，虽然探管固定在保护筒内，但是还存在潜在损坏风险，因此设计一个定向减震接头，利用接头与探管和保护筒固定连接在一起，接头处设置有密封圈，以防止流体进入。

4）定位装置

探管监测时，须处于一个无磁干扰的环境，因此需要设置加长杆，将其放在钻头上部无磁钻铤/钻杆内。不同的钻进施工现场，使用的无磁钻杆长度也不一样，为此该系统配备了两个长度不同的加长杆，可根据井的地理位置、预设计井斜和方位选择合适的长度，使仪器在无磁钻具中处于最佳位置，最大限度降低磁干扰。

当采用定向钻进时，为了准确检测出工具面值，需要将探管和马达位置相对固定住，因此为该系统设置了一个全流式引鞋，发挥定向、定位的作用。引鞋上有一开口键槽，与专用弯接头里的平键相配，键的轴线方向与弯接头的高边方向一致。仪器下入井内时，引鞋能旋转下移，自动坐键。

整个井底仪器总成的结构组装示意图如图 4.8 所示。

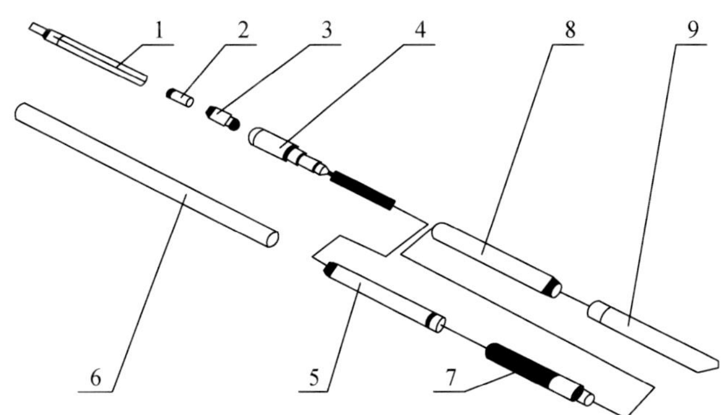

图 4.8　井底仪器总成结构组装示意图

1. 绳帽头；2. 卡套卡头；3. 电缆转化接头；4. 电缆密封接头；5. 探管；6. 外保护筒；7. 定向减震接头；8. 加长杆；9. 全流式引鞋

2. 地面仪器的研制

井底仪器总成将测量信号通过电缆发送到地面后，由地面仪器进行接收、处理和显示，为此研制了有线随钻测量专用机和工具面指示器。

1）有线随钻测量专用机

有线随钻测量专用机面板如图 4.9 所示，负责通过电缆线给探管供电，同时接收探管发送的串行数据并进行解码、高边修正后进行显示。同时专用机还负责将测量处理后的数据传送给工具面指示器，由工具面指示器进行显示。此外，专用机上还配备有一台打印机，用于打印测量数据。

专用机面板上还设计有探管电压显示窗口，通过电压显示可以判定仪器工作是否正常；系统通信失败时，专用机会发出报警信号。

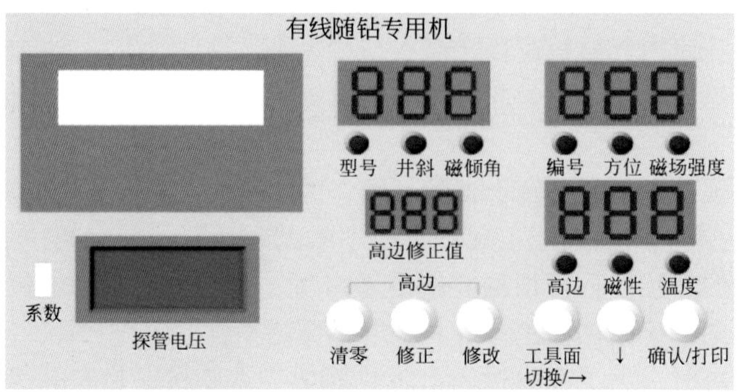

图 4.9　有线随钻测量专用机面板

2）工具面指示器

为了便于司钻观察数据，同时研制了一台工具面指示器，界面如图 4.10 所示。专用机测量好井斜、方位角和工具面值后，利用信号电缆线将数据由专用机传送到工具面指示器，在其右边特设的三个窗口中显示出井斜、方位、重力高边或磁性高边的数值。面板上还设置了两个指示灯，即重力指示灯和磁性指示灯，当重力指示灯亮时，显示重力高边，当磁性指示灯亮时，显示磁性高边，同时，在该工具面指示器左边设置了一个罗盘分度盘，用于直观地显示出井底螺杆钻具弯外管的方向，即工具面角。有线随钻测量专用机、工具面指示器和井底探管三者之间的连接关系如图 4.10 所示。

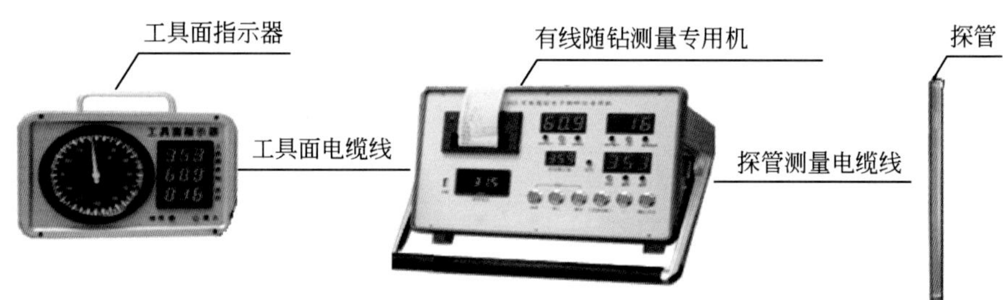

图 4.10　有线随钻测量系统连接关系图

3. 电缆密封总成及绞车系统配置

电缆密封总成可采用循环头或旁通接头，使用时可以选择其中的一种。为了将井底仪器总成下放和提出井内，需要在地面配置一个绞车系统，同时要求绞车具有自动排绳功能，可以测量出下放的深度及速度，便于掌握井底仪器总成在井内的位置和状况。由于煤层气开发对接井深度一般较浅，选用 ϕ5. 6mm 铠装电缆即可满足要求。

4. 2. 3　系统操作要点

1. 专用机内的探管系数设置

每个探管都对应一个系数盘。使用探管测量前，需要将探管系数盘连接到有线随钻测量专用机上，开机后，专用机会自动读取和显示系数盘对应的探管编号，同时将系数盘信息拷贝到专用机内，以备该探管以后使用。

2. 探管和工具面检查

将探管、工具面指示器与专用机连接好后，打开专用机电源，选择对应的探管编号，开始显示数据。将探管水平放置，井斜应在 90°左右；将探管垂直放置，井斜应在 0°左右。检查工具面指示器显示是否与专用机显示一致，同时工具面表盘指示是否正确。若以上显示全部正确，则说明系统工作正常。

3. 高边修正

按图 4. 10 所示连接好仪器，将井底总成部分水平放置在支架上，全流式引鞋缺口朝上（可将水平尺放在全流式引鞋的缺口上，校正水平），转动仪器使水平尺中的水泡居中，目的是使全流式引鞋的缺口垂直向上为零度，为修正高边做好准备。然后连接专用机，按规定的操作步骤完成高边修正工作。

当地面专用机损坏需要更换新专用机时，不需要将测斜仪提出，可以手动将高边修正值输入新的专用机中，输入完成后新的专用机即可使用。

4. 测量设置

1）坐键

将专用机工具面显示调整为显示磁性工具面，连续 3 次坐键，磁性工具面显示值无大幅变化则表明坐键成功。

2）钻进

根据显示的工具面值调整井底螺杆钻具的弯头方向，从而控制钻进方向按设计轨道延伸（小井斜时使用磁性工具面，大井斜时使用高边工具面）。

3）轨迹记录

每钻进完一个单根后停泵，待显示数据稳定后记录和打印轨迹数据，并在打印条上记录钻进深度。

4.3　无线随钻测量系统选型研究

随着定向井钻进技术的不断发展、提高，在有线随钻测量系统的基础上逐步开发出了无线随钻测量系统（MWD），并广泛应用于定向井钻进中。MWD 无线随钻测量系统按信号传输特点可分为泥浆脉冲、电磁波和声波等几种，其中泥浆脉冲和电磁波传播方式 MWD 在生产实践中得到广泛的应用。

4.3.1　无线随钻测量系统信号传输方式

1. 泥浆脉冲方式

1）连续波方式

连续脉冲发生器的转子在钻井液的作用下产生正弦或余弦压力波，由井下探管编码后的测量数据通过调制系统控制的定子相对于转子的角位移使这种正弦或余弦压力波在时间上出现相位移，其在地面连续地检测这些相位移的变化，并通过解码、计算得到测量数据，如图 4.11 所示。连续波方式主要优点是数据传输速度快、精度高；缺点是结构复杂，数字解码能力较差。

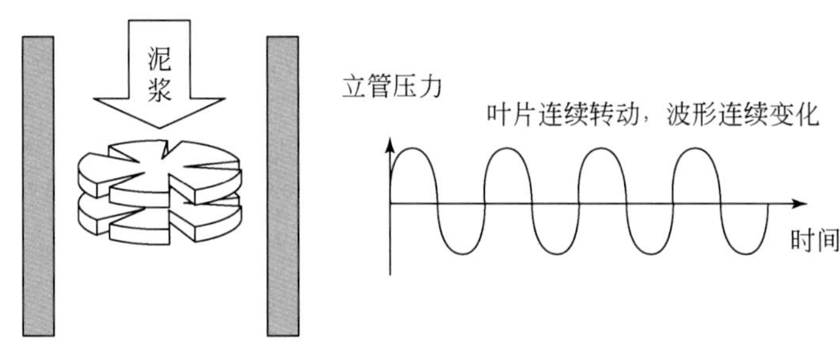

图 4.11　连续波方式工作原理示意图

2）正脉冲方式

泥浆正脉冲发生器的阀头与限流环的相对位置能够改变钻井液流道在此的截面积，从而引起钻柱内部钻井液压力升高，阀头的运动是由探管编码的测量数据通过调制器控制电路来实现。在地面通过连续检测立管压力的变化，并通过译码转换成不同的测量数据。如图 4.12 所示。正脉冲方式主要优点是井下仪器结构简单、尺寸小，使用操作和维修方便，脉冲发生器的组装不需要专门的无磁钻铤；缺点是数据传输速度慢，不适合传输地质资料参数（刘海军，2014）。

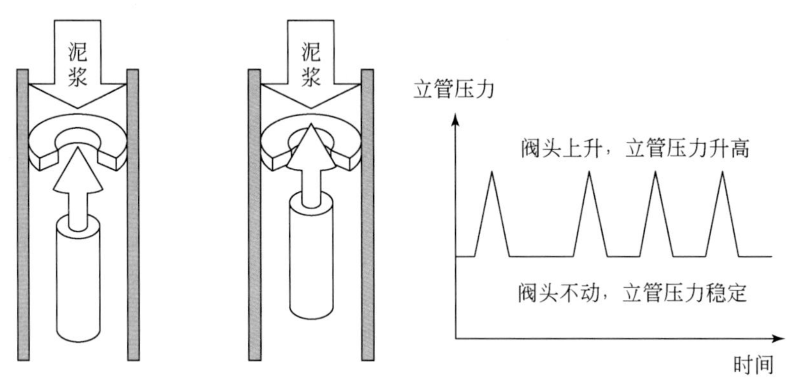

图 4.12　泥浆正脉冲方式工作原理示意图

3）负脉冲方式

泥浆负脉冲发生器需要安装在专用的无磁钻铤中使用，其工作原理如图 4. 13 所示，开启泥浆负脉冲发生器的泄流阀，可使钻杆柱内的钻井液经泄流阀与无磁钻铤上的泄流孔流到井眼环空，从而引起钻杆柱内部的钻井液压力降低，泄流阀的开关动作是由探管编码的测量数据通过调制器控制电路来实现。在地面通过连续检测立管压力的变化，并对脉冲压力信号译码转换成不同的测量数据。负脉冲方式主要优点是数据传输速度较快，适合传输定向和地质资料参数；缺点是井下仪器的结构较复杂，组装、操作和维修不便，需要专用的无磁钻铤。

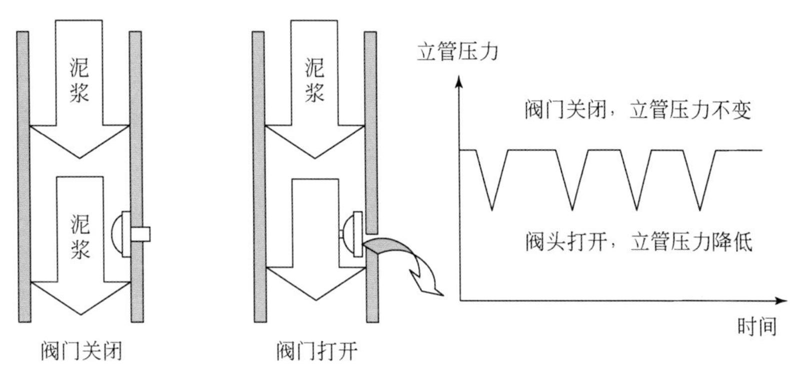

图 4. 13　泥浆负脉冲方式工作原理示意图

2. 电磁波方式

电磁波信号传输主要是依靠地层介质来实现的。井下仪器将测量的数据加载到载波信号上，测量信号随载波信号由电磁波发射器向四周发射，如图 4. 14 所示。地面检波器（参考天线）在地面将检测到的电磁波中的测量信号卸载并解码、计算，得到实际的测量数据。电磁波信号传输的优点是数据传输速度快，对循环介质类型无特殊要求，可用于气体、泡沫、充气钻井液等欠平衡钻进中，高效传输定向和地质测量参数；缺点是地层电阻率对信号的影响较大，低电阻率的地层电磁波不易穿过，电磁波的传输距离有限，不适合深井、超深井施工。

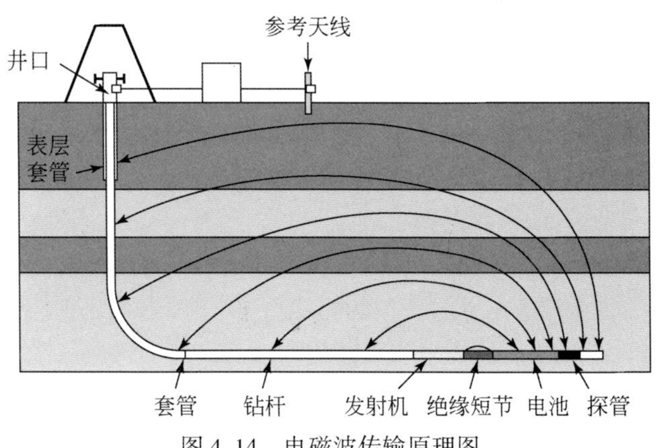

图 4. 14　电磁波传输原理图

3. 声波方式

声波随钻测量是一种以声波为传输载体，以钻柱为传输通道，具有较高的信号传输速率、结构简单、可靠性高的随钻测量技术。但当钻杆柱浸没在钻井液中，声波衰减速度明显增加，传输距离有限，主要适合在空气钻进中应用。同时，钻杆柱是由单根钻杆连接而成，不是本质连续的，这种接箍等间隔周期性管结构使声波在钻柱中的传播特性极为复杂，严重限制了声波传输的距离。声波传输方式的优点是随钻数据传输速率较快，可以达到100b/s；缺点是信号衰减快，钻杆内每隔400～500m需要安装一个中继站，传送的信息量少，井眼产生的低强度信号和钻井设备产生的声波噪声使信号探测非常困难，所以还未进入商业应用阶段。

4.3.2 典型无线随钻测量系统

1. PowerPulse MWD 无线随钻测量系统

1）系统概况

PowerPulse MWD是斯伦贝谢（Schlumberger）公司的新一代无线随钻测量产品，由于采用独特的连续压力波工作方式、一体化设计和自动遥感测量技术，其性能大大超越了其原有产品。

PowerPulse发射的脉冲信号主要借助两个齿轮状的圆盘产生。如图4.15所示，位于仪器上面的齿轮固定不动，钻井液从齿轮间缝隙流出。位于仪器下面的齿轮在井下仪器的控制下转动。在转动过程中，上、下齿轮叶片覆盖的轴向面积的变化导致钻井液流过截面积不同，引起立管压力变化。上、下齿轮的叶片所覆盖的环空截面是连续变化的，因此立管压力的变化也是连续的。地面仪器通过对检测到的这种连续变化的波进行滤波、解码、计算，最后得到井下仪器传上来的数据。

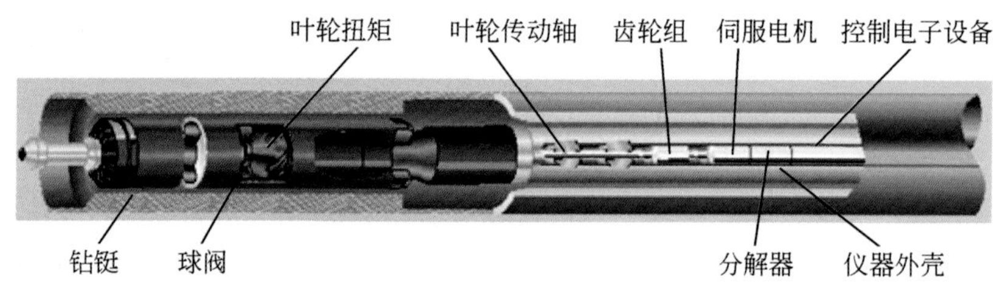

图4.15 PowerPulse脉冲发生器

PowerPulse在技术上采用提高信噪比的技术（如差异检波法），使泵噪声、井下动力钻具和其他噪声信号对脉冲信号的干扰大大减少，提高了仪器对井下信号的分辨率；电路板固定在探管外壁上，同时对其他元件也采取了固化和减震措施，提高了仪器的抗震能力；连续的压力变化避免了正、负脉冲传递信号时需要等待压力上升到一定幅度的时间，使其数据传输速度达到6～10b/s，是其他普通商业化泥浆脉冲随钻测量仪器的10倍以上；采用自动清洗齿轮技术，减少了堵漏材料对仪器正常工作的影响；高强度的碳化钨配件，减少了钻井液对配件的冲蚀。以上技术综合利用，使 PowerPulse 的可靠性得到了更进一步的提高。

此外，PowerPulse 可通过接收地面指令来改变工作方式，是实现地面/井下双向通信的典型仪器之一。通过改变钻井液排量，可以改变仪器的数据传输速度、存储器存储数据的速度及数据存储类型。改变数据存储类型，可以适应钻井和地质条件的变化，确定何种数据需要实时传输及何种数据需要在井下存储。改变仪器传输速度，可以有效消除噪声，提高信号的分辨率。

2）系统特点

PowerPulse MWD 系统特点包括：①采用独特的连续波方式向地面发射脉冲信号，仪器性能可靠；②内部诊断及维修警告功能自动提示施钻人员何时需要对仪器进行维修，减少了施工的风险性和盲目性；③仪器可以在很宽的钻井液排量范围内工作，操作简单，不需要调节；④在未使用钻杆滤清器的情况下，可以在堵漏材料含量高达 70 lbm/bbl① （磅/桶）的条件下工作；⑤数据传输速度可以达到 10B/s，在实时工作方式下，可以提高数据的传输量，从而得到高分辨率的测井曲线；⑥实现了地面-井下的双向通信，在钻井施工中可以根据需要选择数据的传输速度、实时和存储数据的类型；⑦可以在钻具处于旋转的状态下进行测量，而不需要静止钻具进行测量；⑧实时钻具振动量可以帮助施钻人员优化选择钻井参数，降低了井下振动对仪器和工具造成的损害；⑨仪器可在 150℃的环境下工作，高温仪器可在高达 175℃的环境温度下工作。

3）PowerPulse MWD 技术规范

PowerPulse MWD 技术规范参数见表 4. 7。

表 4. 7　PowerPulse 技术规范

技术指标	规格参数	
标准钻铤尺寸/mm	165	209
钻铤外径/mm	175	213. 6
钻铤内径/mm	129. 8	142. 2
总长/m	6. 86	6. 86
质量（带仪器）/kg	598. 5	1091. 3
上部连接扣型	5. 5in FH，母扣	6. 625in FH，母扣
下部连接扣型	5. 5in FH，公扣	6. 625in FH，公扣
上扣扭矩/(lb · ft)	22000 ~ 24000	43000 ~ 45000
上部保护接头扣型	4. 5in IF，母扣	6. 625in REG，母扣
下部保护接头扣型	4. 5in IF，公扣	6. 625in REG，公扣
最大狗腿度（转动）/(°/30m)	3. 9	3. 5
最大狗腿度（滑动）/(°/30m)	15	12

① 1lbm/bbl = 2. 855 kg/m^3。

续表

技术指标	规格参数	
钻井液排量范围/gpm *	225 ~ 800	300 ~ 1200
涡轮设置/gpm，24Hz	225 ~ 400	300 ~ 600
	300 ~ 600	400 ~ 800
	400 ~ 800	600 ~ 1200
最大转动扭矩/(lb · ft)	12000	23000
最大钻压/klb	550	665

* 1gpm = 0.227m^3/h。

2. 赛维 SMWD 无线随钻测量系统

1）系统概况

赛维 SMWD 无线随钻测量系统由赛维石油仪器设备公司研制生产，是一种正脉冲无线随钻测量系统，该仪器是将井下参数进行编码后，产生控制信号驱动脉冲发生器内的电磁阀动作，限制钻杆柱局部钻井液过流断面积，从而产生泥浆正脉冲。地面上采用泥浆压力传感器检测来自井下仪器的泥浆脉冲信息，并传输到地面数据处理系统（包括主机和计算机）进行处理，井下仪器所测量的井斜角、方位角和工具面数据可以显示在计算机和司钻显示器上。

2）系统组成

赛维 SMWD 无线随钻测量系统地面设备包括：压力传感器、主机、司显（即司钻显示器）、计算机及有关连接电缆等；井下测量仪器主要由测量探管、主控、泥浆脉冲发生器、电池、扶正器等组成，连接方式如图 4.16 所示。

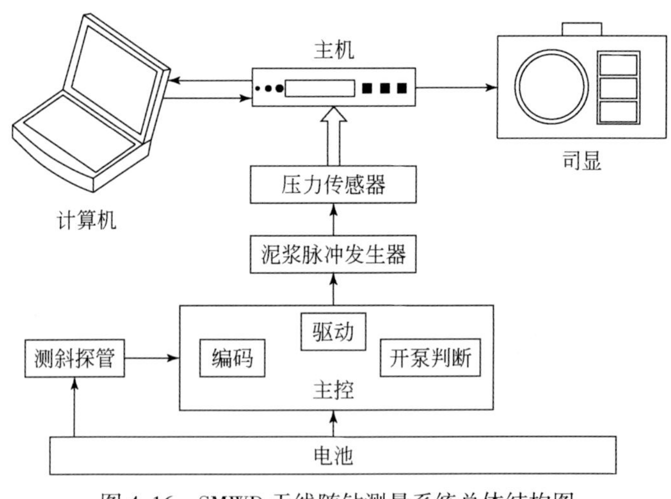

图 4.16　SMWD 无线随钻测量系统总体结构图

a. 测量探管

探管上装有三个用于敏感地球重力加速度的加速度计、三个用于敏感地球磁场的磁通门、一个温度传感器及相关的电子线路和高性能单片机系统组成。X、Y、Z、O 直角坐标系的 XOY 平面与 T 型槽定位面平行，而 Z 轴平行于测量头中心线。三个加速度计 G_x、G_y、G_z 和 B_x、B_y、B_z 的敏感轴分别平行于 O_x、O_y、O_z。因此，前者可以感受重力加速度在三个方向上的分量，后者感受地磁场在三个方向上的分量。当这些传感器感受其输入量时，与其放大电路一起将输入量变换成与之对应的输出电压。温度传感器及其电路，将温度变换成输出电压。CPU 采样这 7 个测量电压和两个基准电压后经过数字滤波，计算出井斜角、方位角、工具面角等参数以备主控调用。

b. 主控

主控包括泵状态判断、主控、驱动三个单元，泵状态判断单元的功能是根据钻井液压力状况判断当前泵状态并在停泵 3min 后切断测量探管及主控其他单元的电源，主控单元的功能是根据泵状态按照预先设定好的模式将测量探管传来的测量数据进行编码后传给驱动，驱动单元的功能是提供脉冲发生器所需要的电源及传递主控单元的信号给脉冲发生器。

c. 脉冲发生器

脉冲发生器类似在钻具内部安装的可控制闸门，需要产生脉冲时，驱动短节给脉冲发生器加电，脉冲发生器将钻杆柱中心孔局部钻井液过流通道减小一定的面积，使钻具中心孔内钻井液流动阻力加大，立管压力升高；驱动短节停止供电时，脉冲发生器使钻具内部通道恢复到原来的面积，立管压力恢复到正常的水平。

d. 主机

主机的功能包括：①接收立管压力传感器的电信号，处理后，传递给计算机；②设定检查主控、测量探管；③将计算机解码后的数据（井斜角、方位角、工具面角等）传输给司钻显示器。

3）系统性能指标

赛维 SMWD 无线随钻测量系统的主要性能指标见表 4.8 ~ 表 4.10。

表 4.8　SMWD 系统主要性能指标

参数	示值误差/(°)	测量范围/(°)	传输精度/(°)	示值稳定性/(°)
井斜角	±0.1	0 ~ 180	0.03	0.02
方位角（井斜角大于等于 5°）	±1.0	0 ~ 360	0.05	0.3
高边工具面角（井斜角大于等于 5°）	±1.5	0 ~ 360	1.41	0.02
磁性工具面角（井斜角小于 5°）				

表 4.9　SMWD 系统脉冲发生器系统性能指标

型号	脉冲发生器外径/mm	悬挂短节内径×外径/mm	适用井眼/mm	适用排量/(L/s)
SMWD-1-76S	76	76×105	118	6 ~ 12
SMWD-1-108S	108	108×172	215.9	20 ~ 40

表 4.10　SMWD 系统其他性能指标

项目	参数	项目	参数
最高工作温度	125℃	钻井液排量	10 ~ 55 L/s

续表

项目	参数	项目	参数
仪器外筒承压	70MPa	泥浆信号强度	0.1～0.8MPa
抗压筒外径	ϕ45mm	钻井液黏度	≤140s（漏斗黏度）
仪器总长	6.9m	钻井液含砂	<1%
电池工作时间	180h	钻井液密度	≤1.7g/cm^3

4）系统检测与操作要点

a. 系统检测

赛维 SMWD 无线随钻测量系统检测包括电池筒测试、测量探管测试、主控设定与测试等工作。电池筒测试要保证电压表的读值应为 24V 左右。测量探管测试的目的主要是检测探管功能是否正常，需要注意的是，探管须放在两个无磁支架上，要求周围至少 2m 内无铁磁物、7m 内无较大的铁磁物体，操作者身上不能带有任何导磁物。主控设定与测试的目的是检查开泵门限、停泵门限、开泵时间、停泵时间、延时停电时间、可靠系数等参数是否合理，流量开关工作电流是否正常，全部参数设定成功并保存后即可准备下井使用。

b. 井下仪器设备的组装

井下仪器设备包括：悬挂短节、脉冲发生器、电池筒、测量探管、扶正器、尾堵、滤清器等。组装方法：整套仪器中，脉冲发生器位于最上方，接着是主控，尾堵位于最下方，测量探管、电池筒的位置可以互换。安装时，把待装部件放在支架上，套保护管后将插头上紧、注意听见锁紧的声音，转动仪器上紧，注意在螺纹处涂抹适量的硅脂，以利于密封和润滑。连接完成后进行仪器高边校正，并记录保存。

组装好井下仪器后，用测试线连接井下仪器、主机、模拟盒、司钻显示器和计算机，运用 SW-MWD 软件模拟开关泵，观察计算机所显示的井下参数是否正确，序列是否跟设定的一致，司钻显示器的数值是否与计算机的显示一致，脉冲发生器是否能听见动作的声音，关泵时脉冲发生器是否停止动作，测试完成后备用。

5）维护与保养

a. 扶正器

仪器从井下起出后必须及时冲洗干净，并将扶正器单独拆下，不得将扶正器与其他各段长时间相连；操作过程中一定要注意保护基体两端的十芯插头，避免损伤插针。

b. 测量探管

仪器装连、吊装、储运等环节中应避免使探管遭受剧烈冲击；仪器从井下起出后必须及时冲洗干净，并将探管单独拆下，装好两端的防护堵塞，不要与两端的扶正器长时间相连；测量探管在使用过程中如果出现故障，不要自行去掉抗压筒，以免造成关键器件的损坏而无法修复。

c. 密封圈使用注意事项

密封圈不得用汽油、酒精、丙酮等有机溶剂清洗。

d. 电池使用安全注意事项

仪器所配置的是专用锂电池组，具有容量大，体积小的特点，使用不当可能会造成严重的损失。对锂电池组的短路、充电、过放电、挤压变形、强烈冲击、剧烈振动、超过规定温度范围、焚烧、拼装不当、擅自拆解、移作他用等可能损坏电池组，甚至引起爆炸等严重后果。

3. 普利门 PMWD-C 型无线随钻测量系统

1）系统概况

普利门 PMWD-C 型无线随钻测量系统由北京市普利门电子科技有限公司研制生产。PMWD-C 型系统由井下系统和地面系统，以及相应的地面测试设备和工具等组成，地面系统结构示意图如图 4.17 所示。井下系统检测井斜、方位、工具面、伽马等数据，并将这些数据通过确定的编码方式转换为 C 型脉冲发生器内电磁铁的动作。当泥浆泵打开时，电磁铁的直线运动转换为 C 型脉冲发生器的开关模式，从而产生泥浆脉冲压力变化，将泥浆压力信号发送到地面。

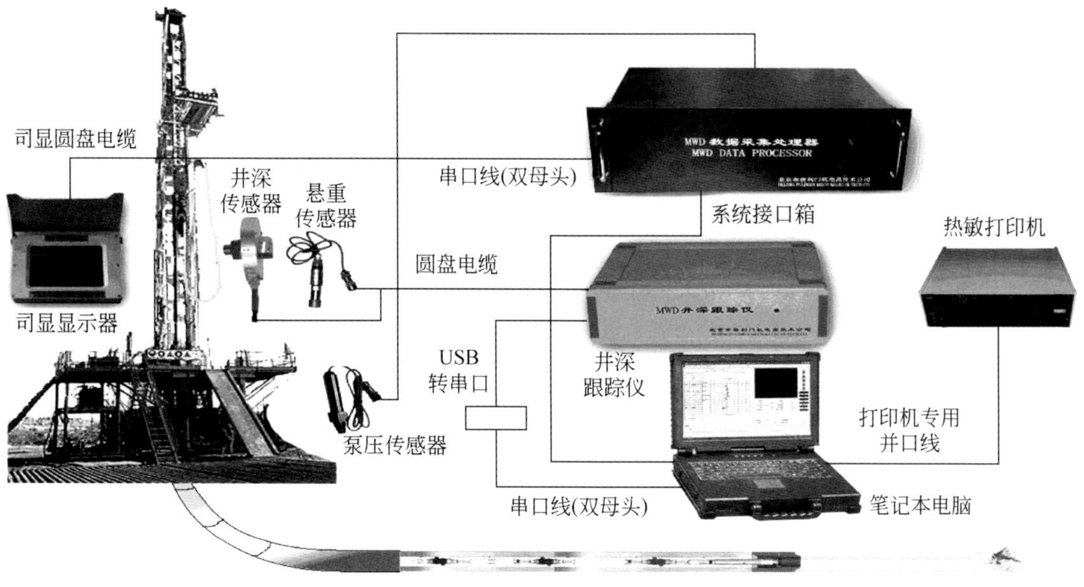

图 4.17　PMWD-C 无线随钻测量系统地面系统结构示意图

2）系统组成

PMWD-C 型无线随钻测量系统井下系统组成见表 4.11。

表 4.11　PMWD-C 无线随钻测量系统井下系统组成

部件名称	系统组成说明
井下仪器	C 型脉冲发生器，C 型驱动器，C 型电池，定向探管，伽马探管
井下仪器保护部件	循环短节，循环套总成，电池抗压管，电池扶正器，探管抗压管，探管扶正器，伽马探管抗压管
井下仪器连接部件	四针六孔-六针四孔电缆，十芯插头-六针四孔电缆，十五芯插头-四针六孔电缆

地面系统采集由脉冲器产生的泥浆压力信号及井深跟踪信号，并通过这些信号解算出探管及伽马探管所测得的数据和井深数据。数据解算后传至笔记本计算机呈现给施钻人员，并传输至井架上的司钻显示器上。PMWD-C 型无线随钻测量系统地面系统组成见表 4.12。

表 4.12　PMWD-C 型无线随钻测量系统地面系统组成

MWD 部分	MWD 数据采集处理器，司钻显示器，泵压传感器，显示器圆盘电缆，泵压圆盘电缆，专用数据处理仪
伽马部分	MWD 井深跟踪仪，井深传感器，悬重传感器，井深、悬重圆盘电缆，伽马热敏打印机

3）PMWD-C 型无线随钻测量系统性能指标

PMWD-C 型无线随钻测量系统性能指标见表 4.13～表 4.15。

表 4.13　PMWD-C 无线随钻测量系统循环短节技术指标

类型		89/105	120	165	200
钻铤外径		3.5in (89/105mm)	4.75in (121mm)	6.5in (165mm)	8in (203mm)
钻铤内径		2.25in (57.15mm)	2.815in (71.44mm)	2.815in (71.44mm)	3.25in (82.55mm)
循环短节内径		60mm	79mm	95mm	95mm
连接扣型		H90	311×310	411×410/4A11×4A10	631×630
		H90	3.5in IF	4.5in IF/4in IF	6.625in REG
最大狗腿度/(°/30m)	滑动	30	30	15	10
	转动	20	15	5	4
上扣扭矩（允许 10% 误差）	/(lb · ft)	3500	9900	30000	47000
	/(N · m)	4750	13400	40700	63700
最大允许排量	/gpm	165	300	600	1200
	/(L/s)	11	19	38	55
仪器压降	/PSI	—	—	100	—
	/MPa	—	—	0.7	—

注：89/105 为无磁承压钻杆。

表 4.14　PMWD-C 型无线随钻测量系统定向探管技术指标

参数	范围	精度
井斜	0°～180°	±0.1°
方位	0°～360°	±1°（井斜>5°）
重力和	0.997～1.003	±△0.3%
磁力和	—	±△3%
重力工具面	0°～360°	±1°

续表

参数	范围	精度
磁性工具面	0°～360°	±1°
温度	0～125℃	
磁倾角	—	±1.5°

表4.15　PMWD-C型无线随钻测量系统伽马探管技术指标

项目	技术参数
测量范围	0～500API*
测量精度	±5%
灵敏度	2cps/API
地层分辨率	173mm（6.8in）
采样时间	16s
储存时间	580 h（16s采样时间）
更新时间	50s；转盘旋转：21s
温度范围	0～150℃

* API为美国石油学会规定的自然伽马测井的计量单位。

4. BlackStar EM-MWD电磁波随钻测量系统

1）系统概况

BlackStar EM-MWD电磁波随钻测量系统是由美国国民油井华高（National Oilwell Varco，NOV）公司研制生产，它利用低频电磁波经过地壳将信息传送到地面，通过地面天线接收数据信号，由计算机解码并处理成可利用的参数，然后发送到司钻显示屏上。BlackStar EM-MWD电磁波随钻测量系统能够传送井斜、方位、工具面、磁场强度、重力、温度、高边伽马、低边伽马和环空压力等参数。

2）系统组成

BlackStar EM-MWD电磁波随钻测量系统主要由井下仪器、地面接收天线、接收仪器（处理器）等组成。常规井下仪器包括电池短节、发射天线及各传感器等，组装成串后装入专用无磁钻铤中，如图4.18所示，根据需要，可在井下仪器串上增加动态旋转伽马组件（DRG探管）。

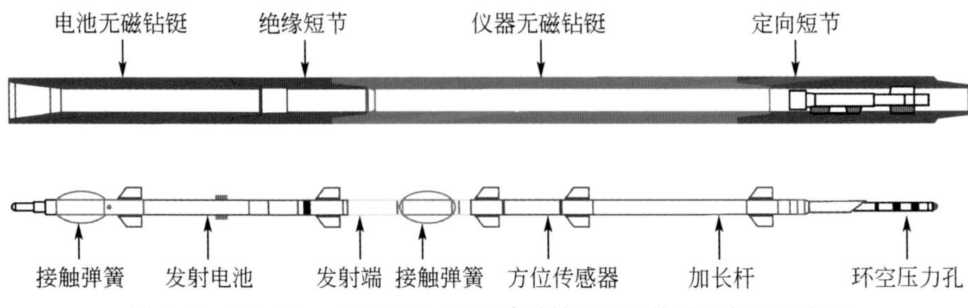

图4.18　BlackStar EM-MWD电磁波随钻测量系统井下仪器示意图

地面接收天线包含井口天线和参考天线两种天线，其中井口天线连接在井口防喷器上，参考天线插在距井口一定距离的地面，井口天线接受仪器上传的信号，参考天线提供接地基准从而形成电流回路。地面接收仪器主要由双通道放大器、计算机、电缆、电磁波测试电缆、电源线等组成，系统组成如图 4.19 所示。

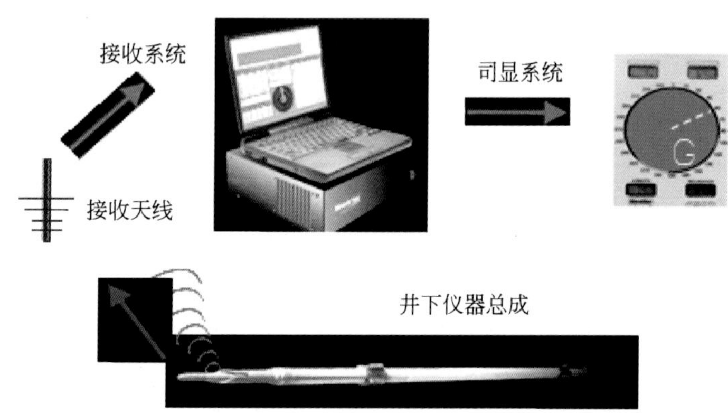

图 4.19　BlackStar EM-MWD 电磁波随钻测量系统组成连接图

3）系统性能指标

a. 地层参数

地层电阻率：通常 3 ~ 1000Ω · m（高压发射器可用于电阻率较高的地层）。

信号模型：需在施工前预测信号的大小。

b. 数据传输

BlackStar EM-MWD 电磁波随钻测量系统数据传输参数见表 4.16。

表 4.16　BlackStar EM-MWD 电磁波随钻测量系统数据传输参数表

参数	数值
类型	低频电磁波
操作频率	2 ~ 12Hz
传输速率	1 ~ 6B/s
数据更新	3 ~ 8s

c. 仪器规格

BlackStar EM-MWD 电磁波随钻测量系统仪器规格参数见表 4.17。

表 4.17　BlackStar EM-MWD 电磁波随钻测量系统仪器规格参数表

参数	数值
长度	9.373m
直径	1.875in（47.625mm）
压力传感器	20000psi*
电池	80 ~ 200h

续表

参数	数值
温度	-20～150℃
井下数据记录	可到 144h
井下连接	通过压力泵开关完成

* 1psi=6.894 76×10^3Pa。

d. 环境指标

BlackStar EM-MWD 电磁波随钻测量系统环境指标参数见表 4.18。

表 4.18　BlackStar EM-MWD 电磁波随钻测量系统环境指标参数表

参数	数值
冲击	1000g 之内正常工作，0.5ms，半正弦波；2000g 之内不损坏，0.5ms，半正弦波
震动	工作状态：正弦震动，峰值 15g，50～800Hz；随机震动，最大 10g（RMS）。损坏条件：正弦震动，峰值 30g，50～800Hz；随机震动，最大 20g（RMS）

e. 井下仪参数

BlackStar EM-MWD 电磁波随钻测量系统井下仪参数见表 4.19。

表 4.19　BlackStar EM-MWD 电磁波随钻测量系统井下仪参数表

参数	范围	分辨率	精度
井斜/(°)	0～180	0.05	±0.2°
方位/(°)	0～360	0.18	±1.0
工具面/(°)	0～360	0.18	±1.5
地磁倾角/(°)	0～+/-90	0.1	±0.2
磁场强度/μT	0～70000	100	±200
高边伽马/CPS	2000	1	±1（最大 120 r/min）
低边伽马/CPS	2000	1	±1（最大 120 r/min）
伽马/CPS	2000	1	±1
环空压力/psi	0～15000	1～8	1%
温度/℃	-20～150	0.07	±1
全振动/[g/(RMS)]	0～30	0.01	±0.5
井下转速/(r/min)	0～120	1	±0.5
近钻头井斜/(°)	80～100	0.05	±0.1
	70～80/100～110	0.05	±0.5

4）BlackStar EM-MWD 电磁波随钻测量系统检测与设定

BlackStar EM-MWD 电磁波随钻测量系统的设定、测试及操作主要包括 BlackStar EMVue 设置及测试、选择频率、仪器设置、双通道放大器电压表检测、发射器设置、时间模式转换、仪器高边设置、设置井斜门限值和井斜滞后值等。

a. BlackStarEMVue 设置及测试

首先选择正确的即将记录测井数据的工作和轨迹，然后选择一个有效的频率及波特率。

b. 选择频率

在选择频率前，开启井场所有的设备如抽水泵、钻机、泥浆泵、转盘、发电机、空压机、空调等模拟正常钻进状态并做噪声分析，以找到设置仪器的最佳频率。程序会根据现场噪声推荐最佳频率和波特率，频率越高，井深越深，越容易受噪声影响。

c. 仪器设置

仪器设置主要包括两步：①使用 USB 电缆将 BlackStar 双通道放大器计算机端口连接到工作计算机 USB 端口；②使用设置电缆从 BlackStar 双通道放大器工具端口连接到通信杆。通信杆插入 BlackStar 发射器顶部，随后打开双通道放大器电源，再打开仪器电源。

d. 双通道放大器电压表检测

电压表读数代表含义为：第一格 = 0mA；第二格 = 200mA；第三格 = 300mA；第四格 = 400mA；第五格 = 500mA。

当发射器处在关闭状态（即静止模式），表的指针应该在第一格或者附近。当发射器处在工作状态（大部分情况），表的指针应该在第二格与第三格之间。

如果指针处在或者超过第五格，说明仪器出现故障导致通过电流过大，应立即关闭仪器电源。

e. 发射器设置

可以根据现场条件将发射器输出功率选择为 5W 或 10W。

f. 时间模式转换

在时间模式中，仪器在传输一定数量的测量参数后在静态测量和动态测量之间转换，见表 4. 20。

表 4. 20　BlackStar EM-MWD 电磁波随钻测量系统时间模式

项目	描述
静态测量数量	时间模式中，这个值表示转换到动态测量前的静态测量数量
动态测量数量	这个数值表示仪器转换到静态测量前的动态测量数量

g. 仪器高边设置

在读取工具面角差之前，需将仪器摆置高边位置，然后读取工具面角差并保存到数据库中，完成仪器高边设置。

h. 设置井斜门限值和井斜滞后值

设置仪器从磁性工具面转换到重力工具面的井斜门限（转换角）。井斜滞后值是仪器从磁性工具面转换到重力工具面的井斜角加/减值的范围。例如，默认设置转换角是 5°，滞后 0. 3°，则仪器在井斜角大于 5. 3°时会从磁性工具面转换到重力工具面，而当井斜小于 4. 7°时仪器又会从重力工具面转变为磁性工具面。

5）地面设备连接及井下仪器设备的组装与操作

地面设备主要包括天线、双通道放大器、计算机、电缆、显示器等部件，其连接主要是天线布局和双通道放大器及电脑的连接和设置，其他设备主要是电缆连接。

井下仪器连接及测试主要将井下仪器及电池筒连接后，通过测试棒分别连接放大器与井下仪器，启动 EMX Configuration 程序，打开程序测试盒电源，等待 Progress Message 窗口结束，Terminal 窗口显示［OK］表示探管启动联机正常。

6）维护与保养

BlackStar EM-MWD 电磁波随钻测量系统维护与保养的要点包括：①仪器卸开后各部件逐一清洁并检查本体、丝扣、“O”形圈及一些易损件（包括弹性扶正器、丝扣连接环、放气孔螺钉等）是否需要更换，清理丝扣及各个护丝，完毕后安装护丝；②卸开定向引鞋使用黄油枪排出定向引鞋中环压孔内的污染物；③将发射杆下部丝扣连接环、中心套筒拆开，取出制动销钉，做好该部位的检查清洁保养；④检查提升头高强度销钉、铝质座、铝质盖的冲蚀情况，必要时更换；⑤仪器本体冲蚀部位用铜质修复剂修补，但放气孔螺钉部位除外；⑥至少每口井完钻后对放大器和钻参仪做好除尘工作；⑦取出滑套后将滑套清理干净，检查是否损伤；⑧若长时间不再使用的仪器必须拆除所有橡胶扶正块螺钉。

5. E-link 电磁波随钻测量系统

1）系统概况

E-link 电磁波无线随钻测量系统由美国通用电气（General Electric Company，GE）公司旗下的 SONDEX 公司研制生产，它利用低频电磁波传输井下数据，在地面对传输数据进行采集、处理、解码和显示，即井下测量部分测得的数据由井下发射部分发射电磁波传递到地面。井下发射部分由专用电池组供电。采用上下绝缘偶极发射天线的电磁激励方法产生电磁波，频率有 4Hz、7Hz、13Hz 和 19Hz 四种供选择，根据现场具体施工情况择优选择，可以在仪器下井前使用编程器或者仪器下井后使用不同的泵序组合来改变井下仪器的发射频率，也可以在仪器下井前使用编程器使仪器锁定在某一特定频率而不受泵开关影响。电磁波发射频率越高功耗越小，并且信号传输速度越快，传输的信息量越大，但发射频率越高信号衰减越快，传输距离变短。

2）系统组成

E-link 电磁波随钻测量系统主要由井下仪器和地面仪器两部分组成。

a. 井下仪器

井下仪器包括井下发射部分、流量开关及井下测量部分等。井下发射部分将井下测量部分传来的数据信号变为低频电磁波信号，并通过上下绝缘中间导通的偶极子发射到地层中。

（1）井下发射部分：井下发射部分主要由发射短节、内发射天线、发射电路以及双 D 高能锂电池组组成。发射短节有 121mm 和 165mm 两种外径尺寸可供选用，每一个发射短节由上、下两节相互内外都绝缘的无磁短节组成，使钻具组合中上、下两部分相互绝缘。发射短节外敷玻璃纤维，使其能够承受高温、振动及研磨，同时保护绝缘。内发射天线通过绝缘套实现内部的贯通和外部的绝缘，偶极发射天线将电磁波发射出去。发射电路受井下探管的控制，将探管数据脉冲编码为设定频率的交互电流脉冲；双 D 高能锂电池组为发射电路供电，电压约为 34V。

（2）流量开关：流量开关通过检测钻具振动实现对井下仪器的打开和关闭控制，以及更改井下仪器工作模式和频率。

（3）井下测量部分：井下测量部分由探管和单 D 高能锂电池组组成。探管含有 3 轴重力加速度计和磁通门，实现对井斜角、方位角、工具面角等数据的测量，其内部电路和单片机可实现对整套仪器的控制。单 D 高能锂电池组为探管和流量开关供电，电压约为 34V。

b. 地面仪器

地面仪器通过信号接收部分接收两点的电位差取得有效信号，信号经过解码、滤波及放大等处理后得到井内测量数据，由信号接收部分、地面接口箱、安装了专用软件的计算机和钻台显示器组成。

（1）信号接收部分：地面接收部分有 BOP 方式和 DES 方式。BOP 方式是把防喷器和沿井眼延伸方向远离井口一定距离的地方插入大地中的 1 根铜棒作为两极，分别将两极通过同轴电缆连接到地面接口箱。这种接收方式的信号很强，但是来自钻机的干扰比较大。DES 方式是使用沿井眼延伸方向远离井口一定距离的地方插入大地的 2 根铜棒作为两极，接收到的信号是 2 根铜棒的电位差，信号通过 1 个由电池盒供电的无线发射器发送，并在地面接口箱一端安装一个天线接收信号。这种方式下信号偏弱，干扰较小（王智锋、亢武臣，2011）。

（2）地面接口箱：地面接口箱将接收到的信号滤波放大后传递到电脑进行解码，可通过设置信号频率与井下仪器频率一致，调整信号的放大倍数。

（3）安装了专用软件的计算机：计算机必须安装 LabView 和 Navigator 两个专用软件，其中 LabView 接收地面接口箱的信号，并进行处理，然后将数据传递给 Navigator 进行解码。

（4）钻台显示器：钻台显示器用来实时显示井斜、方位、工具面等数据。

3）系统性能指标

E-link 电磁波无线随钻测量系统性能指标见表 4.21。

表 4.21　E-link 电磁波无线随钻测量系统性能指标

技术参数项	参数值
井斜测量范围/精度	0°～180°/±0.1°
方位测量范围/精度	0°～360°/±0.5°
工具面角测量范围	0°～360°/±1.0°
最大狗腿度、旋转/滑动	8°/30m；15°/30m
最大耐压	103MPa
抗冲击能力	1000g、0.5ms
最高温度	125℃
允许最大排量	2400L/min
抗振动能力	20g（均方根值）

4.4　精确对接仪器系统

4.4.1　精确对接仪器系统的类型

采用常规的 MWD/LWD、陀螺仪、光学照相测量仪等仪器系统时，可以在不同环境下获取不同精度的导向参数，然而，由于测量误差的存在及累计而产生一个大小不一的方位和井斜偏差。对于煤层气开发对接井，平面上直径仅有 0.5 ~ 0.7m 的对接靶区，仅仅依靠上述几种仪器，实现点对点的精确中靶是非常困难的。

为了解决点对点的精确中靶问题，随着科技的发展，出现了精确对接系统——近靶点测量技术。在进入近靶点区域之前，由常规的 MWD/LWD、陀螺仪、光学照相测量仪等完成测量引导钻进。对对接井而言，只要是在矿层内，它允许一定的方位偏差。但进入近靶点区域以后，就必须快速纠偏以实现对接中靶、连通。如何快速对靶点进行定位测量，就是近靶点测量技术的主要任务。

近靶点测量技术发展有三种代表性的技术，分别是钻孔雷达技术、被动磁场测距技术和主动磁场测距技术。

1. 钻孔雷达技术

RAMAC/GPR 钻孔雷达由瑞典玛拉（MALA）公司研制生产，采用孔中层析成像（发射天线在一个钻孔，接收天线在另一个钻孔中）方法进行目标定位。该方法常使用两个钻孔之间雷达信号的传播时间和振幅结果，做成振幅层析成像或速度层析成像，以此可识别填充泥沙的溶腔。溶腔由于含水量高，电磁波传播速度为 50 ~ 70m/μs；含水石灰岩传播速度为 70 ~ 90m/μs；石灰岩传播速度为 90 ~ 100m/μs。依照电磁波的传播速度的不同，可以做层析成像。其缺陷是测量范围较小，有时在黏土岩地区传播速度仅为 2 ~ 5m/μs；如果在盐层或碱层等，其电磁波信号衰减很大。因此，它并不适合于做定向对接井的中靶测量系统。

2. MagTraC 被动磁场测距技术

美国科学钻井（Scientific Drilling）公司开发的 MagTraC 被动磁场测距技术可用于防碰钻进、连通钻进和钻孔复原。被动磁场测距技术首先由 SHELL 公司在 1972 年应用于工程，当时仅局限于单点中靶。现在借助计算机分析，可以实现复杂的实时测距。被动磁场测距技术依靠沿主动钻孔若干位置测量磁场的大小和方向，实现测距的目的。

被动磁场测距与 MWD 类似，也可当做 MWD 来使用。一般而言，9. 625in 的钢套管在距离 MWD 探管 15m 时，将对探管产生可观的干扰。通过计算这种干扰程度的大小，可确定靶点的位置。

MagTraC 被动磁场测距技术所使用的信标就是套管本身（因此称为被动磁场），因为较大的套管可以产生较大的干扰，从而提供更大的测距范围。但受被动磁标尺寸的限制，其测距范围在 15 ~ 25m。这对于平行防碰作业是足够的，但不能完全满足连通作业要求。

3. 主动磁测距技术

美国 VM（Vector Magnetics）公司开发的主动磁测距技术——主动磁场测距系统是在钻进过程中借助人工制造的磁场作为信标进行定向测量，确定当前钻进参数并指导钻进方向的一种技术。大地磁场是一种有效的信标，广泛应用于定向钻进测量中。而主动磁测距技术与传统的磁导航钻进的不同之处在于，采用人工磁信标对钻进轨迹进行测量定位，获取钻进参数，并指导下一步的钻进方向。

主动磁测距技术特点是在小范围内采用人工磁信标所形成的旋转磁场进行测距，其强度比天然磁场强数十倍至数百倍，通过测量人工磁场的矢量参数，可精确计算出钻头与靶点之间的相对位置、井眼轨迹姿态参数等，引导对接连通作业。

该系统采用了主动磁信标系统，其产生的强磁信号可穿透地层数十米，而接收探管仍能捕获信号，因此其测距范围可达 40 ~ 50m，甚至更大，提前预知方位及顶角误差，可及时纠斜，达到一次中靶的目的。

4.4.2　旋转磁测距仪器系统

旋转磁测距系统（rotary magnetic ranging system，RMRS）是近靶点测量技术中的一种，属于主动磁测距系统。旋转磁测距系统是目前两井对接连通作业中普遍采用的仪器系统，与 MWD 仪器配合使用。RMRS 这一概念早在 1995 年提出，随着两井对接技术服务市场需求的增多，该技术得到了进一步发展，到 1999 年逐渐走向成熟。目前 RMRS 在煤层气对接井、蒸汽助推重力驱油（steam assisted gravity drainage，SAGD）、控制井喷等领域得到了广泛应用。

1. 旋转磁测距仪器系统组成

RMRS 系统由硬件和软件两部分组成，其中硬件包括永磁短节、探管、地表接口箱、无线信号传输器和通用计算机/专用数据处理器等，各部分功能如下。

图 4.20　永磁短节实物照片

1）永磁短节

永磁短节是带有磁信标的稳定器，连接于螺杆钻具与钻头之间。磁信标由横行排列的永磁钢组成，它镶嵌于永磁短节的磁钢安装孔内，主要用来提供一个恒定的待测磁场。依据井眼尺寸、地理位置和下入的套管类型，电磁信号的有效传播距离不小于 40m，一般在 30 ~ 75m 工作。永磁短节按外径规格可以分为 3.875in、4.75in、6.75in 和 8.0in 等几种。以外径 3.875in 为例，长度为 400mm，实物照片如图 4.20 所示。

2）探管

RMRS 系统的探管是测量永磁短节与探管间距离和永磁短节方位、倾角的核心部件，其性能的好坏直接关系到测量精度和两井对接成功率，探管参数见表 4.22。

表 4.22　探管测量参数指标

项目	井斜/(°)	方位角/(°)
测量范围	0～180	0～360
测量精度	0.15	0.4

探管的辅助部件还包括承压筒、加重杆等，长度约 1.2m，探管实物如图 4.21 所示。

图 4.21　探管实物照片

3）地面接口箱

地表接口箱用于向井底探管供电，并与探管之间进行数据通信，最终将信号以无线传输方式传送给通用计算机/专用数据处理器，完成数据采集工作。

4）无线信号传输器

无线信号传输器由一个信号发送器和一个信号接收器及不同功率的天线所组成，它用于在水平连通井井口处以无线方式获取目标直井处的数据流。

5）通用计算机/专用数据处理器

通用计算机/专用数据处理器用于收集无线信号传输器传来的原始信号，然后进行解析，最终计算出磁信标与靶点之间的距离、井斜和方位角偏差。

RMRS 系统软件的核心功能是将硬件系统采集的参数进行处理，计算出永磁接头与探管即钻头与目标洞穴之间的距离数据，软件界面如图 4.22 所示。

2. 旋转磁测距系统工作原理

RMRS 系统与 MWD 和定向螺杆钻具配合使用，钻具组合为钻头+永磁短节+定向螺杆钻具+无磁钻铤+MWD+钻杆。

永磁短节安装于螺杆钻具输出轴上，其前端连接钻头，在螺杆钻具驱动下，磁信标与钻头一起旋转，从而产生一个动态的旋转磁场。探管借助测井绞车下入目标直井内靶点处，它采集旋转磁信标产生的信号，传输至地表接口箱。地表接口箱用于向井底探管提供电源，并与探管之间进行数据通信，最终将信号通过无线信号传送给仪器专用计算机，进行数据采集工作。无线信号传输器由一个信号发送器和一个信号接收器及不同功率的天线所组成，它用于在水平连通井井口处以无线方式获取目标直井处的数据流。通用计算机/专用数据处理器用于收集从无线信号传输器传来的原始信号，然后进行解析，最终计算出磁信标与靶点之间的距离、井斜和方位角偏差，旋转测距系统原理示意图如图 4.23 所示。

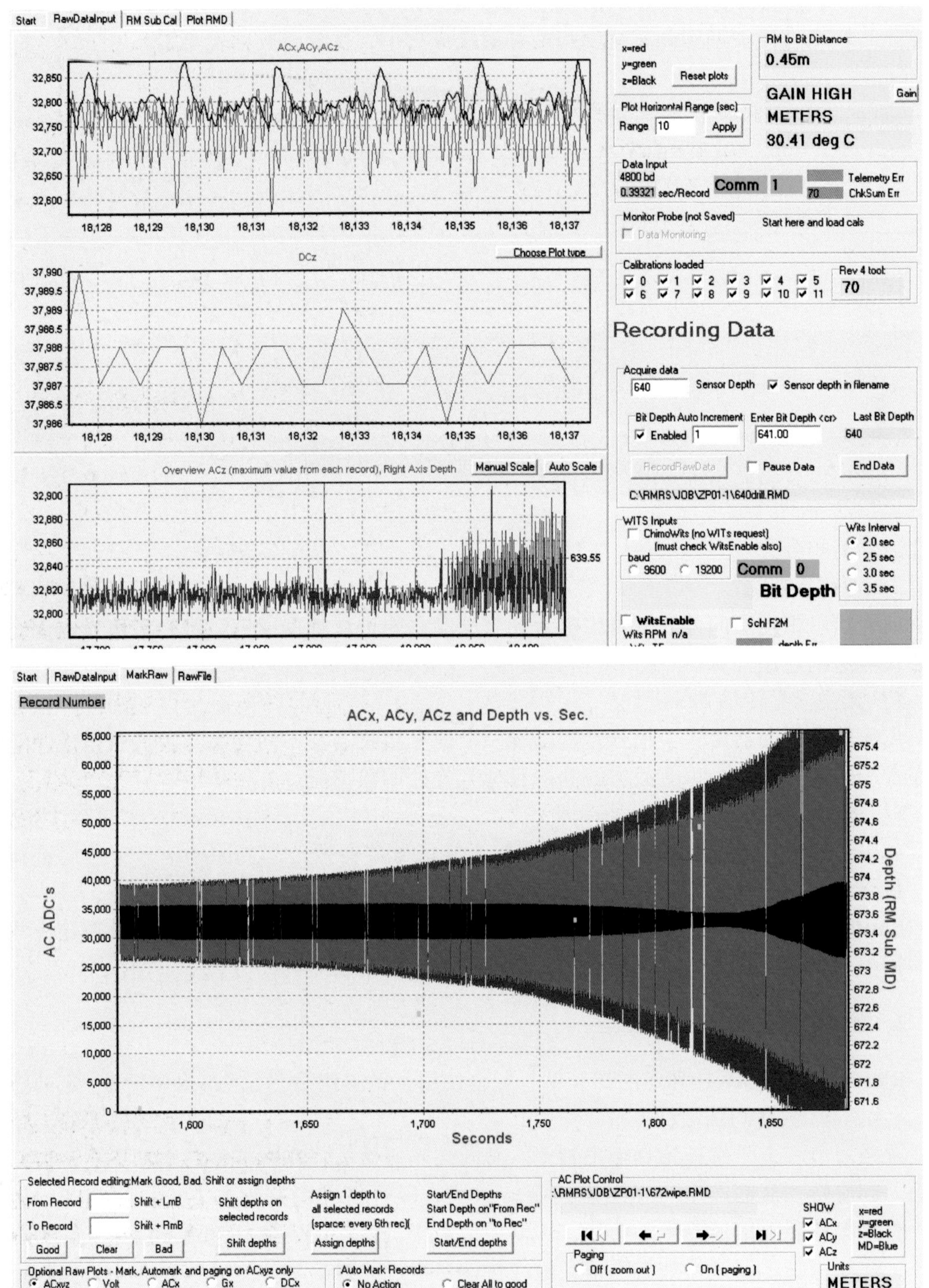

图 4.22　RMRS 系统软件界面

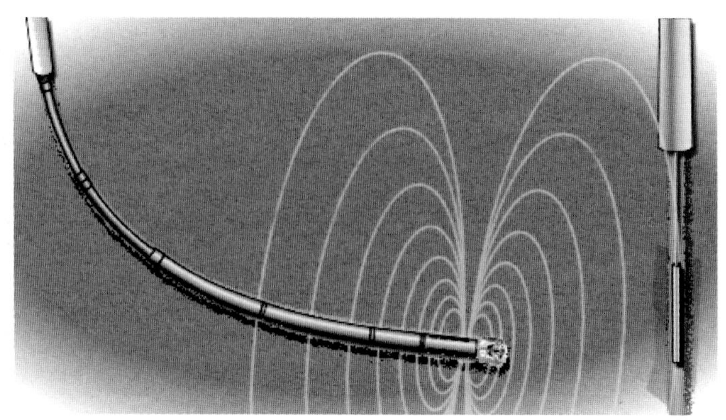

图 4.23　旋转测距系统原理示意图

对接井连通过程中首先在洞穴井中下入探管，在钻头与螺杆钻具间连接一个永磁短节。连通前首先将两个井井底所测的数据输入配套采集软件中，初始化坐标系。当钻头进入洞穴井内探管的测量范围（40～50m）后，接收仪器就可以不断地收到当前磁场的强度值（H_x、H_y 和 H_z），定向井工程师根据采集的测点数据判断出当前的井眼位置，实时计算当前测点的闭合方位并预测钻头处方位的变化，然后通过调整工具面及时地将井眼方向纠正至洞穴中心的位置。接近洞穴时，根据防碰原理，利用专用的轨迹计算软件进行柱面法扫描，判断水平连通井与洞穴中心的距离，从 3D 视图上分析轨迹每接近洞穴一步其变化趋势，以达到连通的目的。

旋转磁测距系统只是应用于水平连通井最后一段的引导式钻进。在钻进至最后 40m 时，如果某些原因造成过大的偏差，以至于螺杆钻具的最大纠斜能力不能满足对接要求，则需继续向前钻进 20m，使数据得到进一步验证。根据数据分析结果，退后至距离第二靶点 70～80m 处进行分支钻进，同时采集分析结果作预先调整。只要控制得当，再次钻进能够实现 100% 中靶。

目前，掌握该技术的公司国际上主要有哈里伯顿能源服务（Halliburton Energy Services）公司、美国 VM 公司和美国国民油井华高公司（National Oilwell Varco，NOV）等；国内有关公司也进行了相关研究，产品和技术服务已有应用。

4.5　地质导向钻进技术研究

地质导向钻进（geo-steering drilling）技术是 20 世纪 90 年代国际钻井界发展起来的前沿钻井技术之一，是用地质信息和随钻测井（logging while drilling，LWD）引导井眼进入目的层并保持在目的层内钻进的一种综合技术。在钻井过程中，通过实时测量多种井底信息，对所钻地层的地质参数进行实时评价和解释，从而精确地控制井下钻具命中最佳地质目标。

国外的地质导向钻井技术已经相当成熟，能够实时测量近钻头处的地质参数和工程参数。随着我国石油勘探开发技术的不断发展和应用领域的进一步扩大，随钻测井技术得到了广泛应用，在海上丛式井、大位移井、大斜度井及水平井中取得了明显的应用效果和显著的经济效益。

就 LWD 仪器研制及应用情况来看，由于多参数 LWD 仪器的开发技术难度大、仪器费用高、现场操作复杂，推广应用范围小，目前世界上只有少数几家大公司能够掌握多参数 LWD 制造技术。

测井理论及实践表明，对于开发性油田区块，特别是油田开发的中后期，油田地质构造及地层描述已相当清楚，利用带自然伽马和电阻率两道地质参数的 LWD 仪器，结合邻井的测井资料，能够定性和定量地描述开发地层的地质构造及各层位的孔隙度、地层骨架的岩性及密度，在这种情况下，利用“自然伽马+电阻率+MWD”仪器构成的简易地质导向系统，再结合随钻预测应用软件系统，可以进行地质导向钻井。这种简化结构的 LWD 仪器，既能满足随钻地层参数测量和井眼轨迹测量的要求，又具有操作简便、成本较低的优势，因此这项技术目前在国内外已得到大规模推广应用。

目前，国外不但有较先进的地质导向硬件工具，而且具有与之配套的随钻地质工程参数解释与地质导向应用软件系统。LWD 仪器正在向近钻头伽马、电阻率等主要地质参数测量技术方向发展，并逐步将这些技术运用到地质导向和闭环钻井中，应用成果明显。国外地质导向钻井技术的发展趋势是随钻测量仪器的多样化、测量参数向钻头靠近的钻头智能化、基于地质-钻井可视化的地质建模、实时对比解释和钻井施工过程的系统化。

设备研制方面，目前国内已有诸如北京海蓝科技开发有限责任公司、北京市普利门电子科技有限公司、上海神开石油设备有限公司、赛维石油仪器设备公司等多家石油仪器厂家能够自主生产 MWD+GR（自然伽马）组合的仪器，而中国石化胜利钻井工艺研究院率先研制出了 MWD 和随钻伽马测量仪，并实现了 LWD 设备的国产化。

与电缆测井技术相比，随钻测井的一大优势体现在时间上的实时性，它可以在钻井过程中及时了解地层情况，且最大限度地减小钻井液侵入对测井质量的影响。经过多年来的发展，随钻测井已经从传统的伽马、电阻率、密度和中子测井发展到众多的测井项目，如电阻率成像、密度成像、近钻头伽马成像、光电指数成像、声波、随钻地震、核磁共振、地层元素谱分析、热中子俘获截面等。通过多参数的测井可以对地层做出更加准确的实时评价解释，方向性的测井和成像更是可以对地层 360°做出更加直观和精准的描述，进而可以保证地质导向实时决策的及时性和准确性。毫无疑问，要想取得更多更详细的测井参数，相应地也要付出更高的成本。

但是，相对于煤层气井钻井而言，由于受井身结构、地质结构、现有仪器规格型号和研发成本等情况影响，目前煤层气钻井中真正广泛应用的地质导向钻井仅是 MWD+GR 简单组合的随钻测井系统。其中，国内煤层气钻井行业使用较多的进口随钻测井系统是美国 NOV 公司的 BlackStar（黑星）电磁波无线随钻测井系统。该系统可以为井下测试和定向用户提供三个选择伽马模块，即一个 360°伽马模块、一个定向伽马模块和一个转动伽马模块。360°伽马模块和定向伽马模块相比，它为相关测井提供更好的选择，而且该模块比较坚固，受震动和冲击时不容易损坏。

BlackStar 定向伽马组件（PTG）包含一个固定在钨壳内的伽马传感器。它能有效减小一定角度之外伽马辐射。钨壳开有一个 1/2in×5in 的轴向窗口。这个窗口可以允许 120°之内的伽马射线有效地进入伽马传感器，这个窗口和高边一致。这个传感器主要利用地层之间自然伽马不同来确定地层界面。通常，煤层和周围的页岩或粉砂岩相比具有较低的自然伽马值。

BlackStar 动态转动伽马组件（DRG）提供一种能在动态状态下测量高边和低边自然伽马的能力。定向伽马组件只能在静止状态下认为转动定向窗口到高边或者低边去测试。动态转动伽马组件允许操作人员快速确定煤层的界面，做出决定或者校正，保持钻头在特定的地层中延伸。BlackStar 电磁波无线随钻系统 GR 传感器主要性能参数见表 4. 19。

第5章　对接井钻进工艺技术

煤层气开发对接井井身结构、钻遇地层及成井方法具有一定的特殊性，涉及的钻进工艺复杂，表现为：目标层垂深浅、造斜段井眼曲率半径较小、水平段长，后期水平井段钻进延伸困难；小尺寸钻具安全问题较为突出，对井内复杂情况预防处理措施要求高；水平井段安全钻进与储层保护矛盾突出；对接作业对井眼轨迹控制要求高等。

5.1　对接井常规钻进工艺

对接井由目标直井和水平连通井组成，水平连通井依据轨道特点和钻进工艺方法的不同可细分为垂直井段、造斜井段、水平段、水平连通段、洞穴前分支井段及洞穴后延伸井段。目标直井和水平连通井的垂直井段采用常规钻进工艺施工，对接井的目标层为煤层，因此目标直井和水平连通井的垂直井段钻穿的主要是包含目标煤层在内的含煤岩系，具体钻进工艺方法的选择往往由含煤岩系的特点决定。

5.1.1　煤矿区含煤岩系的特点

1. 含煤岩系及其类型

含煤岩系（简称煤系）是一套在成因上有共生关系并含有煤层（或煤线）的沉积岩系，是在地壳以沉降运动为主的振荡过程中形成的。由于振荡运动的性质与幅度不同，以及地理环境和范围的差异性，煤系的特点各不相同。我国地史上的聚煤期有14个，其中早石炭世、晚石炭世—早二叠世、晚二叠世、晚三叠世、早—中侏罗世、早白垩世和古近纪—新近纪为主要聚煤期，在不同聚煤期内形成了相应的含煤岩系。根据含煤岩系形成时的沉积环境，可将其分为近海型煤系和内陆型煤系两个类型。

1）近海型煤系

近海型煤系往往形成于滨海平原或海边的潟湖、海湾及浅海，由于地壳的小型振荡运动，有时为海水侵入所淹，或为浅海，时而成为陆地、发育广阔的沼泽。其主要特点是分布面积较广，岩性、岩相稳定，标志层多，煤层易于对比，碎屑成分单一、分选性好、圆度高、粒度细，煤层层数多、单层厚度小、煤系厚度不大，煤层结构简单。近海型煤系整体岩性多样、单层岩性简单、旋回结构明显。

2）内陆型煤系

内陆型煤系的沉积全部位于陆地上，常见内陆盆地、山间盆地及山前盆地，在沉积过程中未曾发生海水侵入，煤系全部由陆相沉积物组成。其主要特点是煤系厚度一般较大，分布面积一般较小，岩性、岩相变化较大，煤层不易对比，煤层厚度大、厚度变化大，分岔、尖灭时有出现，碎屑物成分复杂、分选差、圆度低、粒度粗，煤层结构复杂、夹矸石多。内陆型煤系整体上岩性简单、平面上变化较大、垂向上厚度较大。

下面以煤层气勘探开发程度较高的沁水盆地为例介绍含煤岩系的典型组成。

2. 沁水盆地含煤岩系

沁水盆地是华北地台山西隆起区内的一个次级构造单元，地处山西隆起区的南部，是一个隆起背景上的构造坳陷，由周缘向坳陷内部依次出露太古界、元古界、古生界、中生界地层。

沁水盆地以太古界和古元古界变质结晶岩系为基底，沉积盖层由老到新发育了中新元古界、古生界和中新生界地层，其中受后期强烈剥蚀作用影响，中新生界地层仅分布在盆地部分地区。目前，沁水盆地钻井所揭示的主要为下古生界奥陶系及以上的地层。在整个盆地范围内，古生界石炭系太原组和二叠系山西组纵向上发育多套煤层，为分布稳定的区域性含煤地层。

1）下古生界

下古生界包括寒武系和奥陶系两套地层，志留系缺失。寒武系西部岩性以陆源碎屑岩为主；奥陶系主要为海相碳酸盐岩地层，由白云岩、灰岩、白云质灰岩组成。

2）上古生界

上古生界发育石炭系和二叠系两套地层，与下伏奥陶系地层多呈平行不整合接触。

a. 石炭系

本溪组：岩性以褐黄、黄绿及灰色黏土岩、铝土质泥岩为主，底部多具黄铁矿及山西式铁矿，在部分区域为主要可采铁矿层位之一，少数地段于上部夹砂岩及薄煤层。

太原组：连续沉积于本溪组之上，为一套海陆交互相沉积，纵向上发育了数层灰岩和煤层，含煤4～14层，不同地方发育煤层数存在差异，但其中下部的15#煤层厚度大，分布稳定，为区内可采煤层之一。太原组底界为K_1砂岩，顶界为K_7砂岩，平面上分布稳定，多数地区厚100m左右。

b. 二叠系

山西组：整体缺少海相地层，以三角洲平原沉积为主。山西组以K_7砂岩为底，顶界为K_8砂岩，厚度不稳定，一般厚50～90m，局部砂岩发育地区可达100m以上。山西组纵向上含煤2～7层，煤层总厚度为2～6m，其中发育于中下部的3#煤层为区内分布稳定的煤层。

下石盒子组：主要由黄绿色砂岩、泥岩和页岩组成，厚度90～150m，下部砂岩与砂质页岩互层，中上部砂质页岩为主、夹砂岩，近顶部夹杂色鲕状铝土质页岩。

上石盒子组：以灰黄、黄绿色砂岩夹少量紫红色砂质页岩为主，厚度380～600m。该组以黄绿色石英砂岩为底，整合接触于下石盒子组之上。以两层较稳定的灰白色厚层含砾粗石英砂岩为依据，可将其分为三段：下段以灰、灰绿色砂质泥页岩为主，夹砂岩及鲕粒铝土质岩；中段由黄色、紫色砂质页岩组成，夹薄砂岩及结核状锰铁矿层；上段以黄绿、紫红色砂质页岩为主，夹砂岩，靠近顶部夹安山质凝灰岩或凝灰质砂岩。

石千峰组：与下伏上石盒子组呈整合接触，为一套河流-湖泊相沉积组合，岩石类型包括紫红色、黄绿色厚层长石石英砂岩和紫红色泥岩等。纵向上一般由三个粗砂岩-细砂岩-泥岩组成的沉积韵律构成，由下至上砂岩厚度变小，泥岩厚度增大。泥岩下部多为深紫色，往上渐变为较鲜艳的紫红、砖红色。底界为灰白-黄绿色厚层含砾长石石英砂岩。

3）中新生界

中生界三叠系为一套陆相砂泥岩建造，与下伏上古生界地层为连续沉积。下三叠统包括刘家沟组与和尚沟组，主要为大套陆相红色粗碎屑岩；中三叠统为绿色砂岩与紫红色泥岩互层；上三叠统仅在晋中的浒濮-子金山-官上和临汾地区有零星延长组下部杂色碎屑岩沉积得以保存，其上相当于鄂尔多斯盆地的大套延长统地层全部缺失。中侏罗统黑峰组仅分布在盆地西北部晋中断陷及天中山-仪城断裂带附近，岩性为陆相碎屑岩和火山碎屑岩建造。

新生界新近系仅出露上新世静乐组，岩性为棕红色黏土及砂质黏土，含黑褐色铁锰质结核和钙质结核。根据钻孔资料底部多为砾岩，与下伏奥陶系、石炭系或二叠系均呈角度不整合接触，厚 12 ~ 20m，局部可达 40m 以上。第四系除下更新统缺失或未出露外，见有中更新统、上更新统和全新统。

3. 含煤岩系钻进特点

含煤岩系形成于地壳浅部，其生成和赋存环境与岩浆岩、变质岩明显不同，岩性较为软弱，变化较大，成分和结构复杂，使含煤岩系岩石具有不同于其他岩类的变形力学特性。

对接井钻遇的地层包括目标煤层及其上覆沉积地层，除地表松散层外，大多为软硬互层或破碎岩层，其中泥页岩层较松软，易吸水膨胀，属于水敏性地层，钻进过程中易产生缩径、掉块、坍塌等现象。

5.1.2 常用钻进工艺

对接井中的目标直井和水平连通井的直井段所采用的钻进方法与常规煤层气开发直井所采用的钻进方法相同。煤层气勘探开发直井的钻完井方法主要源自油气勘探开发钻井领域一些成熟的工艺方法，根据含煤岩系与煤层气储层的特点做一定的改进，使其适应煤层气行业发展的需要。

1. 泥浆回转钻进工艺

目前，煤层气勘探开发直井所采用的钻进施工方法仍以常规的泥浆（包括清水）回转钻进为主，以低密度钻井液或清水作为冲洗介质，其特点是适应性强、综合施工成本低。

常规回转钻进利用钻机顶驱动力头或井底动力钻具带动钻头回转来破碎井底岩石不断取得进尺，适用于各类地层中钻进不同深度和直径的井眼，是最常用的钻进方法，已有百余年的历史。在油气勘探开发钻井领域，随着现代科学技术的发展，回转钻进也得到了快速发展，显著进步是从经验钻进发展到科学化钻进，从浅井发展到中深井、深井及超深井，从施工常规尺寸井眼到可施工大尺寸及微小尺寸井眼，从常规的直井、定向井发展到如今的大斜度及大位移井。涡轮钻具、电动钻具及螺杆钻具的发明及大规模推广应用，极大地提高了常规回转钻进的效率及施工特殊工艺井的能力。

回转钻进根据地层硬度和井身结构选择不同类型的钻头，包括硬质合金钻头、牙轮钻头及 PDC 钻头等。

为维持井壁稳定性、保证钻进速度，一般采用低密度钻井液或清水作为冲洗介质实施正循环钻进。在煤层中钻进时，由于湿润性改变、有机质吸附、固相堵塞、应力伤害、黏土膨胀、毛细管作用等原因，易造成储层伤害，以低密度钻井液或清水作为循环介质的常规回转钻进一般适用于施工对接井中的非煤井段。

2. 空气潜孔锤钻进工艺

煤层气地面勘探开发井钻进过程中，对于煤层上部存在坚硬破碎、易漏失、水敏性等复杂地层，采用清水或低密度钻井液作为循环介质实施常规回转钻进技术易发生严重漏失、缩径、坍塌卡钻等复杂情况，难以有效钻进成井，因此常采用空气潜孔锤钻进工艺，以提高钻进效率、降低钻井成本。

空气潜孔锤钻进是气体钻进技术的一个分支，它将压缩空气既作为循环介质，又作为破碎岩石的能量。空气潜孔锤钻进过程中，钻头在一定轴向压力作用下回转的同时接受潜孔锤的高频冲击载荷，是以冲击和回转切削联合的方式破碎井底岩石，广泛用于硬岩地层钻进，是一种钻进效率高，井内事故少，施工成本低的钻进方法，是公认突破硬岩层钻进难题的一种有效手段。

空气潜孔锤钻进技术兼容了气体钻进和冲击回转钻进的优势，具体表现如下。

(1) 机械钻速高，且钻速稳定。在潜孔锤的高频冲击载荷作用下，消除了常规冲洗液液柱压持作用，井底岩石以体积破碎为主，机械钻速高；同时，钻头破碎井底岩石的能量主要来自潜孔锤活塞的高频冲击，能量传递直接，机械钻速不会因为井深的增加而明显下降。

(2) 钻压较小、转速较低，能够有效防止井斜。小钻压和低转速使钻杆柱受力状态得到改善，磨损降低；同时，避免了大钻压和高转速下钻杆柱弯曲，大大减小了钻头的倾角，能够在不牺牲机械钻速的条件下起到防斜作用。

(3) 钻遇裂隙性地层能够减少和避免严重漏失事故的发生。钻遇水敏性地层时可有效防止井壁地层吸水膨胀、缩径、坍塌。

(4) 井底岩屑清除彻底，避免了重复破碎，钻头寿命长，减少了更换钻头辅助作业时间，有利于缩短建井周期，降低综合钻井成本。

(5) 用空气作为钻进循环介质，适用于缺水、无水区和永冻地层钻进，且钻进不受季节限制。

空气潜孔锤钻进技术也存在一定的不足，表现为：对地层压力的控制能力低，一般仅限于地层孔隙压力较低的井段 ；应对大量地层水侵入环空的能力有限；因没有泥浆的润滑作用，压缩空气携带岩屑上返时对钻具的冲刷作用较强，且潜孔锤工作时，井底钻具的震动较大，钻具的损坏较严重；潜孔锤钻进难以实现倒划眼作业，发生缩径时难以有效处理。

对接井中的目标直井与水平连通井的垂直井段，在地层条件允许情况下可采用空气潜孔锤钻进方法，有助于大幅提高钻进速度。

5.2　对接井定向钻进工艺

对接井定向钻进工艺主要用于施工水平连通井造斜段、水平段、水平连通段、过洞穴延伸段及洞穴前后分支井段。

5.2.1　钻具组合设计

目前，对接井中的水平连通井普遍采用三开井身结构，典型的钻头尺寸系列包括：一开直井段井径 ϕ311.15mm，二开直井段、造斜段井径 ϕ215.9mm，三开目标煤层井段井径 ϕ152.4mm。不同井段将采用不同的钻具组合，以满足钻进工艺方法的需要。钻具组合本着安全可靠、组合简单、易于操作的原则进行设计，以达到安全实用的效果。

1. 二开造斜段定向钻进钻具组合

二开造斜段推荐定向钻进钻具组合：ϕ215.9mm 三牙轮钻头/PDC 钻头+ϕ165mm 单弯螺杆钻具+ϕ127mm 无磁承压钻杆+MWD 无磁短节+ϕ127mm 加重钻杆+ϕ127mm 斜坡钻杆。

因井径和曲率半径不同，造斜钻具组合的外径和螺杆钻具弯角度数不尽相同，多选用角度在 1°～1.5°的单弯螺杆钻具。造斜段钻进施工的关键是要控制好井眼轨迹，几个主要参数是井斜、井斜方位、位移和垂深，通过单弯螺杆钻具导向钻进方式实现对这几个参数的控制。同时，采用倒装钻具组合确保加重钻杆始终位于侧向接触力最大的井段之上，确保钻压有效传递，防止钻杆柱发生螺旋屈曲，避免钻具疲劳引发井内复杂情况。

硬式弯壳体单弯螺杆钻具的造斜率有保障，可满足精确控制井眼轨迹的要求。实际施工过程中，因地层及井眼扩大率的不同，造斜率会有一定变化，采用硬式弯壳体螺杆钻具钻进为主的井眼轨迹控制模式，更有利于使用常规水平井的工具、仪器和经验完成对接井的井眼轨迹控制，这一模式适用范围广，软硬地层均可采用，经济性好。

2. 三开目标煤层段定向钻进钻具组合

三开目标煤层段推荐钻具组合为：ϕ152.4mm 牙轮钻头/PDC 钻头+ϕ120mm 单弯螺杆钻具+ϕ89mm 无磁承压钻杆+MWD 无磁短节+ϕ89mm 斜坡钻杆+ϕ89mm 加重钻杆+ϕ89mm 斜坡钻杆。

三开井段一般采用滑动定向钻进和复合定向钻进相结合的方式施工，控制井眼轨迹尽可能在煤层中延伸，确保煤层钻遇率，提高产气量。如果对探测地层有严格要求，则需在单弯螺杆钻具与无磁短节之间增加伽马短节，以提高对接井水平段的煤层钻遇率。

5.2.2　钻进工艺参数

钻进工艺参数又称钻进规程参数，主要指钻压（P）、转速（n）和泵量（Q）。

钻压（P）是指整个钻具施加于地层的轴向压力，常用单位为 kN、T；转速（n）是指井底钻头每分钟的转数，单位为 r/min；泵量（Q）是指送入井眼内钻井液（包括液体、气体或两者混合物）的体积流量，单位为 L/min、m^3/min、L/s 或 m^3/s。三者的大小及相互匹配情况直接影响到钻进效率和钻进质量。在采用单弯螺杆钻具实施滑动定向钻进时，因钻杆柱不回转，钻进工艺参数只需关注钻压和泵量；当实施复合钻进工艺时，则需同时考虑钻压、转数和泵量三个参数。

实钻过程中，钻进工艺参数的确定与钻进方式、井身结构、地层条件、钻具组合、钻头类型、钻进设备及施钻的技术水平等直接相关，不能一概而论。

晋城矿区，典型三开井身结构的水平连通井各开次实钻工艺参数参考范围值见表 5.1。

表 5.1　水平连通井实钻工艺参数参考范围

钻进次序	井眼直径/mm	钻压/kN	转速（r/min）
一开	311.15	10 ~ 20	35 ~ 60
二开	215.9	20 ~ 60	40 ~ 70
三开	152.4/149.2	20 ~ 40	30 ~ 40

5.2.3　对接井定向钻进轨迹控制

针对水平连通井小井径、小曲率半径的特点制定全局性的井眼轨迹控制方案，造斜段合理设置入靶姿态，满足地质和工程施工要求，水平段精细施工确保水平段有效延伸及成功对接连通。

1. 造斜段轨迹控制

造斜段井眼轨迹控制是水平连通井能否顺利着陆入靶的关键，直接关系到井眼能否顺利钻成，因此造斜段的井眼轨迹控制尤为重要。合理选择造斜点，适当提前部分井段造斜，采用导向钻进技术，利用合适度数的单弯螺杆钻具，配合无线随钻测量系统实现井眼轨迹的连续控制。复合定向钻进与滑动定向钻进交替使用，保证井眼轨迹的控制精度，从而达到提高钻进时效、降低钻井成本的目的。

对接井造斜段井眼轨迹控制的主要内容包括以下几个方面。

（1）确定井眼的造斜点深度、造斜段曲率半径。造斜点距煤层顶板深度须大于造斜段的曲率半径，而造斜井段曲率半径既要满足钻具通过时弯曲强度的要求，又要在水平位移距确定的情况下尽量增加煤层水平段长度，同时能够尽可能减小造斜段、水平段钻进过程中的钻具摩阻，降低施工难度。

（2）适时进行轨迹监测和轨迹计算。选择合适的监测仪器和预测软件，确定监测间隔，根据计算结果，提出后续轨迹控制要求。

（3）研究选用造斜工具和设计下部钻具组合。选用造斜工具、设计钻具组合是井眼轨迹控制的关键之一。

（4）造斜工具的装置方位计算。重力工具面装置角、磁性工具面装置角和定向工具面角的计算必须准确无误。

（5）造斜工具的井内定向钻进工艺。正确选择造斜段的定向方法，严格执行钻进过程中制定的工艺技术措施和技术参数标准。

（6）监测仪器的参数测量传感器离钻头有一段距离（一般10m左右），导致测量点滞后钻头实钻位置，即不能实时监测这段井眼的情况，所以需要了解当前钻头的方向参数及待钻井眼的延伸趋势，则必须进行预测并据此做出施工决策。

对接井造斜段井眼轨迹控制的原则如下。

（1）既要保证中靶，又要提高钻速。在实钻过程中，要随时准确地预测井眼轨迹的延伸方向，使实钻轨迹不能偏离设计太远；一方面如果偏离“太远”就可能造成脱靶，成为不合格井眼，另一方面如果过分追求实钻与设计轨道的吻合一致，势必需要进行非常频繁的测斜、更换钻具等，无形之中增加钻进成本，增大了发生井内复杂情况的可能性，不利于安全钻进。

（2）最大限度地使螺杆钻具与随钻测量定向钻进系统相结合。利用这种钻具组合无需更换钻具即可完成造斜、增斜、降斜、扭方位施工时的滑动定向钻进和稳斜施工时的复合定向钻进。它不但减少钻进工作中的间断次数，还避免了因起下钻而引起的井内复杂情况，从而可大幅度降低钻进成本。

（3）尽可能利用地层的自然造斜规律。认真总结地层特性导致钻头的不对称切削、侧向切削，引起井斜或方位变化的规律，并根据预测结果尽可能地利用地层的自然造斜规律，以减少更换钻具及定向调节控制的次数。

施工造斜段时，采取的轨迹控制技术措施如下。

（1）优选定向钻具组合。根据施钻现场地层特性，选择合适弯角的螺杆钻具，达到沿设计轨道钻进的目的。

（2）根据轨迹控制效果选择合适的钻头。通常情况下采用牙轮钻头更易控制井眼轨迹，具体结合施钻现场的地质情况决定。

（3）加强井眼轨迹预测监控。通过专用定向软件，采用多种预测手段，控制造斜段井眼轨迹在允许偏差范围内。

（4）施工造斜段过程中，实施滑动定向钻进之前要锁定钻机动力头，避免因动力头转动而引起定向失误；每次开泵钻进前应将螺杆钻具提离井底0.3～0.5m，启动泥浆泵后观察确认钻压表及泵压表读数正常后，方可下放钻具至井底开始钻进。在整个定向钻进过程中要认真观察各仪器数值变化情况，保持钻进参数的稳定。在定向操作时，每次调整好工具面后，应大幅度上下活动钻具，使下部钻具吸收、储存的弹性扭矩能完全释放，保证井上下工具面的一致性。

（5）加强钻具检查，预防钻具事故发生。因为井斜大、复合钻进频繁，钻具磨损严重，所以，每次起下钻都要认真检查钻具的磨损情况，并定期进行探伤检查，避免井内钻具事故的发生。

（6）进入煤层前，井眼轨迹应基本趋于水平，以利于随后的水平定向钻进施工。

（7）加强钻井液性能维护，控制含砂量，并提高携砂能力，保证井眼清洁。

2. 水平段轨迹控制

造斜段施工完成后，井眼轨迹控制进入水平段。水平段井眼轨迹控制分为着陆时井眼轨迹控制和着陆后井眼轨迹控制。水平段轨迹控制以“少调勤调”为原则，确保水平段轨迹平滑，并摸索总结该区块不同钻具组合的工作特性，为后续轨迹控制提供支持。水平段后期施工可根据前期施工经验和实际轨迹控制要求确定合理的底部钻具组合和钻进工艺参数，以复合定向钻进为主，尽量减少滑动定向钻进所占比例。通过合理短程起下钻作业和分段循环，及时破坏并清除岩屑床，防止卡钻。加强监测，做好井眼轨迹控制工作，保证井眼轨迹平滑。根据复合定向钻进的效果合理选择钻具组合，尽量减少滑动定向钻进时间从而提高钻进时效、降低钻进成本、减少煤储层在钻井液中的暴露时间，有利于煤储层的保护。

着陆时井眼轨迹控制的原则包括如下。

（1）略高勿低。为了保证造斜率不低于井段设计造斜率，应按照比理论预测值高出10% ~20% 的造斜率来选择确定造斜钻具组合，这也集中反映了选择单弯螺杆钻具造斜能力的指导思想。

（2）先高后低。着陆时，在实钻造斜率高于设计造斜率的情况下，可以采取有效的技术措施使造斜率降低，但是相反情况下，则无法保证下一井段能够达到增斜效果。

（3）寸高必争。在着陆控制时垂深往往对井斜角起着误差放大作用，尤其是着陆的前期和后期，因此要严格控制着陆点的垂深。

（4）早扭方位。在着陆时由于中小曲率半径水平井井斜角的增加较快，晚扭方位将会增加扭方位的难度，可通过调整螺杆钻具的工具面角加强对井斜方位的动态监测。

（5）稳斜探顶。保证可以准确地探知煤层顶板位置，靠近目标层时，按预定的技术方案进行钻进，提高控制的成功率。

（6）矢量进靶。着陆钻进过程中不仅要控制钻头与靶窗交点（即着陆点）位置，而且要控制钻头进靶时的方向。矢量进靶是对着陆点的位置、井斜角、方位角等状态参数的综合控制要求。

着陆后井眼轨迹控制的原则包括如下。

（1）钻具稳平。在钻具组合设计的基础上来提高钻具的稳平能力，具有较高稳平能力的钻具组合可以在很大程度上减少井眼轨迹调整的工作量。

（2）上下调整。在水平段钻进过程中对方位的调整应相对减少，主要在垂深位置和井斜角的上下调整。从利于钻进施工和增大采气量的角度出发，要求水平段的轨迹尽量在目标煤层的中上部延伸。

（3）多采用复合定向钻进。与滑动定向钻进相比，复合定向钻进具有如下显著特点：摩阻小、易加钻压；易破坏岩屑床，井眼清洁；能提高机械钻速，提高井眼质量；保持近水平钻进。同时可随时根据需要调整钻进状态，有效提高钻进速度和轨迹控制精度。

（4）注意短起。为保证井壁质量，减小摩阻和避免发生井内复杂情况，在水平段中每钻进一段距离，进行一次短程起下钻。

（5）动态监测。通过随钻测量系统实时监测水平段的井眼轨迹，保证轨迹在矢量靶区内延伸。

（6）留有余地。考虑到井眼惯性及测斜仪器测点的滞后性对井眼轨迹的影响，在实钻过程中，为了保证钻头不出靶区，必须给钻头留有余地，以方便调整，从而实现稳斜钻进的目的。

（7）少扭方位。由于水平段较长，进靶后即使井眼轨迹的少量方位偏差也会导致井眼轨迹偏离设计轨道，必须减少扭方位的次数，尽早调整好井眼方位。

3. 水平对接段轨迹控制

水平对接段是对接连通井水平轨迹中的一部分，特指水平连通井与目标垂直井对接点前的一段水平轨迹，长度一般为 80m 左右，其轨迹控制必须按照水平段轨迹控制原则及要求执行，所不同的是：为了保证矢量靶矩的准确性、达到对接连通的目的，通常会使用特殊井底工具，来提高井底中靶的精度。目前国内煤层气勘探开发领域主要使用 RMRS 工具进行精确定位，即采用“钻头+强磁短节+单弯螺杆钻具+MWD+钻杆”的连通导向钻具组合钻进，通过连续滑动钻进方式实现增斜、降斜，通过复合定向钻进方式稳斜，既达到了连续钻进的目的，又可随时根据需要调整井眼状态，有效地提高了钻进速度和轨迹控制精度。

对接连通过程中，在目标直井内下入 RMRS 系统的探管，作为接收器；在水平连通井中，钻头后连接永磁短节作为信号发射源。连通前首先将在两个井底所测的井眼数据输入配套采集软件中，初始化坐标系。当钻头进入探管的测量范围后，接收仪器就可以不断地收到当前磁场的强度值，然后根据采集的测点数据计算当前井眼的相对位置，实时计算当前测点的闭合方位，并预测钻头处方位的变化，然后通过调整工具面，及时将井眼延伸方向纠正至目标直井洞穴中心的位置。接近洞穴时，根据防碰原理，利用专用的轨迹计算软件进行柱面扫描，判断钻头与洞穴中心的距离，从三维视图上分析轨迹接近洞穴过程中的变化趋势，以达到连通的目的。

RMRS 旋转磁测距系统只是应用于水平段最后 40～50m 的引导式钻进，在钻进至距对接点最后 40m 时，如某些不可控因素造成过大的偏差，以至于螺杆钻具的最大造斜能力不能满足对接要求时，再继续向前钻进 20m，使数据得到进一步验证，然后根据数据分析结果，退后至距离第二靶点 70～80m 处进行分支钻进，同时进行参数采集，根据分析结果做预先调整。

水平对接段轨迹控制需注意以下两点：①在对接段以前应预留适合侧钻的井段，以应对各种不可预测因素的发生，便于采取相应的弥补措施。②准确测量、计算和预测井底轨迹参数是水平对接段轨迹控制的关键，应做到及时测量、准确预测造斜率、井斜和方位飘移量等数据；及时分析井内各种异常情况，并采用相应预案，为精确对接做准备。

5.3 对接井欠平衡钻进工艺技术

欠平衡钻进属于控压钻进（manage pressure drilling，MPD）（包括过平衡钻进、近平衡钻进、欠平衡钻进）的一种，反映了井筒内压力与地层孔隙压力之间的关系。我国对欠平衡钻进具有代表性的定义为：在钻进过程中，钻井液液柱压力低于地层压力，使地层的流体有控制地进入井筒并将其循环到地面（周英操等，2003）。

油气钻井领域为储层保护进行的大量研究及试验工作表明，欠平衡钻进技术是进行储层保护的一项重要技术措施。进行欠平衡钻进可以最大限度地减少钻井液对煤储层的伤害，可以减少钻屑重复破碎、减少增产措施对煤储层的伤害，可以降低钻渣屑淤积造成埋钻的概率。与水平井技术相结合，欠平衡钻进技术可以更大限度地减少储层伤害。充气欠平衡钻进技术能够实现快速、平稳注气，可以有效减少井底压力波动，是煤层气水平井欠平衡钻进的首选技术（龚才喜等，2013）。

现阶段，煤层气对接井欠平衡钻进技术在沁水盆地、柳林矿区、彬长矿区均得到一定程度的应用。本书总结了中煤科工集团西安研究院有限公司自 2010 年以来针对对接井欠平衡钻进地层适应性分析、设计流程、设备选型配套、欠平衡钻进实现方法等开展的研究工作。

5.3.1 欠平衡钻进工艺特点与类型

1. 欠平衡钻进工艺特点

1）欠平衡钻进的技术优势

欠平衡钻进技术的优势使其位列 20 世纪十大石油技术之一，结合国内外研究及应用成果，其主要技术优势如下。

a. 减少储层伤害

欠平衡钻进能够减少或避免对储层的损害，提高开发井的产量。实施欠平衡钻进工艺时，由于井内钻井液液柱压力低于地层压力，钻井液滤液和有害固相的侵入就会减轻或消除，从而有效保护了储层。

b. 提高机械钻速

欠平衡钻进技术能够大幅提高机械钻速，延长钻头使用寿命，缩短建井周期，减少作业及相关费用。实施欠平衡钻进技术时井底处于负压钻进状态，这使井底岩石三向应力状态发生了改变，大大减小了“压持效应”，有利于钻头对井底岩石的破碎，从而能够大幅度提高机械钻速，降低综合钻进成本。

c. 有效控制漏失

欠平衡钻进能够有效控制漏失，并减少或避免压差卡钻等井内复杂情况的发生。在欠压地层，常规过平衡钻进不可避免地会引起钻井液的漏失，钻遇易漏层段则更为严重，漏失不但会进一步诱发其他事故和复杂问题，延长建井周期，增加钻进成本，而且在储层钻进时还会造成严重的储层损害。欠平衡钻进由于井内钻井液液柱压力低于地层孔隙压力，能够减少或避免钻井液漏失，降低压差卡钻等复杂情况发生的概率。

d. 可改善地层评价及指导钻进

利用欠平衡钻进技术钻进煤层段时，可诱导储层流体进入井筒，并循环至地面，可通过气测录井等方式对上返流体进行记录，并评价产层潜力。同时，在计算迟到时间的基础上，气测录井数据可反映井底实时揭露地层情况，为后续钻进提供指导。

2）欠平衡钻进的技术局限性

尽管欠平衡钻进可带来众多的好处，也得到了较为广泛的应用，但由于其固有特性，这项技术存在诸多不足之处，其技术局限性主要表现如下。

a. 潜在的井眼稳定性问题

欠平衡钻进导致井壁的应力状态发生改变，地层孔隙压力大于钻井液液柱压力，井眼尤其是水平段井眼易发生失稳。此外，欠平衡钻进中地层流体动态流动、环空压耗的变化、设备机械故障等因素均可引起井底压力波动，在波动压力作用下地层易发生坍塌。

b. 地层过量出水

地层孔隙压力大于钻井液液柱压力的情况下，地层水进入井筒中，使钻井液性能发生改变。

c. 可能发生的地层伤害

欠平衡钻进作业时，由于井内液柱压力低于地层孔隙压力，无法形成桥堵和密封的滤饼（杨虎、王利国，2009），而现有的欠平衡钻进技术难以达到全过程欠平衡，在过平衡状态，钻井液易侵入地层，造成地层伤害。

在进行欠平衡钻进技术研究中，通过优化钻进工艺参数，优选钻井液，可最大限度地发挥欠平衡钻进的技术优势。

2. 欠平衡钻进分类及其应用

欠平衡钻进根据其实现方法的不同可分为流钻（flow drilling）欠平衡钻进和人工诱导（artificial inducing）欠平衡钻进两大类，如图 5.1 所示。

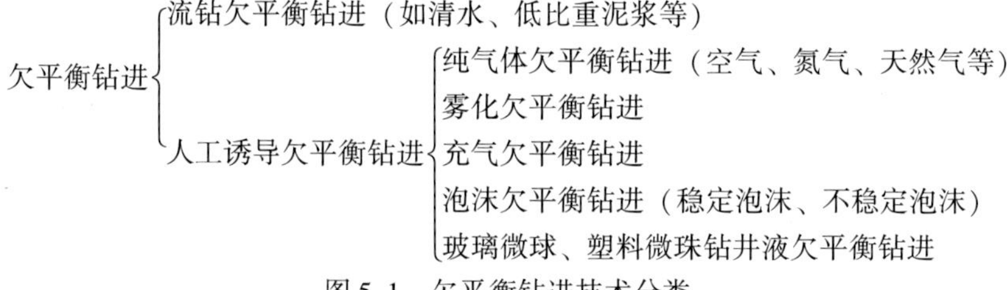

图 5.1　欠平衡钻进技术分类

所谓流钻欠平衡钻进是指用合适密度的冲洗液（包括清水、原油、柴油、油基泥浆、低比重泥浆等）进行的欠平衡钻进。

人工诱导欠平衡钻进是指用充气冲洗液、添加空心固体材料冲洗液、泡沫、雾、气体（空气、天然气、氮气、柴油机尾气等）作为钻进循环介质的欠平衡钻进。

不同欠平衡钻进技术特性对比见表 5.2。

表 5.2　不同欠平衡钻进工艺技术特性

<table>
<tr><th>钻进工艺</th><th>提高机械钻速能力</th><th>降低储层侵害能力</th><th>漏失地层钻进能力</th><th>高孔隙压力区钻进能力</th><th>处理地层出水能力</th><th>控制地层坍塌能力</th><th>钻进硬地层能力</th></tr>
<tr><td>气体欠平衡</td><td rowspan="5">↑</td><td rowspan="5">↑</td><td rowspan="5">↑</td><td rowspan="5">↓</td><td rowspan="5">↓</td><td rowspan="5">↓</td><td rowspan="5">↑</td></tr>
<tr><td>雾化欠平衡</td></tr>
<tr><td>泡沫欠平衡</td></tr>
<tr><td>玻璃微珠、塑料微球欠平衡</td></tr>
<tr><td>充气欠平衡</td></tr>
</table>

1）气体欠平衡钻进

气体欠平衡钻进是使用空气、氮气或天然气作为循环介质进行钻进的技术，适用于可钻性差、易漏失井段，能够大幅提高机械钻速，缩短建井周期，降低综合钻井成本，已广泛应用于油气勘探开发中。

气体欠平衡钻进技术的局限性主要体现在以下三个方面：地层出水、井下燃烧和井壁失稳。

2）雾化欠平衡钻进

雾化欠平衡钻进是以气液两相混合物作为钻井循环介质的一种钻井技术。

在气体（干气）欠平衡钻进过程中如遇到中等程度的水侵，将干空气转换为雾化空气，即在压缩空气中注入少量的水和发泡剂溶液，它能够捕集地层侵入水，将地层水分散成雾状液滴，并随气相上返至地面，能有效减少泥饼的形成。

雾化欠平衡钻进技术的局限性在于需要更大的注气量和更高的注气压力，不适当的气液比易形成段塞流。

3）泡沫欠平衡钻进

泡沫欠平衡钻进是将表面活性剂溶液与气体混合后，注入钻杆柱内，气相和液相在流经钻头时形成泡沫。泡沫钻进技术是欠平衡钻进技术中应用较为广泛的一种，它具有如下突出优点：①负压钻开储层，保护油气层；②非常高的携砂能力，可达普通钻井液几倍、甚至十几倍；③稳定的泡沫减少了井筒中形成段塞的可能；④稳定的泡沫容许短时间停泵，井内较为稳定。泡沫钻进的局限性在于需要在地面进行消泡处理。

4）玻璃微珠、塑料微球钻井液欠平衡钻进

玻璃微珠、塑料微球钻井液属单相液体钻井液，主要是通过玻璃微珠或塑料微球等添加剂来降低钻井液密度，同时，还可减少斜井的摩阻和扭矩。这种欠平衡钻进方式的局限性在于添加剂易被固控系统分离，需要不断补充，因此成本较高，在实际欠平衡钻井中应用较少。

5）充气欠平衡钻进

充气欠平衡钻进是在钻进时将一定量的可压缩气体通过充气设备注入液相钻井液中作为循环介质，注入的气体可以主要是空气或氮气，该技术是对付低压漏失层的有效手段，充气钻井液主要适用于地层压力系数（指地层压力与该处静液柱压力的比值）为 0.7 ~

1.0 的储层。由于充气钻井液具有良好的携渣能力，能够有效防止地层漏失和保护储层，并可提高机械钻速，是欠平衡钻进的常用技术。充气欠平衡钻进适用于中度水敏及压力敏感性地层，是煤层气水平井钻井过程中使用最多的一种欠平衡钻进技术。

根据注入方式的不同，充气欠平衡钻进又分为钻杆注入系统、环空注入系统、寄生管注入系统及双井筒注入系统。

充气欠平衡钻进技术的主要特点为：①可通过调整注入气液比率来控制循环压力；②可进行欠压值很小的欠平衡钻进，井壁失稳和地层流体大量侵入的问题较少，可在胶结较疏松的地层钻进；③定向工具震动较弱，利于轨迹控制；④对钻柱的冲蚀和腐蚀程度较其他方式弱；⑤注气方式多样，可通过钻杆注入、也可通过寄生管注入。

鉴于煤层气开发对接井定向钻进对钻具、工艺的要求，以及不同欠平衡钻进工艺对应的当量泥浆密度（表 5.3），本节主要介绍煤层段充气欠平衡钻进技术。

表 5.3　不同欠平衡钻进工艺对应的当量泥浆密度（据 Steve，2009）

欠平衡钻进工艺	对应当量泥浆密度/（g/cm^3）
气体、雾化欠平衡	0.00～0.24
稳定泡沫欠平衡	0.24～0.48
玻璃微珠、塑料微球欠平衡	>0.70
充气欠平衡	0.60～1.0

5.3.2　充气欠平衡钻进适应性分析

充气欠平衡钻进技术在煤矿区对接井钻进中的应用受到多方面条件的限制，如成本、地层坍塌压力、设备等，在进行欠平衡钻进前，需要对拟钻水平连通井进行适应性分析，以确保欠平衡钻进技术上可行、经济上合理。

充气欠平衡钻进适应性分析主要包括两部分：设备、仪器适应性分析与地层适应性分析。

1. 设备、仪器适应性分析

充气欠平衡钻进除常规钻进所需设备外还需配套专用设备，包括旋转控制头、放喷管汇、液气分离器、空压机、增压机、注气管汇等。由于欠平衡钻进的特点，还需将对接井使用的 MWD 更换为 EM-MWD，部分矿区井场内还应增加 H_2S 报警器等。上述设备是进行欠平衡钻进的必要条件，具备以后方能进行欠平衡钻进。

2. 地层适应性分析

地层适应性分析是进行充气欠平衡钻进的基础，未进行地层适应性分析或地层适应性分析不充分，则存在井壁失稳、地层大量出水、钻井流体对储层严重伤害等风险。与常规油气井钻井不同，煤层气对接井具有储层胶结相对疏松、坍塌压力系数（指地层坍塌压力与该处静液柱压力的比值）高、气液流量组合安全窗口小等特点，在进行欠平衡钻进设计前进行地层适应性分析有利于钻井安全。

欠平衡钻进地层适应性分析流程如图5.2所示。

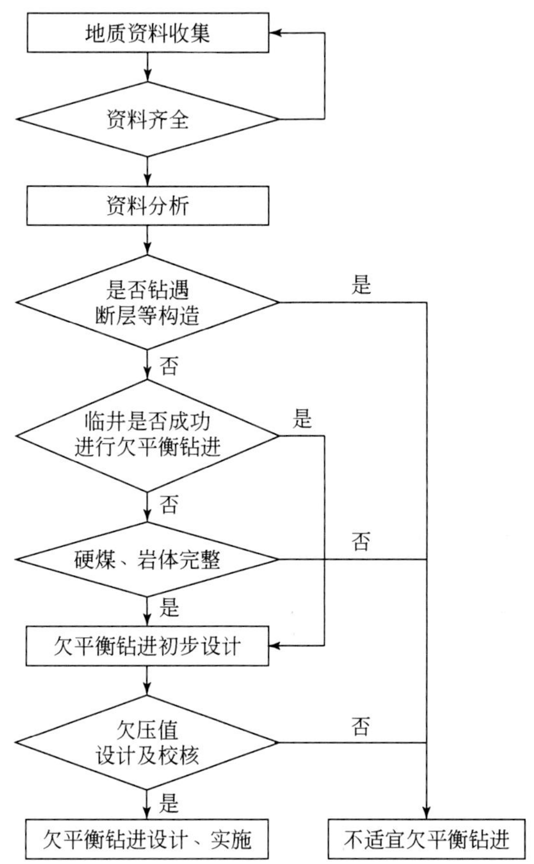

图5.2 欠平衡钻进地层适应性分析流程图

1）地质资料收集与分析

考虑到现阶段煤层气水平井钻井现状，地质资料的收集与分析是地层适应性分析的重点，主要包括以下几个方面。

a. 邻井资料

邻井资料可反映区域地层概况，若邻井成功进行欠平衡钻进，在地质条件无重大变化（主要指是否存在地质构造）的情况下，该区域可进行欠平衡钻进。

b. 煤层基本资料

煤层基本资料主要包括煤层埋深、煤层走向、设计井眼轨道拟钻遇地层情况、钻遇地层地质构造及其类型等。若钻遇地层地质构造发育，则不宜进行欠平衡钻进。

c. 煤岩性质

煤岩性质主要指煤岩体物理性质、物理力学性质、煤岩特性及煤岩水敏性。通过对煤岩性质的分析，初步判定煤岩体在欠平衡状态及交变应力状态下的稳定性。一般认为，以暗煤为主，呈块状、条带状、均一状构造，裂隙不发育或发育较少，煤层普氏硬度系数>2,软化系数>0.5 的煤层进行欠平衡钻进的成功率较高。

d. 地层压力参数

地层压力参数主要包括煤储层压力、地层压力系数（梯度）、煤储层破裂压力、煤储层坍塌压力。地层压力参数是进行欠压值设计乃至欠平衡设计的基础。

2）欠平衡钻进初步设计、欠压值校核

欠平衡钻进初步设计的目的是评估进行欠平衡钻进的可行性，主要是通过对目标煤层的地层压力系数、坍塌压力系数（考虑安全系数）、地层敏感性资料的分析，采用试算方式对水平段环空压耗进行估算，若最大环空压耗小于地层压力与地层坍塌压力的差值，则可以进行欠平衡钻进，反之则需要调整欠平衡钻进方案。

5.3.3　对接井欠平衡钻进设计

在进行欠平衡钻进适应性分析的基础上，开展对接井欠平衡钻进设计，主要设计工作流程如图 5.3 所示。

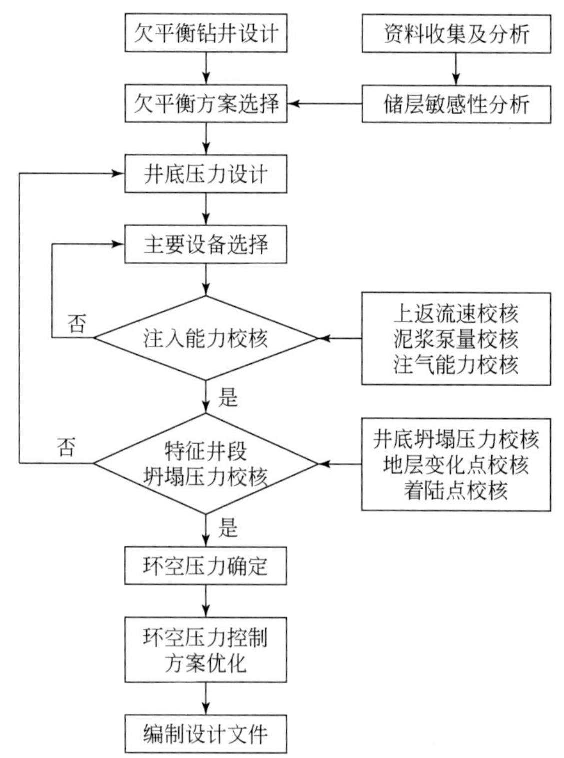

图 5.3　欠平衡钻进设计流程图

1. 欠平衡方案选择

1）方案初步选择

方案选择是欠平衡钻进设计的基础。在地层适应性分析的基础上，主要对储层坍塌压力、储层压力、储层破裂压力、煤岩物理力学性质、储层敏感性资料、储层渗透系数等进行复核。同时，根据储层压力系数，参考表5.2，初步选择可行的欠平衡钻进方案。

2）敏感性分析

进行欠平衡钻进设计应首先判别地层潜在的损害因素，分析研究复杂地层和储层特性。储层敏感性主要包括水敏性、碱敏性、酸敏性、应力敏感性等，而欠平衡钻进方案选择主要进行水敏性、碱敏性、应力敏感性分析。

a. 水敏性

一般来说，煤储层中黏土矿物尤其是伊利石含量较高时，地层水敏性较强，采用常规水基钻井液施工时，井眼易缩径，储层渗透系数显著降低。一般强水敏性地层采用气体、雾化或泡沫欠平衡钻进，中水敏性地层采用充气欠平衡钻进。也可在钻井液中加入水化抑制剂。

b. 碱敏性

目前大多数钻井液呈碱性，pH>7。当碱性流体进入地层后，地层中的黏土矿物和硅质胶结物结构破坏，表现为黏土矿物解离和胶结物溶解后释放出颗粒，从而造成孔道堵塞。现阶段煤层气欠平衡钻进尚无法实现全过程欠平衡，钻井液存在周期性渗入地层的可能性，因此，在碱敏地层，应尽可能用清水或弱碱性钻井液。

c. 应力敏感性

井壁岩层在应力作用下，作为水、气通道的孔喉或裂缝产生尺寸缩小或闭合的趋势，表现为一定程度的渗透率和孔隙率下降，此现象称为储层的应力敏感性伤害。欠平衡钻进过程中，储层的流体进入井眼，使储层孔隙压力降低，井壁岩石骨架上的有效应力增大，井壁煤岩原有的应力状态受到扰动，使岩石孔隙结构发生破坏，渗透率降低，造成储层伤害。岩石渗透率与应力状态、欠平衡钻进负压值有关。煤储层属于相对松软的孔隙、裂隙型储层，应力较为敏感，在无法改变应力状态的情况下，尽量降低钻井负压，即井底环空压力尽可能接近储层压力，采用充气欠平衡钻进工艺较为适宜。

2. 井底环空压力设计

由于环空压耗的存在，水平连通井水平段环空压力是变化的。这里研究的井底环空压力（P_0）为钻头位置环空压力，其设计值的正确与否直接关系到能否安全、快速欠平衡钻进，如果设计值过大，易造成井底压力过平衡，如果设计值过小，易引起井壁坍塌。

环空压力设计主要约束条件有：设备注入能力、特征井段坍塌压力（P_{ct}）。井底环空压力设计中，需要对上述两项约束条件进行校核。下面以煤层气开发近端对接井充气欠平衡钻井为例，阐述井底环空压力设计与校核。

1）井底环空压力（P_0）设计

为保证井底处于欠平衡状态，井底环空压力（P_0）应小于地层压力（P_s），一般情况下，$P_s-P_0=0.1\sim0.3\text{MPa}$。考虑到井底压力波动，设计值允许变动幅度0.1～0.3MPa。

2）设备能力校核

煤层气近端对接井充气欠平衡钻进主要通过环空注气方式实现，利用欠平衡钻进气液固多相流模型，结合井身结构数据、钻井液密度ρ_L、泵排量Q_m、注气量Q_g、岩屑粒径及相关钻井工艺参数，对井底环空压力P_0进行预测计算，通过泵排量Q_m、注气量Q_g的调整可实现井底环空压力P_0及平均上返流速v_L的控制，其计算过程较为复杂。现有的欠平衡计算软件 Drillnet、Hydraulic UnderBalanced Simulator、Drillbench 等均可进行分析计算。

为确保欠平衡钻进的安全，在设备能力方面需要从平均上返流速v_L、泵排量Q_m、注气量Q_g三方面进行校核。

a. 平均上返流速校核

岩屑正常上返是水平井安全钻进的重要前提，欠平衡钻进设备选型应满足岩屑上返要求，即充气钻井液不同井段（水平井段、造斜井段、直井段）平均上返流速v_L应满足相应井段井眼清洁的要求。

由于充气钻井液的特殊性，混合流体上返过着陆点后，随着环空压力的降低，气体体积膨胀，环空持液率降低，上返流速增加，其对井眼清洁的影响表现为：环空持液率下降导致的携岩能力降低与上返流速增加导致的携岩能力提高同时存在，为安全起见，不考虑上返流速增加对井眼清洁的积极作用，使用平均上返流速v_L的最小值与不同井段井眼清洁最小环空返速v_{min}进行校核，并应满足式（5.1）的要求。

$$v_L \geqslant v_{min} \tag{5.1}$$

水平井井眼清洁最小环空返速由式（5.2）计算。

$$v_{min}=C_{ang}C_{size}C_{RPM}C_{mwt}v_s+v_c \tag{5.2}$$

式中，C_{ang}为井斜修正系数，无因次，$C_{ang}=0.0342\theta-0.000233\theta^2-0.213$；$C_{size}$为岩屑粒径修正系数，无因次，$C_{size}=1.286-0.409448d_s$；$C_{RPM}$为转速调整系数，无因次，$C_{RPM}=1-\frac{\text{RPM}}{600}$；$C_{mwt}$为泥浆密度修正系数，无因次，$\rho_L>1.0425\text{g/cm}^3$时，$C_{mwt}=1-0.2779(\rho_L-1.0425)$，$\rho_L\leqslant1.0425\text{g/cm}^3$时，$C_{mwt}=1$；$v_s$为岩屑当量下滑速度，m/s，$v_s=0.295\varphi\sqrt{\frac{d_s(\rho_s-\rho_L)}{\rho_L}}$；$v_c$为岩屑平均运移速度，m/s，$v_c=\frac{\text{ROP}\times D_b^2}{(D_0^2-D_p^2)C_e}$；$\theta$为井斜角，（°）；$d_s$为平均颗粒直径，cm；$\rho_s$为岩屑密度，g/cm³；$\rho_L$为钻井液密度，g/cm³；RPM 为钻杆转速，r/min；ROP 为机械钻速，m/s；φ为形状系数，0.5～1，数值越大，表明磨圆度越好；D_b为钻头直径，mm；D_0为井筒内径，mm；D_p为钻杆外径，mm；C_e为井底岩屑浓度，无因次，一般不大于5%，水平井段以小于3%为宜。

依据v_L校核值，借助相关计算软件，通过对Q_m、Q_g的调整分析，优选出合理平均上返流速v_L及相应泵排量Q_m、注气量Q_g。

b. 泥浆泵排量与空压机注气量校核

依据优选的泵排量Q_m、注气量Q_g，对泥浆泵及空压机的注入能力进行校核，如无法满足，则需要更换注入设备。

在对泥浆泵排量Q_m、空压机注气量Q_g进行校核时，注意调整方法及其可行性。部分泥浆泵的泵量无法调节，空压机的注气量一般为额定值，需要采取其他辅助措施进行调节。同时，需要考虑设备额定流量与实际流量的关系。

3）特征点坍塌压力校核

欠平衡钻进能够实施的基础是井眼处于安全状态，井眼内任意部位环空压力大于该处地层坍塌压力是安全进行欠平衡钻进的必要条件。如不符合，须对井底环空压力进行重新设计。地层坍塌压力与地层特性、设计井眼轨道方位、倾角有关，在地层、设计轨道方位、倾角发生变化的部位，地层坍塌压力也会发生变化。同时，受环空压耗影响，井眼不同部位环空压力有所不同，需要对着陆点、地层变化点环空压力进行校核，水平段距离井底长度 L_x 处环空压力 P_1 校核见式（5.3）。

$$P_1 = P_0 - P_{\text{fric}} = P_0 - \frac{2Rkf_F\rho_L v_L{}^2}{D_0 - D_P} L_x > P_{\text{ct}} \tag{5.3}$$

式中：P_1为水平段距井底长度 L_x 处的环空压力，MPa；P_{fric} 为长度为 L_x 井段环空压耗，MPa；R 为偏心系数，无因次，随流性指数 n 的降低而增加，取值范围为 0.4 ~ 0.7；k 为旋转系数，无因次，$k = (1+1.5\lambda_{\max}^2)^{\frac{1}{2}}$；$f_F$ 为范宁摩阻系数，无因次，$f_F = 24/Re_{hk}$（层流状态），$f_F = 0.059/\text{Re}_{hk}^{0.2}$（紊流状态）；$v_L$ 为循环介质平均流速，m/s；L_x 为水平段距离井底任意长度，m；P_{ct} 为井眼不同部位地层坍塌压力建议值，MPa，一般通过测井、试井、岩石力学计算等方法确定；n 为钻井液流性指数，无因次，$n = 3.322\lg(\phi600/\phi300)$；$\phi600$ 为旋转黏度计转速为 600r/min 时的读数；$\phi300$ 为旋转黏度计转速为 300r/min 时的读数；$\lambda_{\max}$ 为使用外加厚接头时环空直径比例系数，$\lambda_{\max} = (D_o - D_c) / (D_o - D_p)$，无因次；$Re_{hk}$ 为环空雷诺数，$Re_{hk} = \rho_L (D_o - D_p) v_L/\mu$；$\mu$ 为钻井液塑性黏度，Pa · s；D_c 为稳定器或外加厚接头直径，mm。

若特征点地层坍塌压力校核不能满足要求，则应重新设计井底环空压力，乃至将全井段欠平衡钻进调整为部分井段欠平衡钻进。

4）井底压力控制

设计的井底环空压力是通过控制钻井液密度、泥浆泵排量、注气量来实现，在施工过程中，由于接单根停泵、停气，钻井液密度变化等影响，井底环空压力可能出现波动，需要采取相应措施进行控制。

a. 控制钻井液密度

对入井钻井液密度进行监控，利用四级固控设备有效清除钻井液体系中的有害固相含量，减少钻井液密度变化对环空压力的影响。

b. 提高接单根速度

接单根过程中易导致井底环空压力波动，且波动程度受接单根时间影响较大。针对停泵间隔时间、停气间隔时间进行的现场试验表明：停泵时间小于 2min、不停气时，井底环空压力波动较小，甚至在水平段长度大于 500m 后或煤屑上返不畅时，环空压力在接单根时无明显波动（测量时间精度为 48s/点）。

c. 实时微调泥浆泵排量

采用液力耦合器传动泥浆泵组进行欠平衡钻进时，在满足上返流速要求的情况下，若井底环空压力较大，在进行相关计算的基础上，可适当减小泥浆泵排量来稳定环空压力，反之，可适当增加泥浆泵排量来提高井底环空压力。

d. 调整空压机排气量

空压机额定排气量通常为定值，实际应用过程中可通过调整空压机柴油机转速和安装放气阀的方式微调，其中，柴油机长时间低转速运行不利于设备维护，现场一般仅作为应急措施使用。

在实际施工过程中，通过微调泥浆泵排量与快速不停气接单根相结合的方式，可避免井底环空压力出现大幅波动。

5.3.4 欠平衡钻进专用设备

实施欠平衡钻进较常规钻进的工序复杂，需要增加相应专用设备、仪器及钻具才能满足钻进要求。具体详见表 5.4。

表 5.4 欠平衡钻进专用设备、仪器及工具

系统名称	设备、工具
注入系统	空压机、增压机、注入管汇、各类封隔器、止回阀、寄生管短节等
返排系统	节流管汇、控制头（旋转控制头）及其控制系统
分离系统	液气分离器、振动筛、砂泵
监控系统	泥浆流量计、气体流量计、泥浆压力传感器等
随钻测量系统	EM-MWD

1. 注入系统

1）空压机和增压机

充气欠平衡钻进在很大程度上是依赖气体来降低钻井液密度。注气使用的主要设备是空压机和增压机。空压机的排量需达到 20～35m^3/min、排气压力达到 2.0～3.5MPa，对应产品主要生产厂家有阿特拉斯、寿力、英格索兰等公司。增压机的最大排气压力需达到 10～15MPa，对应产品主要生产厂家有安瑞科（蚌埠）压缩机有限公司、加拿大 NCA 等，详见表 5.5。

表 5.5 欠平衡钻进常用空压机、增压机规格参数

厂家	型号	功率/kW	排气量/（m^3/min）	排气压力/MPa
阿特拉斯（空压机）	XRVS1050	328	29.8	2.5
	XRYS1260	429	33.9	2.2～3.5（可调）
	XRYS1150	403	32.0	3.5
	XRXS1275/1350	429	35.5	3.0
		429	37.8	2.5

续表

厂家	型号	功率/kW	排气量/（m^3/min）	排气压力/MPa
寿力（空压机）	1070XH	347	30.3	2.41
	1250XHH/1525XH	522	35.4	3.45
		522	43.2	2.41
	1400SRH	522	38.2	3.00
加拿大NCA（增压机）	NCA48-24GSD	800	48.14	24.14
	NCA23-34GSD	414	22.65	34.48
安瑞科（蚌埠）压缩机（增压机）	SF-1.2/24-150	303	30	15
	SF-1.68/13-150	235	23.5	15

2）注入管汇

采用充气欠平衡钻进技术施工煤层气对接井时，一般采用“两空两增”注气方案，注气管路较为复杂，管路内各设备需要依据实际需要关停而不影响其他设备工作，同时，高压端与低压端压差较大，需用阀门隔离。依据上述要求，对注气管汇进行设计，低压端设置两个进气口、两个出气口，进气口接空压机排气口，出气口接增压机进气口；高压端设置两个进气口、两个出气口，进气口接增压机排气口，一个出气口接井口注气管，另一个出气口接高压阀门，可对注气量进行调节；高压端与低压端间设置单向阀；所有进、出气口均接带2″由壬的三通，可视情况增加或减少。以两空两增注气系统为例，其注气管路与空压机、增压机连接关系如图5.4所示。

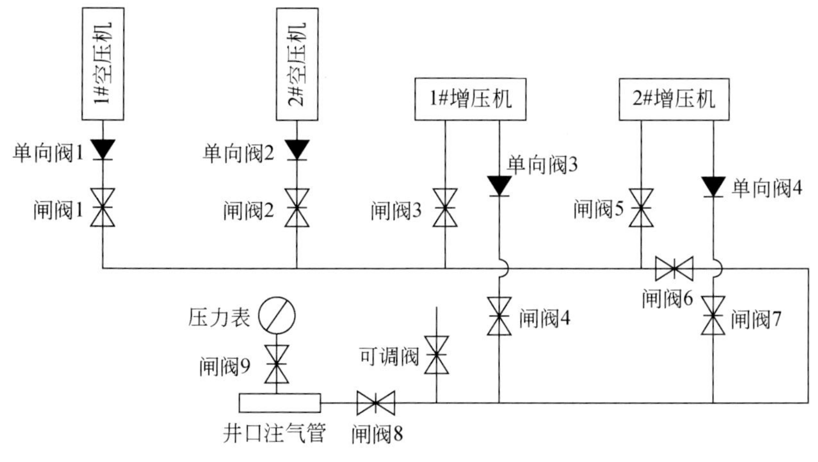

图5.4 注气管路及其连接示意图

3）封隔器

洞穴井油管注气的原理是利用油管较小的内径来实现较小注气量对井底压力的影响，从而减轻压力波动。对油管直径、壁厚无特殊要求。为施工方便，一般选用洞穴井新投作业时下入油管作为注气油管，该方案施工简单，是煤层气对接井中使用较多的欠平衡状态实现方式。井下封隔器是实现洞穴井油管注气的关键工具，用于在煤层顶板以上建立桥塞，防止注入空气沿油管外侧上返。一般选用 Y211 型（通过提放管柱实现坐封和解封）、Y221 型（通过转动管柱实现坐封，通过提放管柱实现解封）封隔器，工作压力以不低于 20MPa 为宜。

4）寄生管及寄生管短节

充气欠平衡钻进的另一种注气方式是采用寄生管，其注气结构示意图如图 5.5 所示。

寄生管必须具有足够的压力密封能力以承受安装和操作过程中的内外压力。在选择寄生管时，必须考虑将寄生管下入主套管与较为光滑的裸眼井段环空间隙中，同时，在下入套管过程中，应采取措施尽量减小与井壁的摩擦，必要时调整套管程序或扩大裸眼井段直径。

寄生管短节实际为一个异径套管接头，固定在位于浮箍以上的套管中，固井时，通过注水、安装单向阀等措施，防止固井水泥浆倒流入寄生管中。为保证固井质量，需要在地面对寄生管短节进行试压，满足固井压力要求后方可入井。

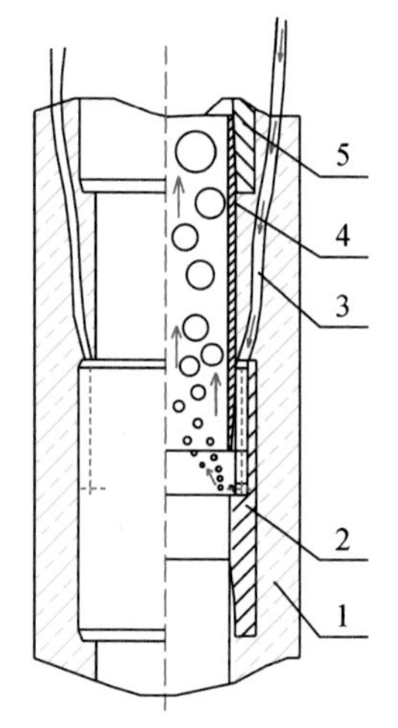

图 5.5　寄生管注气结构示意图
1. 水泥浆；2. 注气接头；3. 注气管线；4. 套管公头；5. 套管接箍

2. 返排系统

返排系统的主要设备是井口控制头。控制头的主要作用是钻进或起下钻作业过程中在钻杆周围提供一个有效的密封。控制头分为普通控制头和旋转控制头。

普通控制头：在控制头内部无旋转部件，靠钻杆与密封胶芯间的过盈配合实现密封，钻进过程中控制头与密封胶芯之间发生硬摩擦。普通控制头的优点在于结构简单，功能可靠；其缺点是胶芯磨损失效较快。

旋转控制头：由旋转总成和固定总成组成，钻进过程中，钻杆驱动旋转总成，带动胶芯与钻杆进行旋转，井内带压流体通过四通进入节流管汇，得到合理控制。旋转控制头分为主动式和被动式两种，主动式是指控制头依靠液压来实现胶芯与钻杆之间的密封；被动式是指控制头依靠胶芯和管柱之间的过盈配合实现密封，无压力补偿装置。可应用于煤层气开发对接井钻井中控制头性能指标见表 5.6。

表 5.6　控制头性能指标对比

型号	动压/MPa	静压/MPa	转速/（r/min）	高度/mm	胶芯数量	类型
Shaffer 低压型	3.5	7	200	914	1	主动
GRANT 高压型	10.5	21	100	1422	1 或 2	被动
Williams9000 型	3.5	7	100	927	1	被动
Williams7000 型	10.5	21	100	1600	2	被动
FX35-10.5/21	10.5	21	100	1560	2	被动
XK28-7/14	7	14	100	925	1	被动
XK28-3.5/7	3.5	7	100	925	1	被动

3. 分离系统

分离系统主要为液气分离器、振动筛等。本节主要对液气分离器进行介绍。

液气分离器，是将上返岩屑、钻井液、地层产出物进行分离，分离后的钻井液可继续入井。国内应用于欠平衡钻进的液气分离器多为重力沉降式，且多为立式结构。可用于煤层气对接井欠平衡钻进的液气分离器规格及参数见表 5.7。

表 5.7　液气分离器规格参数

型号	主体直径/mm	处理量/（m^3/h）	进液管/mm	出液管/mm	排气管/mm
ZQY800	800	180～260	127	152.4	203.2
ZYQ1000	1000	240～320	127	203.2	203.2
ZYQ1200	1200	260～380	127	254	203.2

4. 随钻测量系统

依据国内外欠平衡钻进技术研究和实践，可知采用欠平衡钻进工艺实施水平井钻进面临的技术难题是常规井下动力钻具和随钻测量仪器（MWD）往往无法正常工作。采用环空注气方式时钻杆柱内为单相液体，可驱动井底动力钻具正常工作。而即使采用环空注气方式、确保 MWD 工作于不含气的介质中，但由于井底环空压力频繁波动，上返泥浆脉冲信号解码困难，常规泥浆脉冲随钻测量仪器仍无法使用。因此实施欠平衡钻进工艺时须采用特殊的随钻测量技术和仪器，现阶段使用较多的是电磁波无线随钻测量仪器（EM-MWD），具体规格参数见第 4 章。

5.3.5　欠平衡钻进工艺

欠平衡钻进中，钻进工艺与常规工艺施工的煤矿区对接井相类似，在实际施工过程中依据具体情况稍作调整即可。本节以直井油管充气欠平衡钻进工艺为例进行介绍，重点介绍欠平衡钻进实施与井底环空压力的控制两方面内容。

1. 欠平衡钻进实施过程

在欠平衡钻进设计数据资料、配套设备及相关技术人员齐备的基础上，通过欠平衡钻进实施过程的研究，整合人员、设备、仪器，实现欠平衡钻进。

1）欠平衡钻进工艺流程

欠平衡钻进工艺流程如图 5.6 所示。

2）安装、调试设备

a. 水平连通井井口装置安装

水平连通井井口安装井口控制头，安装过程中需注意法兰连接的密封性及胶塞选择的合理性。

b. 水平连通井井口管路及液气分离器安装

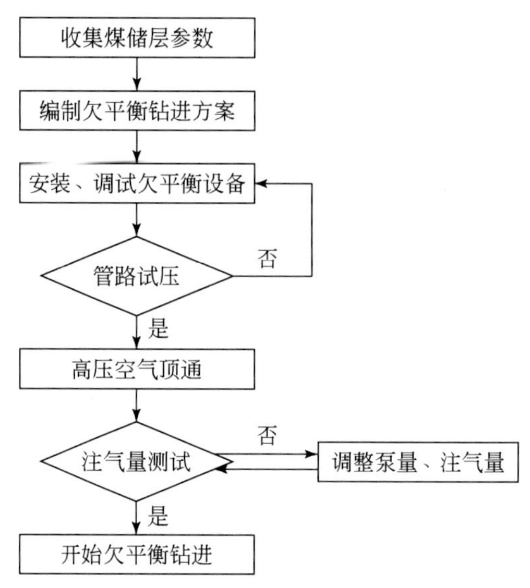

图 5.6　欠平衡钻进工艺流程

水平连通井井口上返流速较快，使用直线管路连接井口与液气分离器。液气分离器进液口、出气口、出液口、排渣口的安装按照液气分离器的说明书进行。出液口向外接振动筛入口，出气口向泥浆池方向接放空管。

由于进入振动筛的钻井液已经经过液气分离器初级分离，安装在振动筛前的气测录井用脱气器（泵）失效，所以在水平连通井出气管路中安装三通，使部分上返流体直接进入气测录井系统。由于大量空气的注入，气测录井中 CH_4 含量等数据不是真实值，仅具参考意义，可利用其变化规律来进行煤储层评价。

c. 直井井口设备及油管、封隔器安装

直井井口直接安装煤层气生产井完井井口四通。为防止欠平衡钻进过程中井内压力大幅度波动，需在井内设置一定缓冲区，即封隔器下入深度较洞穴位置浅 40 ~ 50m。封隔器下入指定深度后，通过上提下放或旋转方式，打开封隔器下部锚定机构，同时再缓慢下放油管串，使油管柱重量作用于封隔器胶囊上部，胶囊受压打开，从而封闭封隔器与套管间隙，油管柱长度在 800m 以内时，可考虑将油管串重量全部下放，封隔效果较好。

d. 直井井口管路与设备安装

直井井口管路与设备安装可参照第 7 章 7.6 节相关内容。在安装中要确定空压机、增压机输入、输出接口规格，需配备相应变径接头。高压端与低压端之间应设置单向阀；增压机输出端与井口进气端间也应设置阀门，用于控制进气量，且可实现井口关井。

3）测试管路

a. 直井井口管路测试

关闭入井阀门，启动空压机，将低压端与高压端之间的阀门打开，测试管路是否有泄漏，待低压状态下无泄漏后，打开增压机，测试高压状态下有无泄漏。

b. 直井封隔器测试

封隔器安装完毕后，通过空压机、增压机向直井内注气，控制注气压力，使水平连通井处于未顶通状态。关闭进气阀，打开井口四通侧阀门，观察有无气体溢出，若溢出量较小，时间较短，属正常现象；若溢出量较大，应增加注气量重新测试，若溢出量仍较大且无减小趋势，说明封隔器坐封失败，应起出重新下入坐封。

c. 水平连通井管路测试

欠平衡钻进前，启动空压机、增压机后由直井注气，使增压机工作压力大于顶通压力，水平井井口处返浆，在较大压力下，测试水平井管路、液气分离器管路等有无泄漏，如无泄漏，直接进行欠平衡钻井，如有泄漏，则停止注气，对管路进行检修。

4）高压空气顶通

下钻至过连通点以后，以清水为钻井液，开泵循环。开动空压机、增压机向井内注气。注气压力逐渐升高，直至水平连通井井口开始放喷出大量气液混合体，实现顶通，井底压力开始明显减小。

在高压空气顶通过程中，需确保最高注气压力小于地层破裂压力，一旦注气压力大于地层破裂压力，则地层压裂，高压空气进入地层，顶通实现将极为困难。

5）注入量测试与调节

高压空气顶通完成后，井底环空压力开始降低，但仍处于过平衡状态。通过持续平稳注气，使井底压力相对稳定。逐步调节注气量与泥浆泵排量，使井底环空压力达到设计值，而后开始正常钻进。

2. 欠平衡钻进井底压力控制

井底环空压力的波动，造成井底欠压值发生变化。部分井段欠压值过大，导致煤层坍塌。但即使在容许的欠压值范围内，压力波动过大，导致井壁受波动压力作用，也容易发生坍塌。为此，需将欠压值控制为稳定值或处于缓慢变化状态。

通常，钻进过程中造成井底环空压力变化的主要因素包括煤层流体产出、环空内煤屑增多（机械钻速大），并与接单根、起下钻等常规作业中的操作引起的环空压力激动密切相关。

1）欠压值的调整

煤层流体（包括水、气）侵入井筒往往使井底欠压值过大，导致地层流体与井眼间有较大的压差，从而引起煤层水、气侵入。在满足欠压值设计、校核要求的情况下，尽量降低欠压值，减少地层与井眼内压力差，降低煤层水、气的侵入量。煤层欠平衡钻进过程中，通过泥浆泵排量及空压机注气量的缓慢调解，可将钻头部位欠压值维持在 0.1 ~ 0.3MPa，水、气侵入量可控。

2）井眼净化控制

机械钻速不均匀，引起井眼环空内煤渣屑含量发生变化，井眼环空流速发生变化，井底环空压力即泵压均有所增加，井眼内容易出现过平衡状态。严重时发生憋泵，泵压及井底环空压力急剧上升，待压力足以排出煤粉后，压力恢复正常。

井眼内煤粉返排不畅导致的欠压值变化可能导致煤层憋漏、憋塌。欠平衡钻进机械钻速较高，煤粉返排问题经常出现，可采取以下技术措施进行控制。

a. 单根钻完倒划眼

单根钻完后，进行倒划眼，并对每一个单根钻进及倒划眼期间的煤粉量进行统计，待上返煤粉量达到平均值且继续倒划眼煤粉量没有明显增加时，方能继续钻进。

b. 坚持短程起下钻

对水平井施工而言，短程起下钻非常重要，视钻进情况，每施工 100 ~ 150m 进行一次短程起下钻，利用钻杆接头部位对井眼进行机械式清理。

3）起下钻操作流程控制

起、下钻过程，容易在井底产生抽吸和激动压力，井底环空压力发生周期性变化。抽吸压力导致井底欠压值过大，激动压力导致井底出现过平衡状态。在欠平衡钻进中，煤层中的起钻过程调整为倒划眼过程，可有效清理井底煤粉，减少抽吸压力，下钻过程也应尽量降低速度，减小激动压力的影响。正常钻进时，需要停泵接钻杆。井眼内的气、液比例关系发生变化，井底环空压力及欠压值均发生变化，如图 5.7 所示。施工中，应适当调整空压机注气量，提高接单根的速度，尽量在接单根时，停泵不停气，实现环空压力平稳过渡，欠压值仅发生微小变化，如图 5.8 所示。

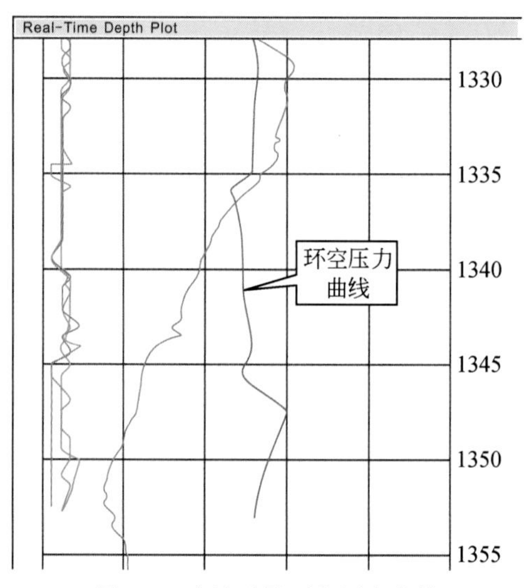

图 5.7　有波动的环空压力曲线

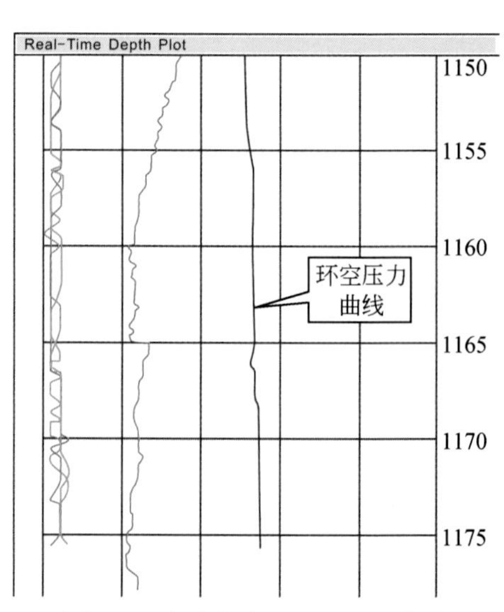

图 5.8　渐变状态的环空压力曲线

4）环空压力实时监测

利用 EM-MWD 环空压力监测模块对井底环空压力进行实时监测，同时，对泵压进行实时监测，比较泵压与环空压力的变化关系。一旦发现异常，及时判断原因，并进行适当调节。

通过对钻机、空压机、泥浆泵合理控制及配合，确保井底环空压力处于相对稳定或缓慢变化状态。

5.3.6　欠平衡钻进井内复杂情况的预防

欠平衡钻进中，井底环空压力低于地层压力，井眼依靠煤层自身强度保持稳定。由于井内状态的不确定性，欠平衡钻进过程中可能出现的井内复杂情况主要为卡钻、钻具断落、煤层坍塌。

井内复杂情况不能杜绝，但可通过采取相应预防措施，减少其发生的概率。主要预防措施如下。

（1）利用 EM–MWD 仪器测量高边伽马值和低边伽马值，使井眼轨迹接近煤层顶板，一方面提高产气量，另一方面减少煤层坍塌、掉块的概率。

（2）密切注意 EM–MWD 仪器电信号（raw signal）数值及其变化规律，电信号可在一定程度上反映近钻头部位地层电磁特性。钻进实践表明，电信号差的煤层，多为亮煤及其他脆性煤层，在交变应力作用下易发生掉块，甚至坍塌，钻进过程中一旦遇到该类地层，应修改井眼设计轨道，确保安全钻进。

（3）泵量及空压机注气量必须保证在安全窗口以内，为保证井眼清洁，应视井眼及上返煤粉情况，适时采取倒划眼及短程起下钻来清理井眼中的煤渣屑。

5.4　对接井钻井液工艺技术

5.4.1　对接井钻井液工艺特点

煤矿区煤层气开发对接井组中水平连通井的水平段钻进目标层位是煤储层，为了满足安全钻进、储层保护和钻进工艺技术的要求，钻井液需具备如下技术特性。

1. 合理的钻井液密度

合理的钻井液密度是对接井安全钻进和储层保护的关键因素之一。确定合理的钻井液密度窗口，维持井内适当的静液柱压力，力求保持煤层井壁应力处于平衡状态。如果钻井液密度过低，势必会引起井壁煤岩应力释放，当井壁周围煤岩所受应力大小超过其本身的强度时将产生剪切破坏导致垮塌；如果钻井液的密度过高，产生的液柱压力高于煤岩层的破裂压力，将引起钻井液漏失和严重的储层损害。合理的钻井液密度须根据煤岩的物理力学参数、煤层压力、煤层地应力等参数综合分析后确定。

2. 较强的封堵能力和优良的造壁性

煤岩层节理、裂隙和基质孔隙发育决定其具有良好的滤失条件，钻井液滤液进入煤岩层后将引起煤岩强度降低、煤中黏土矿物水化膨胀和分散，诱发井壁失稳和垮塌。良好的封堵能力和造壁性能是指钻井液的组分能够充填在缝隙中阻止滤液继续进入煤岩内部，同时在井壁表面形成良好的泥皮。钻井液具备封堵和造壁性能是液柱有效支撑井壁和减少滤液进入煤层的先决条件。

3. 良好的流变特性

钻井液的流变性对应力敏感的煤储层有重要的作用。如果钻井液的流变性能差，黏度和切力过高，则必将导致环空循环流动阻力增大，容易激发煤储层的应力状态发生变化，引起井壁失稳坍塌。同时起下钻具过程中还容易引起压力激动，破坏井壁应力平衡、引起井壁煤岩松动，进而引发坍塌。如果钻井液的黏度和切力过低，则环空流动容易发展成为紊流，对井壁冲刷、冲蚀严重，诱发近井壁地带煤储层应力变化，抗拉强度降低而导致井壁失稳；同时钻井液的携岩能力降低。

良好的钻井液流变性既能满足携带岩屑的要求，又能减少对井壁稳定的不利影响。

4. 强抑制性

煤储层中黏土矿物含量通常较低，但夹矸层的黏土矿物含量往往很高。同时，煤岩层的缝隙发育，弹性模量小，抗拉强度低，只要有滤液侵入使黏土矿物发生微小的膨胀或溶胀，地层都会产生应力变化，降低煤岩的抗拉强度，造成井壁失稳，泥质夹矸层更是如此。因此增强钻井液的抑制性就是要降低滤液进入煤岩缝隙后的水化作用，抑制黏土矿物发生膨胀或溶胀，维持应力平衡。

5. 良好的润滑性

对接井组中水平连通井造斜段曲率相对较大，曲率半径小，钻进加压较困难。保持钻井液具有良好的润滑性可降低钻具与井壁之间的摩擦阻力，减少因钻具碰撞井壁而引发的煤岩垮塌。同时减小钻具与井壁之间的滑动和旋转摩擦阻力，降低起下钻时卡钻的可能性，防止井下复杂情况的发生。

6. 合适的 pH

钻井液的 pH 过高，难以满足与煤储层流体配伍性的要求。高 pH 的滤液与煤层中某些流体可能会发生化学反应生成不溶物，堵塞煤储层裂隙导致渗透率下降。钻井液 pH 过低，则会对井内钻具产生腐蚀作用。因此，钻井液的 pH 须控制在一个合适的范围内，既能保证钻井液处理剂有效溶解和发挥作用，又能减少或避免对煤储层造成损害。

7. 低固相或无固相

煤层段钻进过程中应采用低固相或无固相钻井液，且实施过程中需通过机械、化学手段保持循环钻井液尽可能低的固相含量，以降低钻进过程中固相颗粒侵入煤层孔喉中的概率，避免煤储层损害。

8. 良好的水质

钻井液的水质要进行相关处理，确保该区域的钻井液用水水质，合理地添加化学药剂剔除其中易发生化合反应的 Ca^{2+}、Mg^{2+}、CO_3^{2-}、SO_4^{2-}等离子。

5.4.2　煤储层伤害类型

1. 储层伤害机理

煤层气储层伤害机理需要从内因、外因及内外因的结合上来认知。内因是指储层本身的岩性、物性及流体性质等引起储层渗透率降低，它是储层本身的固有特性；外因是指在施工期间引起储层微观结构发生变化，并使储层渗透率下降的各种外部作业手段。

内因是储层伤害的客观条件，只有在一定外因的作用下内因才起作用，主要是外来流体与储层的相关作用，以及它们之间的相容性、配伍性、适应性等的匹配程度，并最终决定储层伤害程度的大小。

1）孔隙结构

煤层气储层的储集空间主要是微孔隙，渗流通道主要是喉道。孔、喉的几何形状、大小、分布及连通关系，称为储层的孔隙结构。通常孔隙、喉道与储层的损害关系如下。

（1）在其他条件相同的情况下，孔喉越大，不匹配的固相颗粒侵入的深度就越深，造成的固相损害程度就越大，但滤液造成的水锁、速敏等损害的可能性较小。

（2）孔喉弯曲程度越大，外来固相颗粒侵入越困难，侵入度越小；而地层微粒易在喉道中遇卡，导致微粒分散和运移的损害潜力增加，喉道越易受到损害。

（3）孔隙和喉道尺寸越小且连通性越差，受界面张力影响，如水锁、黏土矿物水化膨胀，储层越易受到损害。

2）储层敏感性矿物

敏感性矿物的类型决定其引起储层损害的类型，不同矿物与不同性质的流体发生不同反应造成不同的储层伤害。主要敏感性矿物分为以下 4 类。

（1）水敏和盐敏矿物，指储层中与矿化度不同于地层水的外来液体作用产生水化膨胀或分散、脱落等，并引起储层渗透率下降的矿物，主要有蒙脱石、伊利石-蒙脱石间层矿物和绿泥石-蒙脱石间层矿物等。

（2）碱敏矿物，指储层中与高 pH 外来液体作用产生分散、脱落或新的硅酸盐沉淀和硅凝胶体，并引起渗透率下降的矿物。

（3）酸敏矿物，指储层中与酸液作用产生化学沉淀或酸蚀喉道释放出微粒，并引起渗透率下降的矿物。

（4）速敏矿物，指储层中在高速流体流动作用下发生运移，并堵塞喉道的微粒矿物，主要有黏土矿物及粒径小于 37μm 的各种非黏土矿物。

3）储层的润湿性

岩石表面被液体润湿的情况一般分为亲水性、亲油性和两性润湿三大类。岩石的润湿性有以下作用。

（1）润湿性控制孔隙中气、水分布，对于亲水性岩石，水通常吸附于颗粒表面或居于孔隙角隅，气则暂居孔隙中间。

（2）润湿性决定岩石孔道中毛管力的大小和方向，毛细管力的方向总是指向非润湿相一方。当岩石表面亲水时，毛细管力是动力；当岩石表面非亲水时，毛细管力是阻力。

（3）润湿性影响着储层中微粒的运移，储层中流动的流体润湿微粒时，微粒容易随之运移，否则微粒难以运移。

上述储层岩石润湿性的前两个作用，可造成有效渗透率下降和采收率降低两方面的损害，而后一作用对微粒运移有较大影响。

2. 储层伤害类型

根据储层伤害的特点和影响因素的不同，储层伤害分为外来固相伤害、敏感性伤害、微粒运移、有机结垢、水锁、乳化堵塞、无机垢等，其中主要的储层伤害如下。

1）外来固相伤害

钻井液、完井液等各种工作液往往含有两类性质不同的固相颗粒：一类是为了保持工作液密度、黏度和流变性等而添加的有用颗粒及桥堵剂、暂堵剂等；另一类是有害颗粒及杂质甚至岩屑等固相污染物。由于井眼钻井液液柱压力与地层压力间不平衡，这些外来固相颗粒就要从裸露的井壁表面及裂缝处侵入储层，甚至堵塞孔隙和裂缝。外来固相颗粒的侵入与储层本身孔缝大小，特别是与孔喉特征有关。

2）敏感性伤害

敏感性伤害包括速敏伤害、水敏伤害、盐敏伤害、碱敏伤害及酸敏伤害。这些不同性质的伤害往往不是孤立的，有时具有 2 种以上敏感性伤害，它们之间有着互相依存的促进或制约关系。

a. 速敏性伤害

速敏性是指因流体流动速度变化引起地层中微粒运移、堵塞喉道，造成渗透率下降的现象。地层微粒堵塞孔喉通常存在 3 种形式：一是细粒在喉道处平缓地沉积；二是一定数量的微粒在喉道处产生“桥堵”，堵塞流动通道；三是较大颗粒恰好嵌入喉道，形成“卡堵”。

b. 水敏性伤害

水敏性指低矿化度的水进入储层后，引起黏土膨胀、分散运移，从而导致渗透率发生变化的现象。

c. 盐敏性伤害

盐敏性是指一系列矿化度的注入水进入储层后引起黏土膨胀或分散、运移，使储层岩石渗透率发生变化的现象。盐敏与水敏伤害机理相似，实验时通常两者合二为一。研究盐敏伤害通常要从高矿化度、低矿化度两种注入水对储层渗透率的影响效果进行，低矿化会导致黏土膨胀，造成渗透率降低；但是高矿化度的流体进入储层后会压缩黏土颗粒扩散双电层厚度，造成颗粒失稳、脱落，堵塞孔隙喉道，所以冲洗液矿化度的选择应针对具体情况进行评价并合理选择。

d. 碱敏性伤害

碱敏性是指 pH 大于 7 的溶液进入储层后，与储层煤岩体或储层流体接触并使储层渗透率降低的现象。碱敏主要是由于地层水和地层矿物中的二价离子（如 Ca^{2+}、Mg^{2+}等）与碱性溶液中的钠离子交换形成沉淀。

e. 酸敏性伤害

酸敏性是指酸液进入储层后与储层中的酸性矿物作用后产生凝胶、沉淀或释放微粒，致使储层渗透率下降的现象。酸敏性储层伤害的形式主要有两种：一是产生化学沉淀或凝胶；二是破坏煤岩原有结构，引起或加剧速敏性。

3）微粒运移

煤储层都含有一些细小矿物颗粒，它们是可运移的微粒，微粒运移是一种运移、转移现象，主要取决于水动力条件，流速过大或压力波动过大都会促使微粒运移。微粒通常胶结在骨架颗粒上或附着在井壁上。如果流体产生的水动力很大，超过了微粒间或微粒与基岩间的胶结强度，那么微粒将随流体运动而运移至孔喉处。

4）有机结垢

煤岩是一种复杂的烃混合物，有机垢一般因煤中的煤焦油沉淀而成，这些有机垢形成于储层的孔隙、裂隙里。

5）水锁

水锁是指外来流体侵入储层，在完井后不能被有效地排出，使近井壁地带储层含水饱和度增加，导致储层流体渗透率降低的现象。水锁影响因素包括储层的孔喉结构、渗透率、润湿角及外来流体的黏度等。一般来说低渗储层要比高渗储层水锁严重，外来流体黏度越大，水锁也越严重。

水基钻井液进入储层后，会增加水相饱和度，降低气相饱和度，增加气流阻力，导致气相渗透率降低（图5.9）。

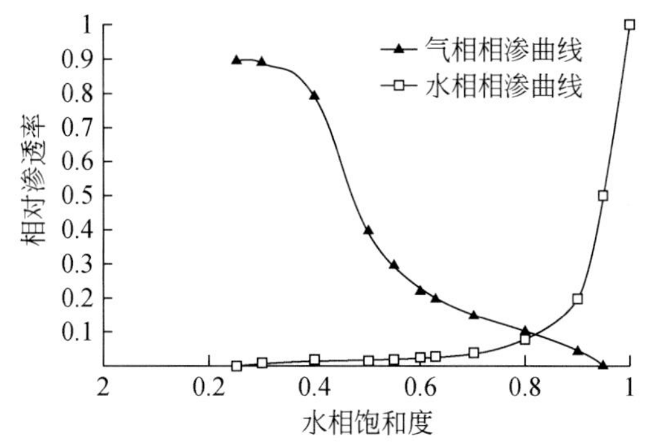

图5.9　典型的水、气相对渗透率曲线

由图5.9可知，钻井液的侵入对储层渗透率的伤害十分明显，气相渗透率随着含水饱和度增加而急剧降低，一旦发生水锁效应，渗透率呈直线下降；水锁效应是低渗透煤层气储层主要损害因素之一。

3. 煤层气井钻进过程中的储层伤害

煤层具有高吸附性、低渗透性，且易受压缩、破碎，这些特性决定了煤层受钻井作业的影响比常规储层大得多，即在煤层气井钻进过程中，煤层受到的伤害远大于常规储层，而煤储层伤害则会影响到后期煤层气的解吸、排采。因此，储层伤害是煤层气钻井过程中应极力避免的一个问题。

1）钻井液对储层的伤害

钻井液对储层的伤害主要包括两个方面：一是煤岩对钻井液的吸附或吸收，二是钻井液中固相颗粒对煤岩中裂隙通道的充填堵塞。煤是由高度交联的大分子网和其他互不交联的大分子链组成的。因此与砂岩不同，煤具有很强的吸附或吸收各种液体和气体的能力。研究表明，煤岩吸收液体并随之引起的基质膨胀和渗透率下降，这个过程几乎是不可逆的，即常规的办法基本不能除去煤岩吸收的液体化学物质。因此，钻井过程中钻井液中绝大多数化学物质与煤体接触都是有害的。

钻井过程中钻井液对裂隙系统的充填堵塞是存在的。钻井液中的固相颗粒可来自钻井液本身（黏土颗粒），也可来自钻井过程中产生的钻屑（岩屑、煤渣屑等）。钻井液中颗粒分散得越细，颗粒侵入对储层的伤害越严重（图 5.10）。聚合物类钻井液侵入煤层后，高分子聚合物的吸附作用引起黏土絮凝堵塞和羧基水化作用引起黏土膨胀，从而降低煤层渗透率。另外，钻井液与地层水作用产生物理化学作用，易形成硬质沉淀物，为避免这一效应，应特别注意钻井液和地层水的化学性质，或者单独使用地层水钻进。

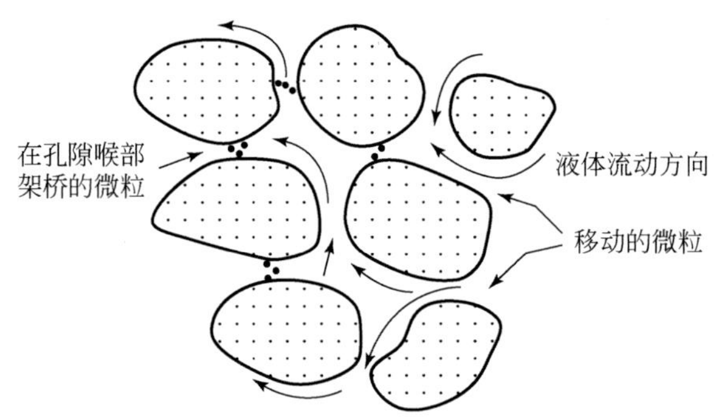

图 5.10　微粒运移堵塞示意图

钻井液中的固相颗粒按粒径可划分为粗颗粒、中粗颗粒、细颗粒、超细颗粒、微颗粒及胶体颗粒。煤岩体的基质孔隙按直径可分为大孔、中孔和微孔，其中微孔隙占煤层总孔隙体积的60%以上。由表 5.8 可以看出：钻井液固相颗粒与煤层裂隙、孔隙在量值上非常接近，极易进入煤层裂隙和孔隙中造成产气通道被堵塞，致使产能降低。因此，钻井过程中应尽量采用无固相或低固相钻井液体系钻进。

表 5.8　钻井液中固相颗粒与煤层孔隙直径对照表

钻井液颗粒	直径/μm	煤层裂隙、孔隙	直径/μm
粗粒	>2000	裂隙	>250
中粗粒	250～2000		
细粒	74～250	大孔	50～250
超细粒	44～74	中孔	2～50
微粒	2～44		
胶体颗粒	<2	微孔	<2

2）钻井压力对储层的伤害

煤的力学性质与常规砂岩不同，煤的弹性模量小，泊松比一般为 0.27～0.40，而常规砂岩储层的泊松比大多小于 0.2，这意味着煤比岩石更易受压缩。尽管煤的泊松比较大，但煤中发育的天然裂隙大大降低了其自身的强度，使其比其他岩石更易受压缩、破碎。因此在钻井过程中，很小的应力变化都会引起渗透率较大的变化。

试验表明，煤的渗透率随压力的增加而降低，煤样若经过多次加载-卸压即可发现，加压会使渗透率降低，而卸压时渗透率只能得到一定程度的恢复，从而造成渗透率降低。钻井过程中的压力变化，很可能引起煤层发生这种变化。

钻井压力变化对储层的伤害通常由三种因素引起：一是钻井液压力有变化；二是钻柱压力有变化；三是起下钻引起的波动压力。这三种因素均会加剧储层伤害。

在过平衡钻进时，井内钻井液压力大于煤层压力，使作用在井筒附近的应力降低，也加大了钻井液对煤层的侵入速度和侵入半径，从而引起煤层渗透率降低。

在欠平衡钻进时，井内循环液压力小于煤层压力，使作用在井筒附近的应力增高，引起煤层塑性变形，造成渗透率大幅度降低。这种作用于煤层的高应力，足以引起煤层渗透性滞后现象，造成渗透率的永久降低。钻柱压力变化和起下钻引起的波动压力，也会通过钻井液或直接对煤层造成伤害。因此，钻井过程中应尽量避免井眼内压力突变，保持平衡钻进。

5.4.3　钻井液与完井液体系

对接井组中的水平连通井井身由垂直段、造斜段（包含稳斜段）和水平段（包括对接连通段、水平分支井段）三部分组成，根据钻遇地层的类型特点、施工所采用的钻具组合及配套钻进工艺方法确定钻井液体系的基本设计原则是：分段设计、多套体系协同应用，即针对不同井段研究设计各自适宜的钻井液体系，重点是煤层中水平段钻井液体系的设计。

煤矿区对接井在目标煤储层中有效延伸一定距离（往往还需施工分支井）后与远端目标直井对接，为确保成功对接，水平井段的安全钻进至关重要，煤储层内一旦发生坍塌卡钻事故，处理起来会因为存在小曲率半径造斜段而异常困难，即使最终成功处理井内复杂情况，往往会对储层造成严重的伤害；同时，对后续水平连通井与目标直井的连通产生不利影响，因此，水平连通井的水平段所用钻井液必须首先保证安全钻进，其次考虑采取相应的技术措施降低或避免储层伤害。

1. 钻井液体系

目前，对接井目标煤层段钻进主要采用低固相、无固相和清水三种钻井液体系。

1）低固相钻井液体系

低固相钻井液体系具有密度小、黏度低、滤失量小、pH 低等特性，国内煤层气井常用低固相钻井液体系的主要性能参数见表 5.9。

表 5.9　低固相钻井液主要性能参数

指标	密度/（g/cm^3）	漏斗黏度/s	滤失量/（mL/30min）	固相含量/%	含砂量/%	pH
参数	1.01～1.05	30～40	<9	<4	<0.2	8～9

常用低固相钻井液配方：钻井用水＋6%钠土＋0.6% NaOH＋3% KCl＋0.1% PAC＋0.1% CMC＋0.1% XC。

低固相钻井液体系在钻进过程中能够迅速在煤岩井壁上形成泥皮，进而有效防止钻井液滤液向煤层深部侵入，同时形成的泥皮能有效防止煤岩井壁坍塌、掉块，并且能够润滑钻具有效传递钻压。此外，低固相钻井液具有较好的剪切稀释性和携岩能力，有利于井底清洁，降低井内复杂情况发生的概率。

低固相钻井液的缺点是：一方面由于随钻井液滤液一同侵入的固相颗粒会堵塞孔喉、裂缝通道，而滤液侵入将有可能导致煤层中敏感性矿物发生反应，堵塞通道，从而造成煤层渗透率大幅降低；另一方面低固相钻井液形成的泥皮薄而坚韧，在后期煤层气排采过程中很难从井壁上自由脱落或降解，即使完钻后采用清水对煤层段进行清洗往往也不能使泥皮脱落，反而会引发井内事故，影响了煤层气开发进程。因此，低固相钻井液目前在煤层气开发水平井施工中鲜有应用。

2）无固相钻井液体系

为了降低固相颗粒对储层的伤害，煤层气开发对接井施工中普遍采用无固相钻井液体系，它不含黏土，仅含一定量的化学处理剂，比重低，减轻对煤层的正压差作用；在井壁上不形成泥皮，同时其良好的携岩能力，有利于降低“压持效应”和保持井内清洁。

针对目标煤储层中安全钻进与储层保护的特殊性，结合水平段随钻测量系统对钻井液性能的要求，水平连通井的水平段（包含分支井段）多采用无固相聚合物水基钻井液体系，其主要性能参数指标见表 5.10，推荐的配方设计见表 5.11。

表 5.10　无固相聚合物钻井液主要性能参数指标

项目	性能指标
密度/（g/cm^3）	1.01～1.05
漏斗黏度/s	30～40
中压失水量/mL	≤9
含砂量/%	≤0.1
pH	8～8.5

表 5.11　无固相聚合物水基钻井液配方设计

处理剂名称	加量	单位
复合型高黏防塌剂	8～10	kg/m^3
磺化褐煤树脂	5～6	kg/m^3
液体润滑剂	1～2	kg/m^3

无固相聚合物钻井液的缺点是：在目标煤层钻进过程中化学处理剂加入量无法准确控制（主要是增黏处理剂），增黏处理剂加入量太少会造成井眼清洁效果差，易发生砂卡；增黏处理剂加入过多会造成长链的高分子聚合物侵入煤层段深部，煤层吸附后造成通道堵塞，导致后期清洗、降解处理难度加大。

3）清水体系

在对区域内的煤层构造及煤岩性质充分研究的基础上，可采用清水加抑制剂钻井液进行目标煤层钻进，能够最大限度地降低对煤储层的伤害，保证近井壁地带煤储层吼道、裂隙畅通，为后期排采创造良好条件。

但并非每一个煤层气开发对接井都适用清水钻进，因为采用清水钻进易引发井内复杂事故，增加了钻井的风险。

2. 完井液体系

完井液是针对特定地区或特定井组所使用的钻井液及针对储层的特性而进行的一项后期增产措施，煤矿区对接井完井液体系主要有以下几点要求：①完井液与钻井液、地层流体三者之间要有良好的配伍性；②完井液要具备良好的储层保护性，对黏土矿物水化膨胀具有较强的抑制能力；③应具备良好的破胶能力；④破胶后的残余物不会造成二次污染。

针对表 5.11 推荐的无固相聚合物钻井液，研究设计与钻井液主要处理剂相匹配的完井液——工业助溶剂水溶液，其作用是清除近井壁泥皮。工业助溶剂的作用原理包括分散、乳化等。推荐的工业助溶剂主要物理化学指标见表 5.12 。

表 5.12　工业助溶剂主要物理化学指标

项目	指标		
	优级	一级	二级
白度/%	≥90	≥85	≥80
助溶组分	≥57.0	≥56.5	≥55.0
有效成分/%	≥96	≥90	≥85
水不溶物/%	≤0.10	≤0.1	≤0.15
铁（Fe）/%	≤0.007	≤0.015	≤0.030
pH	9.2～10		
颗粒度	通过 1.00mm 实验筛的筛分率不低于 95%		

3. 钻井液、完井液体系建立

1）煤岩基本物性分析

通过室内实验对选定区域的煤岩基本物性进行分析，具体如下。

（1）对煤岩心进行驱替实验，测定岩心的原始气测渗透率。

（2）鉴定煤岩中黏土矿物类型及成分，进行定性描述。

2）敏感性室内实验分析

对井组所在区域的煤岩进行敏感性室内实验分析，具体如下。

（1）研究煤岩速敏性，确定临界流速，为实验提供流速依据。

（2）研究煤岩盐敏性，分析黏土膨胀变化率与抑制剂的关系，确定抑制剂加量。

（3）研究煤岩的碱敏性，通过不同 pH 的碱性流体对煤岩渗透率的影响，确定钻井液的 pH 范围。

（4）研究煤岩的酸敏性，通过测定不同配方酸溶液对煤岩反应后渗透率的变化值，为完井液的配置提供参考依据。

3）钻井液设计

结合煤岩基本物性及煤岩敏感性分析结果进行合适的钻井液设计，具体如下。

（1）确定黏土矿物种类。

（2）钻井水质分析，去除可能引起黏土膨胀或发生化合反应生成沉淀物的离子。

（3）依据碱敏试验确定钻井液的 pH 范围。

（4）依据盐敏试验确定钻井液的 KCl 含量。

（5）选择合适的增黏剂，要求具有良好的携岩效果、不易被煤表面吸附且具有可破胶性。

（6）选择合适的封堵剂，封堵剂要具有良好的封堵效果阻止钻井液进一步侵入储层，滤失量低的同时具有可解堵性。

（7）合适的钻井液应具备抗老化性、抗膨胀性、低滤失性、强护壁性。

4）完井液设计

针对钻井液，通过室内实验对完井液进行设计，具体如下。

（1）通过破胶剂对钻井液的黏度变化率及破胶效果进行评价，确定破胶剂的类型及加量。

（2）通过对封堵剂的化学反应及解堵效果破胶，确定解堵剂的类型及加量。

（3）确定防水锁剂的类型及加量，以降低表面张力，加大完井液反应深度。

（4）确定抑制剂、缓蚀剂、阻垢剂等其他完井液助剂的类型及加量。

（5）完井液应能破胶、解堵，具有强抑制性，且反应物不会形成新的沉淀。

（6）研究完井液对钻井液侵入岩心的解堵效果。

最后，依据现场条件进一步对钻井液、完井液进行调整，直至满足现场要求。

5.4.4　煤岩储层伤害室内评价研究

煤岩储层伤害室内评价研究是配合煤层气高效开发而开展的一项实验研究工作，目的是为了认清施工液体对煤岩储层渗透率、人工裂缝伤害机理，为配置保护煤岩储层的钻井液、完井液提供技术支持，并为制定煤层气后期排采技术措施提供依据。

一般在钻开储层后，由于人为因素，井壁位置及其附近一定范围内储层的渗透率会下降，这一现象被称为储层伤害。煤岩储层与常规储气层相比，具有比表面积大、割理和微裂缝发育、性脆易压缩等物理性质，以及复杂的有机沉积物化学性质，致使煤层气藏在受到外部环境变化和外来流体侵入时易受到伤害。我国已探明煤层气储层大多为渗透率低、吸附性强、层中运移困难的煤层，所以研究储层伤害就显得尤为重要。

结合煤层气开发的特点，进行煤层气储层的敏感性流动实验研究及潜在敏感性损害因素分析，对煤层气储层保护和提升煤层气的开发效果具有重要的指导意义。

1. 煤层气储层的伤害机理

典型煤层气排采过程需要经历四个阶段：解吸阶段、孔隙扩散阶段、截面扩散阶段和渗流阶段，如图 5.11 所示。

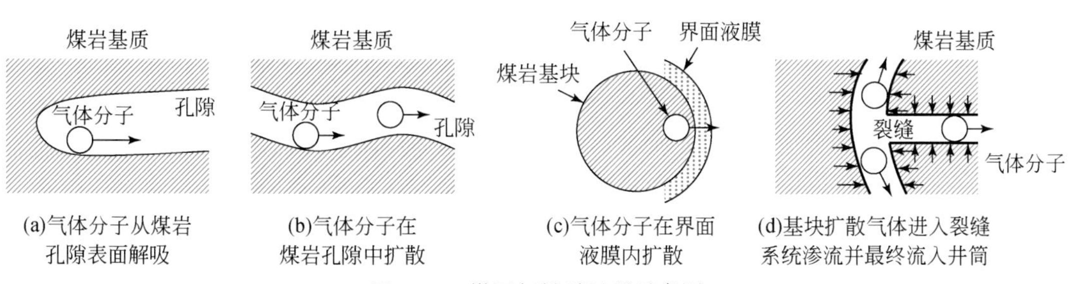

图 5.11　煤层气排采过程示意图

在对煤层气排采各阶段试验研究的基础上，总结得出了以下几种煤层气储层伤害机理。

（1）煤层为多孔结构储层，比表面积大、吸附性强。工作液在进入储层后吸附在煤表面形成渗透率接近零的致密带，降低了煤岩储层的渗流能力。

（2）我国煤层多数为低孔隙度、低渗透率储层，毛细管作用力强。工作液进入后在毛细管力的作用下滞留在煤层中形成水锁封堵通道，造成储层伤害。

（3）煤岩储层应力敏感，脆性特征明显，易产生煤粉。煤粉在孔道中运移聚集，会堵塞孔道和裂缝，降低煤层裂缝的导流能力。

（4）煤层孔隙和裂缝均发育良好，外来固相侵入易堵塞、封闭孔道和裂缝，造成渗透率降低。

（5）工作液中含有与地层或地层水不配伍的成分，在工作液进入地层后发生反应，产生固体物质封堵孔道和裂缝，导致渗透率降低。

（6）大部分煤层含有黏土矿物成分，遇水膨胀、脱落、水化造成孔道封堵，降低地层渗透率。

2. 煤岩储层伤害实验评价方法

根据储层伤害机理，结合发展较成熟的常规储层伤害评价方法，合理设计实验，为优化各类工作液提供重要的实验数据。

1）吸附伤害实验

煤储层主要由有机高分子组成，其比表面积大，典型的扫描电镜图如图 5.12 所示。因此煤储层容易吸附工作液中的有机组分，并且在毛细管力作用下产生滞留效应，增加储层的致密程度，使甲烷气体很难从内部孔隙中扩散出来，降低煤层气的渗流能力。

图 5.12　煤岩扫描电镜图

吸附伤害实验采用煤心柱，利用动态滤失伤害仪进行吸附伤害评价。煤心柱由大块煤岩切割而成圆柱状，将其装入岩心夹持器测其通过标准盐水的渗透率；再将待测液（活性水、线性胶、冻胶压裂液及清洁压裂液）反向注入煤心中，密闭数小时；再正向注入标准盐水，测其渗透率，直至渗透率平稳。实验在模拟储层温度下进行，实验液体包括活性水、清洁工作液滤液、植物胶工作液滤液等。

通过分析评价实验前后岩心的渗透率变化确定吸附损害的程度。

2）速敏评价实验

当流体在储层中流动时，由于流体流动速度变化引起地层微粒运移，堵塞孔隙喉道，引起储层渗透率发生变化。实践证明，微粒运移发生的可能性较大，是造成储层伤害的主要原因之一，它取决于流体动力的大小，流速过大或压力波动过大都会促使微粒运移。研究速敏一方面是为岩心敏感性其他流动实验提供临界流速数据，避免流速问题导致实验结果出现较大偏差；另一方面也是为煤层气后期排采过程中确定排采速度提供依据。

地层微粒主要有以下几种来源：①地层中原有的自由颗粒和可自由运移的黏土颗粒；②受水动力冲击脱落的颗粒；③由于黏土矿物水化膨胀、分散、脱落并参与运移的颗粒。受流速的影响地层微粒将随流体运动而运移至孔喉处，造成孔隙堵塞，导致渗透率降低。

3）盐敏评价实验

煤层骨架中常常有一些尺寸极小的颗粒，这些颗粒往往都是由黏土矿物组成，其矿物成分为含铝、镁为主的含水硅酸盐矿物。这部分黏土矿物在原始状态下与高矿化度地层水处于一种平衡状态，它们的存在并不影响孔隙中流体的流动。但是，如果外来流体进入改变了地层水原来的矿化度及其化学成分，这些黏土矿物会打破原来的平衡，通过阳离子交换进行吸水，从而使自身体积发生膨胀，进而减少流体通过的孔隙通道，致使煤储层渗透率降低。常见黏土矿物及其特性见表 5. 13。

表 5. 13　常见黏土矿物及其特性

种类	显微形态	集合体形态	主要特性	引发敏感伤害
高岭石	假六方 板状	书页 蠕虫状	化学成分较稳定，阳离子交换量低。低渗透砂岩中常见	高流速、高 pH、高瞬变压力注入系统
蒙脱石	弯片状 棉絮状	蜂窝 棉絮状	细小，键合力弱，浅层多	含钠蒙脱石遇水膨胀 6 ~ 10 倍，导致颗粒脱落，膨胀堵塞，过程不可逆
伊利石	片状 丝状 蜂窝状	鳞片 碎片 羽毛状	极细小，小于 2mm	孔隙中桥接，造成孔喉高束缚水饱和或因其膨胀、迁移造成难以逆转的堵塞
绿泥石	针片状 玫瑰花状	薄片 鳞片状	为富铁镁离子环境中形成的矿物，对酸敏感	酸化后 Fe^{2+}、Fe^{3+} 在 OH^- 存在条件下易形成沉淀，堵塞孔喉

盐敏实验是利用动态滤失实验装置完成的，实验中用不同矿化度的盐水，浓度由高到低进行驱替实验，从而确定储层的临界盐度，对不同盐度下煤岩渗透率与初始渗透率相比较，变化率大于 20% 时所对应的前一个的盐度即为临界盐度（即临界矿化度）。

4）碱敏评价实验

钻完井过程，外来碱性流体侵入煤储层后与其中矿物发生反应，导致煤岩表面性质发生改变、微粒发生运移及生成胶体或沉淀，堵塞煤层气渗流通道，导致煤岩储层渗透率下降。碱敏评价实验的目的是确定合理的工作液（包括钻井液和完井液，下同）pH 范围及其临界点。实验中用不同 pH（pH 从 7.0 开始，按 1～1.5 个 pH 单位的间隔递增，直到 pH 为 13.0）的地层水（或与地层水矿化度相同的标准盐水）按照 pH 由低到高进行驱替实验，对不同 pH 下岩石渗透率与初始渗透率相比较，变化率大于 20% 所对应的前一个点即为临界 pH。

5）酸敏评价实验

煤层气储层酸化及钻、完井过程，酸性流体与煤储层中酸敏性矿物及流体发生反应，产生化学沉淀或凝胶，破坏煤层原有结构致使煤粉及矿物颗粒脱落，堵塞煤层气渗流通道，造成煤岩渗透率下降。酸敏评价实验的目的是通过模拟酸性流体进入储层的过程来测定酸化前后储层渗透率的变化，从而了解酸性流体是否会对煤储层产生伤害及伤害的程度，以便确定合适的钻、完井液 pH 或酸液配方，寻求更为合理的酸化处理方法。

6）应力敏感评价实验

煤层具有孔隙和裂隙都极其发育的双重孔隙结构，在周围应力场发生改变时，煤储层孔隙也容易发生张开或闭合现象，从而导致煤储层渗透率发生改变。多数情况下工作液在井底产生的压力大于地层原有压力，因此需要通过应力敏感实验来评价煤储层应力敏感的程度，确定临界压力（一般应力大于临界压力时会导致煤岩渗透率迅速下降，并且渗透率不能恢复）。

实验同样是在多功能动态滤失仪器上进行，在调节、改变围压大小的条件下测定同一流速下煤样的渗透率，不同的是这部分实验所用岩心夹持器的径向与轴向压力可调。实验过程中，围压间隔可参照 2.5MPa、3.5MPa、5.0MPa、7.0MPa、9.0MPa，11.0MPa、15.0MPa、20MPa 执行，设定的围压点不能少于 5 个。随着加载到岩心上围压的增加，测定的渗透率逐渐变化，将不同围压下渗透率与初始渗透率比较，相对变化率大于 20% 时所对应前一个点的围岩值即为临界压力。

通过以上实验可以界定工作液的 pH 范围、矿化度范围、密度范围等，为配置和优选工作液提供参考依据。

5.5　井内复杂情况预防措施及处理方法

煤矿区煤层气开发对接井的井内施工安全面临两方面的问题：一是水平连通井钻进过程中，钻柱在井下受力情况复杂且井眼的不规则易造成井壁不稳定、井眼净化效果差；二是与其他常规油气储层相比较，煤储层具有机械强度低、均质性差，裂缝和割理发育等特殊的物理力学性质，导致钻进中易发生井壁坍塌、漏失。上述两个问题单独或共同作用，易造成煤层气对接井发生卡钻、埋钻、钻具断落、漏失等事故。水平井事故，尤其是煤层气对接井事故处理难度极大，鲜有完全成功处理的案例。在钻井过程中应结合设计文件、地质条件等信息，选择合理的工艺措施和钻井液体系，尽量避免钻井事故的发生。一旦发生事故，必须准确做出判断，快速处理，减少损失。

5.5.1　钻进复杂情况预防

煤层气开发对接井由于煤储层的特殊性，事故发生率以井内漏失居首，各类卡钻事故次之，钻具断落事故相对较少，水平连通井与目标直井无法对接连通事故也时有发生，以造成的损失而言，卡钻事故造成的损失远大于其他事故。不同地层条件下，易发生的事故类型不同，预防措施不同。本节针对井漏、卡钻、钻具断落、水平连通井与目标直井无法连通事故的预防措施进行探讨。

1. 井漏

井漏是指在钻进过程中钻井液漏入地层的一种井下复杂情况。井漏的直观表现是固控罐液面的下降，甚至出现钻井液失返的现象。《钻井事故与复杂问题》（蒋希文，2006）总结出产生井漏的必要条件：①地层中有孔隙、裂隙或溶洞，使钻井液有通行的条件；②地层孔隙的流体压力小于钻井液液柱压力，在正压差作用下才会发生漏失；③地层破裂压力小于钻井液液柱压力和环空压耗或激动压力之和，将地层压裂，产生漏失。

我国煤储层普遍具有“低压、低渗”特性，进行煤层气对接井施工时，主要漏失井段为煤层段，大量钻井液及堵漏材料进入煤储层，会对储层造成严重伤害，井漏的预防至关重要。对付井漏应以预防为主，尽可能避免因人为的失误而引起的井漏，井漏的主要预防措施有：①收集地层孔隙压力、破裂压力、坍塌压力参数，合理进行井身结构设计，确保固井水泥不压裂煤储层，避免形成新的漏失通道；②尽可能选择密度低的钻井液；优选经过净化处理的地层水或清水作为钻井液，将对煤储层的污染降至最低；③在煤层中钻进时，排量、泵压、钻速均应控制在一定范围内；在起下钻、接单根时，起下钻速度要适当，防止产生激动压力，压漏地层；④接单根开泵前，应打开回水阀门，或采用液力耦合传动的泥浆泵，使入井钻井液量由小到大，缓慢增长，避免泵量突然增加，憋漏地层；⑤起钻时，如发现钻杆内有返喷现象，应立即开泵循环，待井下情况恢复正常后方可再起；⑥若确定储层压力系数较低，而煤层物理力学强度较高时，优先采用欠平衡钻进工艺施工，使地层流体有控制地进入井筒，避免井漏，减少储层污染。

2. 卡钻

卡钻指钻具既不能转动又不能上下活动，是钻井过程中常见的且危害较大的井下复杂情况，煤层气对接井卡钻分为：黏吸卡钻、坍塌卡钻、砂桥卡钻、缩径卡钻等。卡钻机理不同，预防措施也有所不同。

1）黏吸卡钻

黏吸卡钻也称压差卡钻，是钻井液液柱压力与地层压力间的压差，使钻具紧压在井壁泥饼上导致的卡钻。黏吸卡钻在钻柱静止的状态下发生。由于煤层气对接井造斜段的存在，钻具紧贴下侧井壁，极易在造斜段发生黏吸卡钻，主要预防措施如下：①井身结构和钻井液密度严格执行工程设计；②直井段施工严格执行防斜打直技术，减少直井段黏吸概率；③从定向开始，使用加重钻杆代替钻铤，减少扶正器个数；④使用好钻井液固控设备，严格控制钻井液含砂量在 0.5% 以下，水平连通井控制钻井液含砂量在 0.3% 以下；⑤严格控制失水量，减少泥饼厚度，常温常压下失水不大于 5mL，高温高压失水不大于 20mL；⑥加强活动钻具，每次活动距离不少于 2m，转动不少于 10 圈，钻具在井内静止不超过 3min；⑦因设备故障原因，钻具无法活动时，应将 2/3 钻具重量缓慢压至井底，同时保持循环，抓紧时间抢修。考虑到钻头安全，修好后一般不宜再钻进，应循环起钻。

2）坍塌卡钻

坍塌卡钻是井壁失稳造成的，是煤层气对接井所有事故中性质恶劣、后果严重的事故。煤层由于其机械强度低、均质性差，裂缝和割理发育等特殊的物理力学性质，导致煤层气开发对接井在钻进中易发生井壁坍塌，尤其是在水平连通井施工中存在抽吸和激动压力时。水平连通井的坍塌卡钻极易发展成埋钻事故，甚至导致全井或部分井段报废，在钻井过程中应采取积极措施预防这类事故的发生，包括：①设计井眼轨道应位于煤层中上部，并尽可能避开易坍塌煤层（如亮煤、软煤等）。②优化井眼轨道设计，在设计阶段应查明煤层应力状态，使设计轨道方位尽量与安全钻井方位一致。③依据煤岩组分，在钻井液中适当加入抑制剂，降低煤岩组分膨胀，降低坍塌的可能性。④控制起下钻速度，避免出现抽吸和激动压力。⑤避免定点循环，经常变换钻头位置，尽量避开易漏易塌井段。⑥下钻及接单根后，开泵不宜过猛，应小排量开通，待泵压正常后，再逐渐增加至正常。如小排量顶不通，泵压上升，井口不返钻井液，则表明地层漏失或坍塌，应活动乃至起出钻具以策安全。⑦控制下钻速度，遇阻不硬压，上提钻具至畅通井段，采用“一冲二通三划眼”方式处理。⑧钻进程中，不可长时间停止循环，若钻进过程中泥浆泵出现故障，应活动直至提出钻具。⑨起钻时必须连续向井内灌满钻井液，保持液柱过压力，起钻遇卡不强拔，下放钻具到畅通井段小排量开泵，循环正常后，逐渐加大排量，待井内正常后再次提钻。⑩完钻洗井时，切忌钻具在井内长时间停留。⑪施工中密切注意邻井影响，一旦附近有压裂施工，应将钻具提至套管内，压裂完成，经评估后方可下钻再行钻进。

3）砂桥卡钻

砂桥卡钻也叫沉砂卡钻，产生原因是钻井液排量不足、悬浮性能不佳或井眼不规则等导致岩屑不能正常返排至地面，在井内淤积，形成砂桥，导致钻井液无法循环，钻具无法活动，严重时导致井眼报废。在煤层气对接井造斜段、狗腿度较大井段，均易出现砂桥卡钻，若处理不当，其危害程度比坍塌卡钻更大。在钻进过程中应采取措施加以预防，包括：①设计井眼轨道光滑，未下套管井段狗腿度小于 10°/30m；②二开套管下至煤层顶板部位，使最易形成砂桥部位处于套管内，降低处理难度；③在满足储层保护的前提下，尽可能提高钻井液的悬浮力；④使用固控设备，加强钻井液处理工作；⑤钻进时，要根据地层特性，选用适当的泵量，既要保证井眼清洁，又不能冲蚀井壁；起钻前要彻底循环，清洗井眼；⑥钻进过程中，接单根要快，一般接单根用时不超过 3min，同时采取晚停泵、早开泵的方法，保证井眼循环畅通；⑦钻进中如发现泵压上升，悬重下降，井口返出量减少，钻杆内倒返严重时，应停止钻进或接单根，上提钻具至正常井段，采取冲通划的方法加以处理；⑧因设备问题，必须停止循环修理时，应设法向井内灌钻井液，边起钻边修理，修好后再下钻开泵恢复钻进，如短时间内无法修复，应将钻具提至套管内；⑨下钻遇阻力不得超过100kN，连续三根钻杆井口不返液，必须起钻至正常井段开泵循环或顶通；⑩下钻距井底5～10m，接主动钻杆活动无阻卡后开泵。排量由小到大，待泵压、井口返出正常，再恢复钻进。

4）缩径卡钻

缩径卡钻又叫小井径卡钻，无论何种原因，钻头通过的井段，其直径小于钻头直径，均可形成卡钻。煤层气对接井发生缩径卡钻的主要原因是煤岩中黏土矿物遇水膨胀，主要预防措施：①在钻井液中加入黏土矿物抑制剂，抑制黏土矿物水化膨胀；②起钻遇卡，切不可强拔，下放至畅通井段开泵大排量洗井或采用倒划眼方法将钻具起出。

3. 钻具断落事故

煤层气对接井造斜段一般设计为中等大小曲率半径，钻具受力复杂程度较小曲率半径井低，采用满足API标准钻具均可进行施工，但钻具断落事故仍有可能发生，主要由钻具组合配置不当、钻具疲劳变形和事故破坏等造成，须采取措施加以预防，包括：①避免使用钻铤及无磁钻铤进行造斜井段钻进，改用加重钻杆和无磁承压钻杆；②入井钻具必须进行严格检查，问题钻具做好标示后单独放置；③水平井段施工时，倒装钻具，使钻具轮流位于造斜井段，避免钻具出现严重磨损；④规范操作程序，定期检查钻机及井口工具，杜绝人为原因导致钻具掉落。

4. 水平连通井与目标直井无法对接连通事故

在煤层气对接井施工中，当水平连通井钻至距离目标直井洞穴50m以内时，可通过RMRS进行精确定位，确保对接连通，但若某些原因造成偏差过大，超出螺杆钻具的最大纠斜能力，就会导致水平连通井与目标直井无法对接连通；部分井组未设计造穴工序，要求水平井直接打穿玻璃钢套管，也可能导致无法连通。为降低此类事故出现的概率，应采取如下措施：①水平连通井与目标直井的设计水平位移尽量大于250m，在保证造斜半径不至过小的同时，为RMRS辅助连通井段预留足够水平位移；②水平连通井开钻后，即做好对井位的复测，使用一种方法测量完成后，使用另一种方法进行校核，确保方位、位移准确；③目标直井完钻后利用电子多点测斜仪对井眼轨迹进行测量，必要时使用陀螺仪进行复测；④认真核对定向钻具角差，定向钻进过程中对轨迹数据实时监控，使位移、方位偏差在容许范围内。

5.5.2　常见钻井事故分析与处理方法

在钻井作业中，由于对地层认识不清（客观因素）或技术因素（工程因素）及作业决策因素（人为因素），往往会发生各类井下复杂情况，甚至造成严重的井下事故，轻者耗费人力、财力和时间，重者将导致钻具被卡乃至井眼报废。统计数据表明，处理井下复杂情况和钻井事故时间，占钻井总时间的3%～8%。当出现井下复杂情况或事故时，应理性分析，快速决断，按照安全、快速、灵活、经济的原则对事故进行处理，将损失降至最低。

本节主要针对煤层气对接井施工中常见的井漏、卡钻、钻具断落、无法连通等事故进行分析，并就处理方法进行讨论。

1. 井漏

1）井漏分析

a. 漏失分类

在钻井过程中，做好钻井液班报表，通过漏失情况统计，对漏失的严重程度做出判断。依据漏失程度对漏失所做的分类具体见表5.14。

表5.14　井漏分类表（蒋希文，2006）

漏失速度/（m^3/h）	≤5	5～15	15～30	30～60	≥60
井漏类型	微漏	小漏	中漏	大漏	严重漏失

b. 判断漏失发生的原因

漏失发生的原因分天然原因（包括渗透性漏失、天然裂隙漏失、孔隙-裂隙漏失等）和人为原因（包括泥浆密度过大、起下钻具激动压力过大、高泵压憋漏地层等）。在钻井施工前及施工过程中，应注意收集相关资料，做好钻进记录，辅助分析判断漏失原因。

c. 判断漏失层位

处理漏失事故的关键是判断漏失的层位。正常钻进过程中发生的漏失，主要是钻头揭露漏失地层，通过查阅地层资料判断漏失层段岩性及深度；若改变钻井液密度导致的井漏，则漏失层可能在井内的任何井段，可通过螺旋流量计法、井温测定法、热电阻测量法等查明漏层位置。煤层气对接井主要漏失层段为煤层段。

d. 漏失层压力计算

可通过静液面深度测量、井漏前后钻具悬重变化、不同排量循环压差计算等方法计算漏失层压力。若发生煤层段漏失，可利用临近参数井试井资料辅助确定漏失层压力。

2）井漏的处理

井漏处理的基本思路如下：一是封堵漏失通道，即堵漏；二是消除或降低井筒与漏层之间的正压差；三是提高钻井液在漏失通道中的流动阻力。

a. 非煤层段堵漏措施

煤层以上井段发生井漏时，可按常规处理措施进行处理，包括：①对于小漏和微漏，可采用起钻静置的方式进行堵漏，也可在钻井液中加入小颗粒及纤维质（如云母片、石棉灰等）处理材料；②大漏发生时，应上提钻具至安全井段，在上提过程中应不间断地从环空灌入钻井液（在没有钻井液的情况下也可以考虑灌入清水）以维持必要的液柱压力，防止井壁坍塌；避免反复开泵，钻具提至安全井段后，可根据漏失具体情况采取静压堵漏、微细颗粒和纤维物质堵漏、单向压力封闭剂堵漏、桥接剂堵漏、高失水浆液堵漏等具体方法进行堵漏；③当出现大裂隙大溶洞时，堵漏方式主要是充填与堵漏剂混合堵漏、封隔器堵漏、膨胀套管堵漏等方式处理。

b. 煤层段井漏处理措施

煤层段漏失应采取特殊措施进行处理，以免污染储层。具体措施包括：①在机械强度较高，构造不发育的煤储层中，可考虑采用欠平衡、近平衡钻进技术施工；②若不具备欠平衡钻进条件，漏失后钻井液能满足岩屑上返要求，可顶漏钻进，以保护储层；③若漏失量较大，可在适当提高钻井液黏度（如适当加入 XC 或 CMC 之类的增黏剂）的基础上，加入超细（粒径 0.5 ~ 1μm）$CaCO_3$粉，在钻进过程中 $CaCO_3$随钻井液滤液进入裂隙中起到堵漏作用，钻进完成后使用低浓度 HCl 溶液进行洗井，其生成物对储层无污染；④若超细 $CaCO_3$仍无法实现堵漏，钻进无法正常进行时，可考虑改变完井工艺，使用常规护壁堵漏技术封堵裂隙，待完钻后，在水平段采用分段压裂技术进行增产改造，消除堵漏导致的近井壁地带储层污染的不利影响。

2. 卡钻

卡钻是煤层气对接井常见事故之一，主要有黏吸卡钻、坍塌卡钻、砂桥卡钻及缩径卡钻。不同类型卡钻事故发生的位置往往不同，具体处理方法也有所不同。

1）黏吸卡钻

黏吸卡钻是由于钻具压入井壁泥饼所致，主要发生于造斜井段及水平非煤井段。黏吸卡钻的主要处理方法如下。

a. 强力活动

黏吸卡钻卡点有随时间延长逐渐向上延伸的特点，时间越长、卡钻越严重，一旦发现黏吸卡钻，应立即在设备、钻具容许能力范围内进行强力活动，但若活动超过 10 次仍无效，则应考虑其他措施，同时，应在适当范围内活动未卡钻具，防止卡点上移。

b. 震击解卡

通常煤层气对接井不使用随钻震击器，在强力活动无效后，可迅速接井口震击器进行震击，若震击仍无法解卡，则应考虑采取浸泡解卡措施。

c. 浸泡解卡

浸泡解卡是解决黏吸卡钻最常用、最有效的措施。钻井施工现场使用的柴油、烧碱都是良好的解卡剂。浸泡解卡需要通过拉力法确定卡点位置，同时，计算好钻井液与解卡剂的比重关系，确保解卡剂浸泡在黏吸井段附近，浸泡时间主要参考地区经验，时间过短不能解卡，时间过长易造成井壁坍塌。

如浸泡解卡无效，则可考虑倒扣下随钻震击器。由于煤层气对接井黏吸卡点多出现在造斜段，该井段位于套管内和套管鞋附近，较为稳定，倒扣可较容易重新对扣。

2）坍塌卡钻

煤储层的物理力学性质相对特殊——机械强度低，因此煤层段坍塌卡钻是煤层气对接井发生的主要井内事故之一。发生坍塌卡钻征兆后，钻具一般不会立即埋死，尚有处理余地，应立即处理。若未能成功处理，发展成砂桥卡钻，则处理难度极大，鲜有完全处理成功案例。本书简单介绍坍塌卡钻可采取的处理措施，包括：①在下钻过程中，如发现井口无钻井液返出，或者钻杆内反喷钻井液，则可初步判定是井塌，应立即停止下钻，开泵循环，并遵循“一通、二冲、三划眼”的措施，待井内正常后，方可继续下钻；②起钻过程中，如发现井口液面迅速下降，或钻杆内反喷钻井液，也是井塌的征兆，应立即停止起钻，并开泵循环，待泵压正常、井下通畅后，方可继续起钻；③在钻进过程中，如发生井塌（煤渣屑上返量突然增大、粒径突然变大等），应立即提高钻井液黏度，并适当降低泥浆泵排量，在确保煤屑上返的同时，保持循环；大泵量循环易造成循环通道堵塞，形成砂桥卡钻，甚至引发埋钻事故；④若在未开泵情况下发生钻杆内反喷等现象，应立即小泵量开泵，并提高钻井液黏度，循环建立以后，逐渐增加排量，直至循环通畅，事故解除。若无法建立循环，泵入钻井液超过 $5m^3$ 而井口无上返钻井液，应考虑地层可能已被压漏，且在井口已经形成砂桥，应在钻具容许的安全负荷以内立即起钻，否则埋钻概率大。

3）砂桥卡钻

砂桥卡钻是对煤层气开发对接井危害最为严重的一种井下事故，发生砂桥卡钻后，一旦处理失败，将会造成水平井甚至井组的报废。由于水平连通井的特殊性，砂桥卡钻的处理方法有限。

a. 常规处理方法

发现砂桥卡钻征兆后，应尝试用小排量顶通，一旦顶通，则应立即提高钻井液黏度、切力，待循环稳定后，逐渐增加钻井液的排量，力争打开循环通道。切不可贸然增加排量，将砂桥挤死，发展为埋钻事故。

b. 爆炸松扣

水平连通井由于其特殊性，在技术套管底部不具备套铣条件，若无法建立循环，为防止整个井组报废，应当机立断，在正确测量、计算卡点的基础上，采用爆破处理方式，将自由钻具提出，争取使鱼顶位于连通点以下，为后续侧钻开分支创造条件。主要步骤包括：①调配钻具，使用转盘式钻机进行施工，必须确保在最大拉力工况下，方钻杆不出转盘补心，最小拉力时水龙头不能坐于转盘面上；使用动力头式钻机时，最大拉力工况下，动力头位置不至于太高；②在钻进过程中通过分段紧扣，使钻柱各连接部位受力均匀，以防在处理事故施加反扭矩时把上部钻具倒开；③卡点测量，常规的拉升法计算卡点在水平井中误差很大，为尽可能地减少损失，一般采用测卡仪进行卡点测量，精度较高；④下入爆炸松扣工具，爆炸松扣工具在直井和定向井中均可通过自重下至井底，在水平井中可通过抽油杆将爆炸松扣工具送至卡点以上，磁性定位器可定位接头位置；⑤施加反扭矩，依据表 5. 15，对钻具施加反扭矩，注意防止出现倒扣现象；⑥实施爆炸松扣，其成功率较高，完成后应慢速上提仪器，看看有无阻卡现象，若倒扣成功，转盘扭矩下降，此时再倒转几圈，将连接螺纹完全卸开后方可起钻。

表 5. 15　爆炸松扣紧扣的参考数据

钻杆外径/mm	140	127	114	89	73	60
紧扣圈数/（圈/km）	3. 5	3. 8	4. 3	5. 5	6. 7	8. 0
松扣圈数/（圈/km）	2. 5	2. 7	3. 1	3. 9	4. 8	5. 2

c. 爆炸切割

爆炸切割是使用切割弹将钻具爆炸切割的一种处理方法。其原理是将钻具悬重提高至适当吨位，炸药爆炸时形成的高压射流可将钻具切断，适用于爆炸松扣无法下入指定位置时的事故处理，可使用水力输送炸药，也可使用连续油管输送。

4）缩径卡钻

煤层气对接井发生缩径卡钻的主要原因是煤岩中黏土矿物和煤层顶底板黏土类岩石遇

水膨胀，主要处理措施包括：①遇卡初期，应大力活动钻具，争取解卡；②用震击器震击解卡，震击是缩径卡钻最有效、最经济的处理方法，如果是起钻过程中遇缩径卡钻，直接在井口接井口震击器下击；如果下钻遇卡或井底遇卡，可倒开钻具以后，在造斜段下部下入震击器震击，但必须确保震击器在技术套管内，以免事故叠加；③若确定是缩径与黏吸的复合式黏卡，应先浸泡解卡剂，然后再进行震击；④若是泥页岩缩径造成的卡钻，可泵入油类和清洗剂，并配合震击器震击；⑤若大力活动钻具与震击均无效，考虑爆炸松扣后进行侧钻。

3. 钻具断落

煤层气对接井钻具断落事故的主要诱因包括：钻具组合配置不当、钻具疲劳变形和事故破坏。主要处理措施包括：①认真做好泵压、钻机悬重记录，通过泵压变化及时发现钻具断落，切不可盲目钻进，使断落钻具开出新眼；②发现钻具断落后，应立即使用原钻具试探“鱼头”，须遵循的原则是不能破坏“鱼头”，而后起钻，结合钻具记录，查明落鱼情况，同时，由井口灌入钻井液，防止井壁坍塌；③结合落鱼情况，选用合适的打捞工具，常用的打捞工具分为插入式和套入式两种，插入式工具是通过断落钻具的内孔进行打捞，如公锥、捞矛等；套入式工具则是把断落钻具引入工具内部即通过断落钻具外径进行打捞，如母锥、打捞筒等。

4. 无法对接连通事故

如果出现水平连通井对接连通失败事故，可采取的技术措施包括：①未能按预期连通情况下，应向前继续钻进 20m，使数据得到进一步的验证；②根据数据分析结果，退后至距离连通点合适位置且能够进行分支钻进的井段，侧钻开分支，结合前期收集资料，在 RMRS 探测距离之外即进行轨迹调整，继续进行对接连通作业。

5.6 目标直井造穴技术

对于煤层气开发直井，煤层段造洞穴完井方式能够增大井眼的有效半径，增加煤层气进入井筒面积，使煤层与井眼最大限度地连通，同时能够消除钻井液对近井壁储层的损害，提高产气量。对于井眼连通的煤层气开发对接井，在直井中煤层段造洞穴能够降低井眼对接的难度，提高对接的成功率。

目前，常用的造穴方式有三种：水力造穴、机械造穴、水力-机械复合造穴。

5.6.1 水力造穴技术

水力造穴技术利用高压水射流破岩能力切割地层形成洞穴。施工时用钻杆把特殊设计的水力射流装置下入造穴井段，开泵循环，使钻井液在经过小喷嘴时产生高速水力射流，破坏煤储层，形成洞穴。水力射流造穴技术工艺和设备较为简单，但根据目前水力射流的应用现状，还没有可靠的计算方法能确定射流造出的洞穴几何尺寸、形态，造出的洞穴一般偏小（直径通常小于 700mm），因此，在现场应用中，水力射流造穴后往往不能完全满足要求，需进行机械扩眼。

水力射流造穴工具结构如图 5.13 所示，由本体和喷嘴机构两大部分组成，其中喷嘴机构部分是依据高压水射流的基本原理而设计的，施工中用钻杆把射流造穴工具下入造穴井段，用钢球封堵钻杆前端的水流通道，开泵循环，钻井液在经过小喷嘴时产生具有较大动能水射流射向井壁，进而破坏井壁形成洞穴。

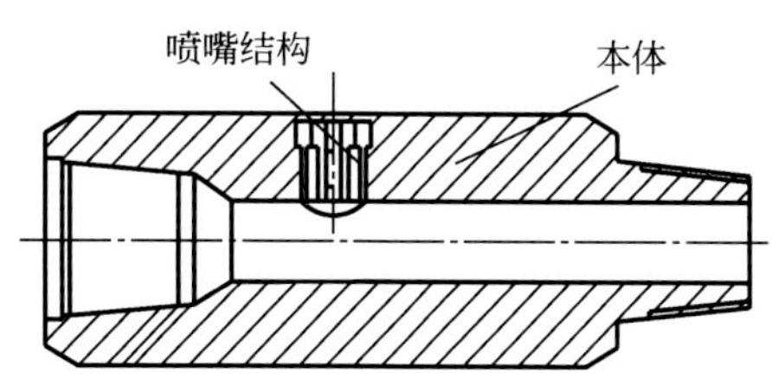

图 5.13　水力射流造穴工具结构示意图

5.6.2　机械造穴技术

机械造穴技术利用机械切削的原理，借助钻杆把特殊设计的机械装置下至造穴井段，然后通过液压控制方式使造穴工具的刀杆张开，并在钻杆的带动下旋转，切削煤层，形成满足需要的洞穴。机械造穴技术相对来说工艺和设备比较简单，而且洞穴的大小可通过设计制造不同结构尺寸的造穴工具来控制。然而对于大直径造穴工况，工具及刀杆尺寸小、强度有限，造穴过程中容易发生刀杆变形，导致造穴工具无法顺利起出井眼而引发井内事故。

为了满足不同造穴直径的需要，主要有两种形式机械造穴工具，一种适用于 1m 以下小直径机械造穴工况，其结构示意图如图 5.14 所示；另一种适用于 1 ~ 2m 的超大直径造穴工况，其结构示意图如图 5.15 所示。

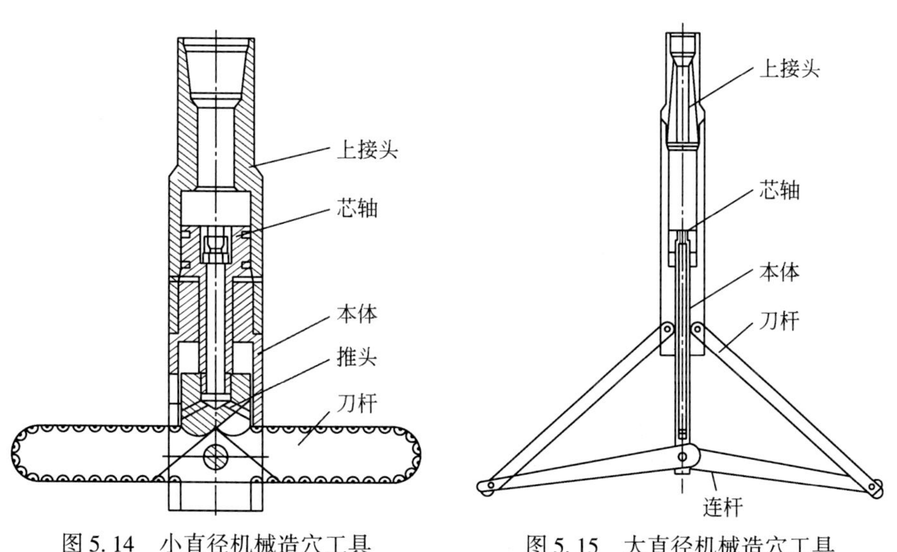

图 5.14　小直径机械造穴工具　　图 5.15　大直径机械造穴工具

小直径机械造穴工具主要由上接头、芯轴、本体、推头和刀杆等组成，其原理是利用钻井液流过小孔产生的压差，作用在工具芯轴的活塞上产生下推力，通过推头的传递作用，使刀杆在切削地层的同时逐步张开，造出一定直径的洞穴，然后，像正常钻进一样下放钻具，在煤层中钻出具有一定直径和一定高度的洞穴，形成有利于煤层气开采的洞穴。小直径机械造穴工具在低泵压、低排量条件完成井眼造穴，在井眼内起下容易，打开和收回机构简单、安全可靠，施工工艺简便。

大直径机械造穴工具主要由上接头、芯轴、本体、刀杆和连杆等组成，其原理也是利用钻井液流过小孔产生的压差，作用在工具芯轴的活塞上产生下推力，通过连杆的传递作用，使切刀在切削地层的同时逐步张开，造出规定直径的洞穴。

5.6.3 水力-机械复合造穴技术

水力-机械复合造穴技术综合运用水力射流和机械切削两种动力进行造穴，其中：水力射流高速冲击、破坏井壁煤岩层，降低煤岩体胶结强度，在松动煤岩体的同时形成不规则的洞穴；机械切削工具对不规则的造穴层段进行修整、强制造穴，最终形成直径、高度符合要求的洞穴。

水力-机械复合造穴技术克服了单一水力射流造穴尺寸不确定、洞穴壁不稳定的缺陷和单一机械造穴易发生工具变形、无法顺利提出造穴钻具的缺陷。

水力-机械复合造穴技术根据造穴工具及施工工艺等的不同可细分为水力-机械复合二次造穴和水力-机械复合一次造穴两种工艺。

1. 水力-机械复合二次造穴工艺

水力-机械复合二次造穴工艺包括水力射流工具造穴和机械工具造穴两个阶段，即在造穴段先下入水力射流工具利用高压水射流破坏煤岩层、降低煤岩体胶结强度，形成不规则的洞穴；随后再下入机械造穴工具进行强制造穴作业，最终形成符合要求的规则洞穴。

水力-机械复合二次造穴工艺安全性好，能够保证洞穴尺寸，并可根据需要控制洞穴大小，降低煤层气井裸眼造穴的风险，提高效率。

水力-机械复合二次造穴作业流程及注意事项具体如下。

（1）下入水力射流造穴工具先对造穴段进行高压水射流造穴。

（2）选择确定机械造穴工具对应的泥浆泵排量。

（3）配接机械造穴工具，在最接近套管下端位置安装满眼扶正器，并保证工具能够下到造穴段底部。

（4）下入机械造穴工具至预定位置后，缓慢开泵建立循环，缓慢转动钻具，时刻观察钻具扭矩值，发现扭矩值陡增时，须立即调整钻具转速或泥浆泵排量，以防止造穴工具损坏、引发井下事故。

（5）观察到钻具扭矩显著降低，并持续一段时间后缓慢上提或下压钻具继续造穴，如出现扭矩大幅升高现象应停止上提或下压钻具，待扭矩下降后再继续造穴。

（6）造穴完毕后，停泵终止钻井液循环，缓慢转动并上提钻具，使造穴工具切削翼收回，起出造穴工具串。

2. 水力–机械复合一次造穴工艺

水力–机械复合一次造穴借助特制的造穴工具集水力射流造穴、机械切削造穴两种工艺于一体，即利用水力射流与机械切削两种动力同时破碎造穴段煤岩体，且下一次钻具即可完成造穴作业。

水力–机械复合一次造穴工艺配套工具的基本原理是：依靠钻井液驱动活塞–推杆机构使机械切削翼向侧向逐渐伸出，通过钻具回转切削煤岩体并逐步造出“台阶”，辅助增加钻压使机械切削翼与钻具轴线垂直，进而可以正常造穴；与此同时，造穴工具本体上喷嘴形成的高速射流与机械切削工具联合作用，辅助松动、破碎煤岩体。这类工具的结构简单、操作方便、安全可靠，通过更换不同长度的机械切削翼可调整造穴直径，本体上的喷嘴可根据不同工况调整数量，其形成的高速射流辅助造穴的同时可实时清洗机械切削翼，提高造穴速度。

水力–机械复合一次造穴作业流程及注意事项具体如下。

（1）下入造穴工具前要保证井眼畅通，使其能够顺利下到造穴井段；同时处理、维护钻井液性能，使其具有较强的悬浮能力，降低岩屑沉降速度，确保造穴作业安全。

（2）造穴工具入井前须进行严格检查，确认机械切削翼部分转动自如、安全可靠。

（3）配接钻杆工具串时，在套管内靠近套管鞋处安放满眼扶正器，提高下部钻具的刚度，确保造穴工具居中。

（4）下造穴工具过程中，严格控制下钻速度，防止突然遇阻损坏工具，同时，严禁开泵及划眼，遇阻不得硬压强下，必要时起钻通井。

（5）造台阶时，将造穴工具下至指定位置，先回转钻具，后开启泥浆泵、建立循环，调整排量由小到大，注意扭矩变化；造台阶过程中不要下放钻具，当机械切削翼完全伸出后再由小到大缓慢增加钻压，开始造穴。

（6）造穴过程中密切观察扭矩、泵压等钻进参数的变化，并适时根据扭矩情况调整钻压，控制造穴速度、提高造穴效果。

（7）造穴完毕后须及时起钻，先充分循环钻井液、清洗井眼，后停泵；继续旋转钻具并缓慢上提，注意悬重变化；过洞穴上台阶如遇阻，不得强拔以防卡死，可下放钻具至洞穴内，配合开停泵反复活动钻具，直至机械切削翼收回后再起出全部造穴钻具。

随着国内煤层气对接井施工数量的增加和试验应用范围的扩展，面对各大煤矿区不同 f 系数的煤储层，在碎软煤储层中也可采用下入玻璃钢套管代替造穴进行完井。

5.7　精确对接连通技术

精确对接是实现水平连通井与目标垂直井连通的关键，需借助专用的仪器系统和配套的技术来完成。

由于水平连通井和目标井不在一个平台上，需要建立整体坐标系并进行坐标换算。同时，由于最终要对接连通，对轨迹计算的精度提出了更高的要求，必须对实钻井眼轨迹进行精确的归算。为防脱靶和保证后期压裂效果，要求井眼轨迹在煤层中严格围绕设计轨道延伸。

通常，目标直井中为对接提供的洞穴直径不超过 0.5m、高度不超过 5.0m，要使水平连通井钻穿洞穴与目标直井对接，犹如远距离“穿针引线”，常规技术由于存在测量及计算误差难以实现，必须采用特殊工艺。在两口及以上水平连通井共用一口目标直井（“V”形对接井、多井连通型对接井等）还涉及对接位置错开、对接次序确定等问题。对接井包括远端对接井、近段对接井等多种井型，而“V”形水平对接井涵盖了各种不同类型对接井的特性，因此，本节以“V”形水平对接井为例介绍精确对接连通技术。

5.7.1　远端对接技术

1. 对接位置的确定

由于“V”形井相当于两根线穿一个针眼，考虑到防碰等因素，在第一口井对接时要为第二口井的对接留好位置。这就要求两口水平连通井与直井对接的位置要适当错开，综合考虑煤层厚度、对接精度等因素，一般以第一口水平连通井对接洞穴底部以上 1m 处，第二口水平连通井对接洞穴顶部以下 1m 处为宜。

2. 对接次序的确定

考虑到有利于排采，应尽量降低水平连通井井斜角。宜选择井斜角较大的水平连通井作为第一口水平连通井在直井洞穴的下部对接，选择井斜角较小的水平连通井作为第二口水平连通井在直井洞穴的上部对接。

3. 对接的工艺

目前，煤层气开发对接井进行对接的主要方法是旋转磁场测距法，应用最多的是 RMRS 系统。强磁接头为信号源，连接在钻头后面，由于钻头与磁场传感器的距离远大于钻头与磁信号源的距离，在对接过程中可以将磁信号源的空间位置视为钻头的空间位置。磁场传感器置于目标直井洞穴位置，可将磁场传感器的空间位置视为对接点的空间位置。

对接工艺：①把水平连通井中的磁源短节看作磁偶极子，建立磁源周围空间磁感应强度计算模型；②根据直井中三轴磁场传感器测量所得磁感应强度的大小，计算磁场传感器与磁信号源的相对空间位置，即对接点与钻头的相对空间位置；③采用螺杆钻具，借助随钻测量系统适时调整工具面，控制钻头朝对接点定向钻进。

4. 磁感应强度的计算

将磁信号源看作磁偶极子，其周围空间磁感应强度的分布如图 5.16 所示。目标直井中三轴磁场传感器测得的水平连通井中磁信号源在 x、y、z 三个方向产生的磁感应强度值为

$$B_x=\frac{\mu_0 m}{4\pi}\frac{3zx}{(x^2+y^2+z^2)^{\frac{5}{2}}} \tag{5.4}$$

$$B_y=\frac{\mu_0 m}{4\pi}\frac{3zy}{(x^2+y^2+z^2)^{\frac{5}{2}}} \tag{5.5}$$

$$B_z=\frac{\mu_0 m}{4\pi}\left[\frac{3z^2}{(x^2+y^2+z^2)^{\frac{5}{2}}}-\frac{1}{(x^2+y^2+z^2)^{\frac{3}{2}}}\right] \tag{5.6}$$

式中，μ 为介质的磁导率，H/m；m 为磁源的等效磁矩，A · m^2；x、y、z 为空间坐标值，m。

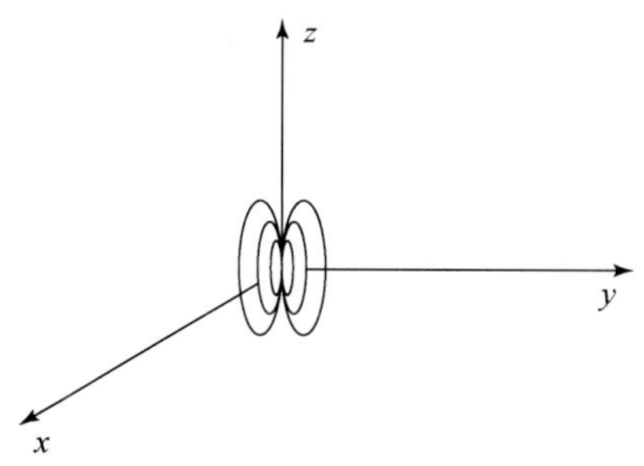

图 5.16　磁源周围空间磁感应强度模型

5. 钻头与对接点相对位置的计算

以磁信号源为原点，以磁北为 y 轴建立水平连通井坐标系，磁场传感器（P 点）与磁信号源（O 点）相对位置如图 5.17 所示。O 点为磁信号源，可视为钻头位置；P 点为磁场传感器，可视为对接点位置。

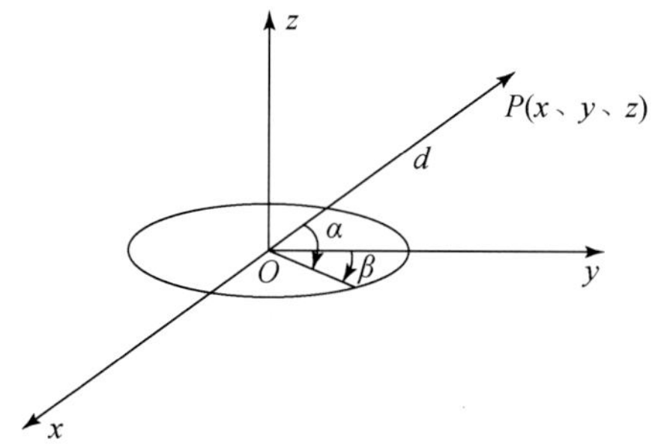

图 5.17　磁场传感器与磁源相对位置模型

钻头与对接点的连线相对于钻头所在平面的倾角可由式（5.7）、式（5.8）计算：

$$B_{xy}=\sqrt{B_x^2+B_y^2} \tag{5.7}$$

$$\alpha=\arctan\frac{B_z}{B_{xy}} \tag{5.8}$$

钻头与对接点的连线相对于磁北方向的夹角由式（5.9）计算：

$$\beta = \arctan \frac{B_x}{B_y} \tag{5.9}$$

钻头相对于对接点的距离由式（5. 10）~式(5. 13）计算：

$$x = \sqrt[3]{\frac{3 \cdot \mu_o \cdot m \cdot \sin\alpha \cdot \cos\alpha \cdot \sin\beta}{4\pi B_x}} \cdot \cos\alpha \cdot \sin\beta \tag{5.10}$$

$$y = \sqrt[3]{\frac{3 \cdot \mu_o \cdot m \cdot \sin\alpha \cdot \cos\alpha \cdot \cos\beta}{4\pi B_y}} \cdot \cos\alpha \cdot \cos\beta \tag{5.11}$$

$$z = \sqrt[3]{\frac{\mu_o \cdot m}{4\pi B_z}(\sin^2\alpha - 1)} \cdot \sin\alpha \tag{5.12}$$

$$d = \sqrt{x^2 + y^2 + z^2} \tag{5.13}$$

式中，α 为钻头与对接点的连线与钻头所在平面的倾角，(°)；β 为钻头与对接点的连线与磁北方向的夹角，(°)；d 为钻头与对接点的距离，m。

钻头走向与钻头和对接点的连线的方位偏离角的计算：通过对水平连通井井眼轨迹的测量与计算，可预测出水平连通井内钻头的走向趋势，它与钻头和对接点的连线的方位偏离角为

$$\theta = \beta - \psi \tag{5.14}$$

式中，θ 为钻头走向与钻头和对接点的连线的方位偏离角，(°)；ψ 为钻头走向，(°)。

5. 7. 2　轨迹计算与控制技术

1. 整体坐标系统的建立与坐标换算

对接井涉及多个井口，钻井随钻测量平台位于水平连通井内，对接靶点位于目标直井内，所以必须建立一个整体坐标系，并采用相同的坐标基准，以表征两井之间的空间位置关系。通常，整体坐标系选在水平连通井的井口，深度基准选用海拔。

以“V”形对接井为例，设定其中一口水平连通井井口和直井井口的坐标分别为（X，Y，H）和（x，y，h），建立如图 5. 18 所示的坐标系统（O_1，N，E，TVD）和（o_2，n，e，tvd）。

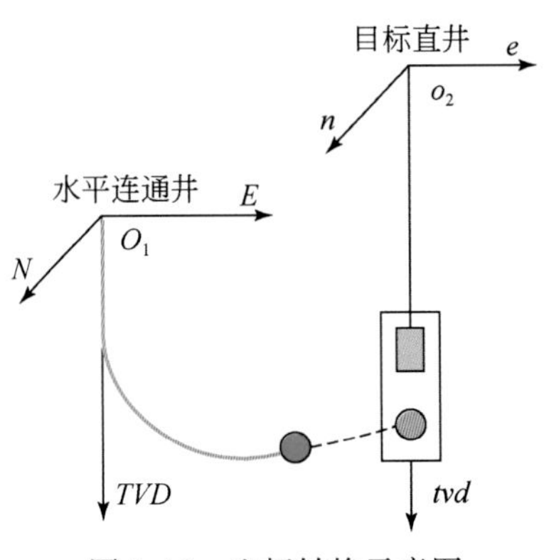

图 5. 18　坐标转换示意图

目标直井中靶点的坐标换算到水平连通井坐标下的坐标计算公式为

$$BN_s = BN_V + x - X \tag{5.15}$$

$$BE_s = BE_V + y - Y \tag{5.16}$$

$$BTVD_s = BTVD_V + H - h \tag{5.17}$$

式中，X、Y、H 为水平连通井净空坐标，m；x、y、h 为目标直井井口坐标，m；$BTVD_s$、BN_s、BE_s 为水平连通井坐标系下的靶点坐标，m；$BTVD_v$、BN_v、BE_v 为目标直井坐标系下的靶点坐标，m。

2. 实钻井眼轨迹的归算

因为存在指向大地北极方向的“真北”、指向磁北极方向的“磁北”和高斯投影平面坐标指向的“网格北”三个指北方向，所以产生了三个方位角：以大地北极方向为基准的真方位角 φ_t、以磁北极方向为基准的磁方位角 ϕ_m 和以网格北方向为基准的网格方位角 ϕ_g（图 5. 19）。

在图 5. 19 中，O 点为井眼轨迹中的任意一点，OP 为 O 点的切线方向，即 O 点的井眼走向，γ 为子午线收敛角，δ 为磁偏角。

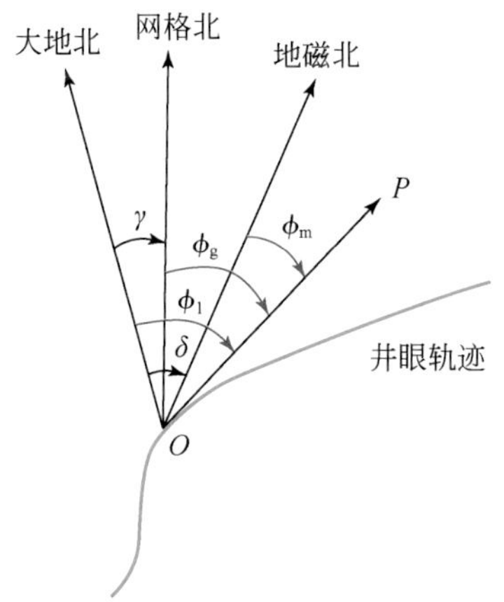

图 5. 19　三个方位角之间的关系

在进行轨道设计时采用的是高斯投影平面坐标，即方位角为网格方位角，而在进行轨迹测量时，磁性测斜仪所测的是磁方位角，因此，必须进行方位角的归算。常规水平定向井在进行方位角的归算时，常常只需将磁方位角归算为真方位角，由于子午线收敛角较小而忽略不计。而实施“V”形对接井中的水平连通井因对接和“防碰”的需要，对精度要求更高，就必须将磁方位角归算为网格方位角。由磁方位角归算为网格方位角的计算公式为

$$\phi_g = \phi_m + \delta - \gamma \tag{5.18}$$

式中：ϕ_g 为网格方位角，(°)；ϕ_m 为磁方位角，(°)；δ 为磁偏角，(°)；γ 为子午线收敛角，(°)。

实钻轨迹的归算方法是：先按式（5. 18）将实测的磁方位角 ϕ_m 归化为网格方位 ϕ_g，

再用网格方位角 ϕ_g 来计算井眼轨迹的坐标。

3. 井眼轨迹的控制

通过式（5.8）、式（5.13）、式（5.14）计算出 α、d、θ 后，就可以确定钻头与对接点之间的相对位置，从而作为定向工程师调整钻头姿态的依据。因为洞穴的长度比直径要大得多，所以钻头走向调整的重点是偏离角 θ：当 $\theta=0$ 时，表示保持当前姿态继续钻进两井即会准确对接；当偏离角 $\theta>0$ 表明需要增方位；当 $\theta<0$ 时，表明需要减方位。在对接过程中，正常情况下每钻进 3m 进行一次测量和计算，并根据计算结果及时调整钻头姿态，直至实现对接连通。

5.8 侧钻开分支技术

5.8.1 侧钻方式

目前，水平定向井开分支的侧钻方式分前进式侧钻和后退式侧钻两种。

1. 前进式侧钻分支

前进式侧钻分支钻进过程中主井眼施工与分支井眼施工交错进行，即分支井眼随主井眼延伸由近及远依次施工。

前进式侧钻分支的优点是主井眼内顺利下入完井管柱的成功率较高，后期完井作业相对主动；同时，这种侧钻分支方式可最大限度地减小可能的井眼损失，取得最佳的开发效果。

前进式侧钻分支的缺点是钻进过程中中途起钻后再次下钻时钻具在已完成的侧钻分支点处可能会进入分支井眼，而非主井眼，导致井内复杂。

2. 后退式侧钻分支

后退式侧钻分支钻进过程中首先钻进主井眼，钻进至设计深度后，在回退钻具过程中由深及浅依次侧钻分支井眼。

后退式侧钻分支的优点是钻进过程中中途起钻再次下钻不存在错入井眼的情况，施工风险相对较低。

后退式侧钻分支的缺点是由深及浅依次侧钻分支过程中，已完成的井眼存在被分支窗口处堆积岩屑封堵的情况，造成主井眼下筛管困难，且严重时可能失去部分已完成的主井眼段。

3. 对接井侧钻分支

对接井侧钻分支方式的选择需综合考虑两种侧钻方式的优缺点与具体完井方式等因素。

基于目前煤矿区对接井钻进技术水平，针对主井眼内下筛管、压裂管柱，分支井眼裸眼完井的技术方案，其关键在于：一是完井管柱顺利下入到位，二是防止或延缓分支井眼的坍塌。研究认为分支井眼应在向两侧远离主井眼的同时，井斜应略有抬升，如图 5.20 所示，完钻后用无固相完井液替换钻进时所用的钻井液来溶解井壁泥皮，作用包括：①避免分支井眼完成后在钻进主井眼时岩屑在窗口处堆积而导致分支井眼被堵塞；②在窗口处分支井眼上翘、主井眼下垂，有利于保证完井管柱顺利下入主井眼，提高下入的成功率；③分支井眼略高于主井眼，有利于后期的排采；④无固相完井液可减少或避免煤储层的污染，并有利于保持分支井眼的井壁稳定。

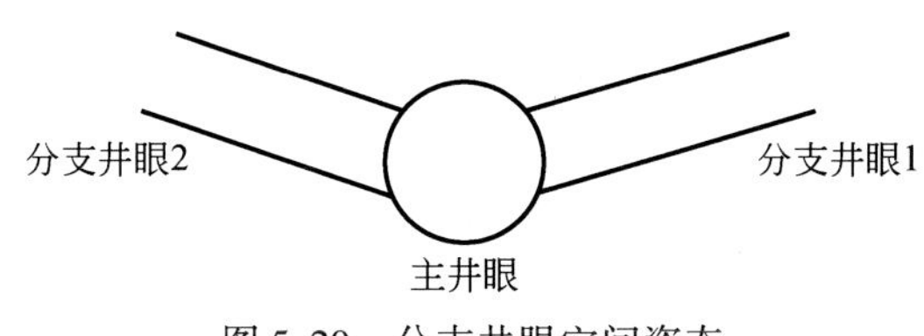

图 5.20　分支井眼空间姿态

5.8.2　选择侧钻点的原则

选择侧钻点应遵循以下基本原则：①侧钻点位置要满足井组的控制面积需求，每个分支的可控半径约 100m，因此同一侧两个侧钻点间距在 200m 以内为宜；②侧钻点附近的井眼状况应良好，钻进过程中无掉块和垮塌，钻具上提、下放的摩阻较小；如果选定的侧钻点摩阻较大，先循环划眼处理，摩阻正常后再侧钻；如果循环划眼处理无效、摩阻居高不下，则应重新选择侧钻点；③侧钻点的位置应选在煤层的中上部，同时主井眼侧钻点以深 10m 范围内应避开夹矸；侧钻点的井斜最好高于地层倾角，如果低于地层倾角 2°以上，则不适合作为侧钻点；④侧钻点以深 10m 范围内的主井眼应是增斜或稳斜井段，即侧钻点须避免选在降斜井段内；侧钻点以深主井眼的方位变化趋势不能与侧钻分支的方位一致。

5.8.3　侧钻划槽作业要点

划槽前注意摩阻情况，符合要求后开始划槽操作。

划槽时，将工具面角调整为 120° ~ 130° （增方位侧钻） 或 230° ~ 240° （减方位侧钻），避免采用 170° ~ 190°工具面侧钻，以确保在分支开出之后，分支井眼与主井眼之间的“夹壁墙”相对稳定，降低侧钻点处发生井壁坍塌的概率。划槽长度 3 ~ 5m，下放速度 1m/min。划槽次数 7 ~ 10 遍，最后一遍划槽即开始进入控时钻进阶段。

5.8.4　控时钻进注意事项

侧钻时要操作平稳，送钻均匀，保持 1m/h 的速度钻进 3m；保持 2 ~ 3m/h 的速度钻进 3m，再保持 5 ~ 6m/h 的速度钻进 5m。侧钻过程中观察仪器工具面和泵压变化，若工具面反转，泵压微增，可逐步调整工具面，钻进 11m 后根据测斜数据能基本判断出井眼延伸趋势，侧钻基本结束，可逐步加快钻进速度至正常速度。

定向侧钻的井段长度 35 ~40m，待分支井眼与主井眼空间距离达到 3.6 ~4.9m 后，可以复合钻进，首先采用低转速方式钻进，转速 10r/min 左右，而后恢复正常转速。

侧钻过程中如出现泵压升高、加压困难等情况，很可能是“夹壁墙”垮塌，应考虑重新侧钻。

第6章　对接井完井工艺技术

对接井完井是衔接钻井和排水采气作业的中间环节又是相对独立的工程，是一项涉及面广且相对复杂的工艺技术。完井方式优选很大程度上影响着煤层气对接井产气量的大小和长期稳产效果。基于对接井结构和排采特点，针对不同类型煤储层研究应用了多种煤层气对接井完井工艺，包括裸眼完井、筛管完井、滑套分段压裂完井和水力喷射加砂分段压裂完井等。本章将根据上述常用完井工艺的基本原理、关键技术、适用地层、工艺施工过程、设备机具选择及应用效果等进行探讨。

6.1　裸眼完井

裸眼完井是对接井完井方式中最基本、最简单的完井方法。对接井裸眼完井工艺将技术套管下至水平段顶部，水泥浆固井封隔上部含水地层；更换小一级钻头施工至水平连通井设计深度，起钻完井。裸眼完井的目标煤层段完全裸露，因此该方法适用于硬度较高、完整性较好、井壁稳定且不易坍塌的煤储层。裸眼完井的成本低，工艺简单，储层不会受到固井水泥浆侵入的损害，后期也可改用其他方式二次完井。

6.1.1　裸眼完井的钻完井液体系

1. 裸眼完井的钻井液体系

根据裸眼完井的特点，为尽可能保护煤储层、提高产气量，在对接井目标煤层段施工中常采用清水和无固相钻井液体系。无固相钻井液基本不含固相，是仅含有无机盐和有机高分子（或聚合物）的水溶液，具有低密度、低黏度和高剪切等特点，有利于除砂、除气，对于低压低渗的煤层气储层适应性较好，有利于储层保护。常用无固相钻井液体系主要如下。

1）超低渗钻井液

以清水为基液，加入无机盐、防垢剂、表面活性剂和低分子量絮凝剂等处理剂。它既保留清水钻井液无固相的优点，又能够最大限度地保护储层，总体使用性能较好。

2）泡沫钻井液

泡沫作为一种低密度的循环流体，有利于提高机械钻速、减少储层污染、避免严重井漏，同时具有较强的携岩能力。在煤层钻进过程中，可以避免煤渣屑的重复破碎，改善井眼清洁效果，有利于储层保护和降低钻井风险。

3）无膨润土聚合物钻井液

无膨润土聚合物钻井液体系不含膨润土，可防止固相损害，强抑制性保持井壁稳定，低滤失量，pH 接近中性，滤液具有降低气液表面张力的能力，可防止水锁效应或内外流体不配伍而造成的储层损害。

2. 裸眼完井的完井液体系

对接井煤层段钻进施工时，即使采用无固相钻井液，在正压差作用下也会在井壁表面形成滤饼，同时会有部分聚合物、钻屑颗粒侵入煤储层，对近井壁地带造成不同程度的损害，后期排采作业中，井壁表面滤饼与储层中残留的聚合物不易降解和返排，影响排采效果。为保证产气量，钻井施工完成后，往往需要利用特殊化学处理剂及“生物酶+酸化”的双重解堵完井液来清除井壁上的滤饼，达到恢复近井壁储层渗透率的目的。“生物酶+酸化”完井液体系中生物酶具有较快的破胶速度和良好的破胶效果，稀盐酸可以有效地解决聚合物和碳酸岩类矿物带来的损害问题，且能够溶解煤储层中含有的碳酸盐矿物，对储层渗透性具有改善作用。

6.1.2 裸眼充砂完井工艺

我国煤矿区煤层气开发地质条件复杂，单纯裸眼完井方法的适用范围有限制，特别是在广泛分布的碎软煤储层中，由于这类煤储层完整性差，在排采过程中，煤层段长期裸露，井壁易坍塌而堵塞产气通道，严重影响产气效果。为提高裸眼完井方式在对接井中的适应性，避免煤层段井壁坍塌，开发了对接井裸眼充砂完井工艺。

裸眼充砂完井工艺是在水平连通井完钻后，在水平连通井中下入专用钻具组合至垂直井洞穴处，随后在起钻的同时经钻具中心孔用清水注入一定级配的砂粒，用于充填煤层段井眼空间，防止井壁坍塌堵塞通道而影响高效排采。

裸眼充砂完井工艺的主要特征是：在目标垂直井的洞穴段下入玻璃钢筛管；水平连通井施工过程中采用无固相钻井液护壁、排屑；对接连通完钻后采用完井液对井壁的“泥皮”进行降解；水平连通井煤层井段中充填砂粒。裸眼充砂完井工艺流程示意如图 6.1 所示。

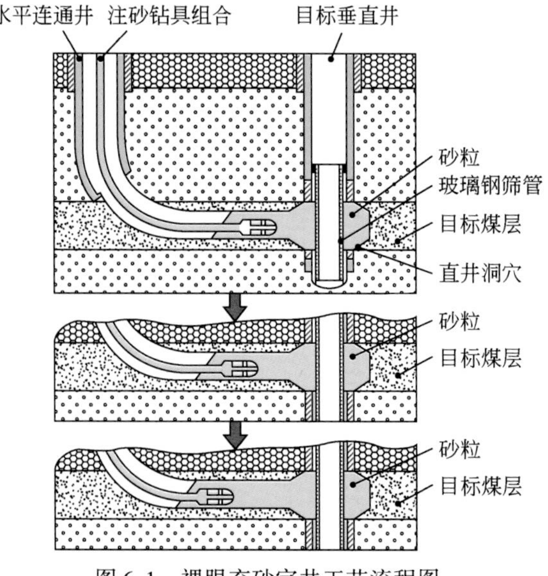

图 6.1 裸眼充砂完井工艺流程图

裸眼充砂完井工艺包括如下关键作业节点。

(1) 在目标直井中，二开完钻后下套管固井，其中煤层段为玻璃钢套管，与上下段的钢套管通过丝扣连接，在煤层段进行造穴作业，造穴段与煤层厚度相当，造穴井径≥500mm。

(2) 在水平连通井中，水平井段采用复合定向钻进方式，通过井底螺杆钻具配套无线随钻测量装置进行轨迹控制，使井眼轨迹沿设计轨道在煤层中延伸；在煤层段钻进过程采用无固相钻井液体系护壁，加入钾盐、胺盐防塌处理剂，以防止煤层段井壁坍塌；钻井液密度≤1.03g/cm^3；利用 RMRS 技术实现精确对接连通；完钻后，采用化学试剂清洗井壁、降解“泥皮”。

(3) 完成洗井作业后，在洞穴位置及下部井眼中下入玻璃钢筛管，外部填砂，上部和煤层以上的钢套管密封，为后续水平连通井充砂完井、垂直井排采创造条件。

(4) 将专用钻具组合——“钻杆+连续油管+钻头”经水平连通井下入目标垂直井洞穴附近，不能破坏目标直井内玻璃钢筛管。钻具组合中的钻头为锥体形状，前端设计一个较大的通孔（内平、直径≤75mm），并设计有两排直径≤5mm、角度向外的螺旋孔，连续油管与钻杆之间通过丝扣连接。

(5) 在起钻的同时经钻具中心孔泵注砂粒。当钻具下入目标直井洞穴段附近遇阻时开泵，缓慢起钻，通过专用装置向钻具中心孔加砂，依靠泥浆泵的高压水强行压入井内，利用钻头前部孔眼冲开遇阻煤粉并向水平连通井内充砂，同时依靠钻具螺旋孔喷出液体的反作用力，一方面对钻头进行紧扣，防止钻具脱落，另一方面向井外排出煤粉，在起钻过程中使砂粒填满整个水平段井眼。

6.2 筛管完井

筛管完井是目前国内外油气开发钻井领域广泛使用的一种水平井完井方式，通常是在水平段下入不同类型、不同材质的筛管实现完井。

煤层气地面开发水平对接井筛管完井是在完钻后，利用专用工具，在水平连通井煤层段下入筛管，防止煤壁坍塌，保持水平连通井与目标直井间的排水、采气通道畅通，为井组连续稳定产气提供基础保障。

6.2.1 筛管完井的特点

筛管完井方式可有效解决裸眼完井存在的水平段井壁易坍塌的问题，提高水平对接井对煤储层的适应性，并具有如下特点。

1）综合成本相对较低

地面煤层气开发水平对接井筛管完井是在目标煤层水平段下入筛管，无其他后续作业，完井周期短。同时，筛管价格相对低廉，节省生产套管、射孔、后期修井等费用，能够降低完井综合成本。

2）有利于保护煤储层

在目标煤层水平段下入筛管，无需进行固井、射孔、压裂等作业，有利于保持煤储层原始状态，避免破坏煤储层结构及降低煤储层渗透率。

3）避免井壁坍塌而堵塞产气通道

水平对接井在后期排采过程中，受抽排水产生扰动和煤岩自身不稳定性的综合影响，极易出现大量煤粉产出和小煤块掉落的现象，严重时会出现井眼垮塌，堵塞气流通道，影响产气量。筛管完井可有效解决井眼堵塞问题，确保产气通道畅通，有利于维持井组持续平稳产气。

4）安全性高

筛管完井产气效果好，现场施工简单，不需要大型地面设备。钻进作业完成后，井内作业工序少且简单易行，不易破坏煤体结构，能够避免井内事故的发生。

5）应用面广，适应性强

筛管完井工艺简单，适应性强，适用于中硬煤层、碎软煤层等不同类煤储层。

目前煤矿区煤层气开发对接井筛管完井依据所用筛管材质不同可分为金属筛管完井和非金属筛管完井两类。

金属筛管完井技术源于石油行业。常规油气井的储集层多位于2000m以深，压力梯度值可达 11×10^{-3} MPa/m。为增大渗流面积，降低完井成本，常规油气井完井管柱采用金属割缝筛管，考虑到抗挤压和渗流因素的影响，一般材质较好、壁厚较大、成本较高。而煤层上覆岩层压力约为常规油气储集层的1/4，可选用强度、成本相对较低的金属筛管进行对接井完井作业。目前，国内外对钢质割缝筛管的设计及应用研究较多，应用也比较广泛。但金属筛管应用于煤矿区对接井，需结合矿井采掘规划综合考虑其适用性。

非金属筛管在满足抗挤压强度的前提下，在煤矿区对接平井中具有广阔的应用前景。目前非金属筛管主要有PE筛管和玻璃钢筛管，其中PE筛管又分为小口径和大口径两种类型。

小口径PE筛管的特点是经钻杆内孔下入目的层段，成功率高、定位准确；缺点是口径较小，井壁坍塌后过流断面小，此外，下入小口径PE筛管后很难进行再次通井。大口径筛管采用连续下管装置直接从井口下入目的层段，过流断面积大，可再次通井，其缺点是下入过程中易遇阻，不能确保下至预定位置，发生卡阻时不易提出，严重影响后续施工。

玻璃钢筛管完井将打孔、割缝的玻璃钢筛管下入目标煤层预定位置，其特点是口径较大，易于下入，具有可钻性且不影响后序的再次通井作业；缺点是价格昂贵，增加完井作业成本。

6.2.2 金属筛管完井工艺

我国油气开发领域最先从国外引入金属筛管完井技术，具体的完井工艺方法有：割缝筛管完井、绕丝筛管完井、膨胀筛管完井、精密滤砂筛管完井和控流筛管完井等。国内煤矿区煤层气开发领域的筛管完井技术是在借鉴油气田开发领域筛管完井技术基础上发展起来的，考虑煤层埋深、地层压力、筛管材质、筛管抗挤强度、生产成本等因素，目前，煤层气井金属筛管完井技术仅限于普通材质的割缝筛管。割缝筛管完井工艺方法通常是在套管、油管或钢管上加工缝隙、孔眼，建立油、气进入完井管柱的通道，而后将割缝筛管悬挂在技术套管上，依靠悬挂封隔器封隔管外的环形空间；同时，割缝筛管要加扶正器，以保证筛管在水平井眼中居中。金属筛管完井方式简单，既可防止井塌，又具有较高渗流面积，主要适用于不宜采用套管射孔完井的情况及分支井多井底等复杂井底结构。

1. 筛管性能参数

割缝筛管性能参数主要包括筛管材质选型、筛管直径、筛管壁厚、筛管强度、筛缝布局和筛缝面积等。综合考虑煤层埋深、煤层上覆岩层压力、煤层气井井身结构、筛管下入工艺和煤层气开采气流通道要求等因素，目前煤层气割缝金属筛管常用结构参数详见表 6. 1。

表 6. 1　常用割缝筛管结构参数表

筛管材质	筛管外径/mm	壁厚/mm	筛眼形状	筛眼宽度/mm	筛眼长度/mm	筛眼相位分布/（°）	筛眼面密度/%
J55 钢级	114. 3	6. 35	长条形	10	100	90	2 ~ 6

2. 筛管完井工艺

1）下筛管准备工作

下筛管准备工作主要包括：①下管前调整好钻井液性能进行通井，保证筛管能顺利下至设计深度；②测量、记录筛管长度，清洗丝扣，并使用符合标准的通径规通井；③起钻时（或通井期间），将钻具提至悬挂器坐挂位置后称重并记录；④校核坐挂位置，悬挂器卡瓦应避开套管接箍位置；⑤校核指重表和泵压表，保证灵敏准确。

2）下筛管工艺过程

（1）准备工具串。下筛管的工具串由割缝筛管+悬挂器+送入钻具组成。

（2）连接并下入筛管及附件。每下入 20 根筛管至少灌满钻井液一次，悬挂器下面的两根筛管连续加两个扶正器，筛管下完后先灌满钻井液再接悬挂器。

（3）接尾管悬挂器。提起整个悬挂器总成，先卸掉中心管下端接箍，把悬挂器本体上的护丝拧下，然后再重新装上中心管接箍，最后在中心管接箍上接尾管胶塞，并用链钳或管钳上紧扣。

（4）尾管称重，并记录。

（5）锁死动力头（转盘）。

（6）送入钻具。接送入钻具时打好背钳，尾管坐挂前严禁下部钻具转动，送入钻具要边通井边下钻，每下 20 根钻杆至少灌一次钻井液，严格控制下放速度，特别是钻具下放前 2m 一定要缓慢，下放正常后再逐渐以正常速度下放，推荐下放速度为 1 ~ 2min/根。

（7）灌浆称重。尾管下完后，先灌满钻井液，再接动力头，称重、测量摩阻，并记录。

（8）循环坐挂。将尾管下至预定深度后开泵循环钻井液，排量由小到大，当泵压稳定，井下无异常时准备进行坐挂作业。

3）坐挂及倒扣

（1）继续下放钻具0.5～1m，再慢慢上提至设计位置，缓慢正转钻具1圈，并锁住动力头（转盘），等待2min后慢慢下放钻具，当总悬重下降至“送入钻具总重量+动力头(游车)”重量时，即坐挂成功。

（2）继续下压100～150kN，检查坐挂可靠性。

（3）保持载荷，悬挂器支撑套承压50～80kN，坐钻杆卡瓦或用顶驱正转倒扣，累计有效倒扣圈数应不少于20圈。

（4）将钻具提至中和点后再上提1.5～1.8m，此时若悬重一直等于“上部钻具+动力头（游车)”重量，表明扣已倒开。

（5）倒扣成功后，提出钻具。

6.2.3 PE筛管完井工艺

鉴于煤储层上覆岩层压力小、对完井筛管强度要求较低，同时考虑煤层后期井下采掘安全因素，煤层气筛管完井常选用非金属筛管。

1. 小口径PE筛管完井工艺

1）小口径PE筛管及配套设备机具研制

a. 小口径PE筛管结构参数

根据国内煤层气水平井煤层段井眼尺寸、钻具规格和松软煤层井身结构的基本状况，结合相关资料确定用于煤层气对接井完井筛管的结构参数见表6.2。

表6.2 小口径PE筛管结构参数表

筛管材质	筛管外径/mm	壁厚/mm	筛眼形状	筛眼宽度/mm	筛眼长度/mm	筛眼相位分布/（°）	筛眼面密度/%
PE100	50.8	4.6	长条形	7	25	60	3～4

室内测试证实，该类筛管的抗挤值可适用于厚度不超过16.58m的煤储层，能够适应国内绝大多数正在进行煤层气开发的煤储层，满足煤层气对接井完井要求。

b. 锚头

锚头是小口径筛管完井所需的重要辅助锚定工具，由尼龙材料制成，整体强度高，抗变形能力强。筛管下放过程中起引导和减少摩擦作用，下入预定深度后可起锚固锁定作用。

如图6.2所示，锚头安装固定在筛管前端，主要由锁定机构和承压台肩组成。锁定机构包括张开支臂和扭簧两部分。下筛管过程中，张开支臂在钻杆内壁约束下，压缩扭簧，起扶正和减小整体摩擦力的作用。当筛管下入预定深度后，开泵建立循环，在一定泵压下锚头被冲出钻杆，支臂在扭簧作用下、自动张开、插入煤层，锚定筛管，防止在起钻过程中筛管被拖带出；承压台肩位于锚头前端，其外径略小于钻杆内径，起导向和憋压作用。筛管下入过程中，引导筛管在钻杆中穿行，下至预定深度。

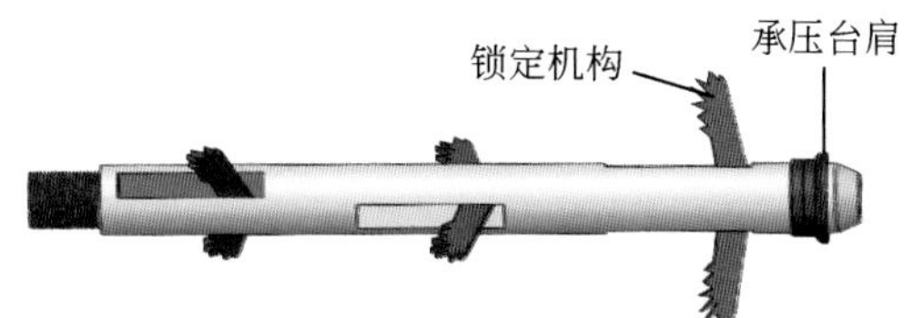

图 6.2　锚头机构外形结构图

c. 筛管助推器

小口径 PE 筛管借助助推器由钻杆内孔下入，助推器对筛管施加一定推力以克服筛管与钻杆内壁间产生的摩阻、筛管受到的钻井液浮力，为 PE 筛管的顺利下入提供动力。如图 6.3 所示，助推器以液压泵站为动力源，主要由连接头、支架、执行元件和操作手柄组成。连接头通过螺纹将助推器与井口钻杆连接在一起；支架用于固定助推器，在满足使用要求的前提下，整体结构简单、紧凑，方便搬运、安装和拆卸；执行元件主要包括 3 个液压马达和 3 条齿形皮带，其中 3 个液压马达之间周向夹角均为 120°，各自驱动一条皮带，实现皮带循环运动，借助皮带与筛管间产生的摩擦力，为筛管下放提供动力；根据筛管下放过程中遇阻情况，利用操作手轮调节 3 条皮带的中心距，减小或增大筛管与皮带间的摩擦力，实现快速、高效的下放筛管。

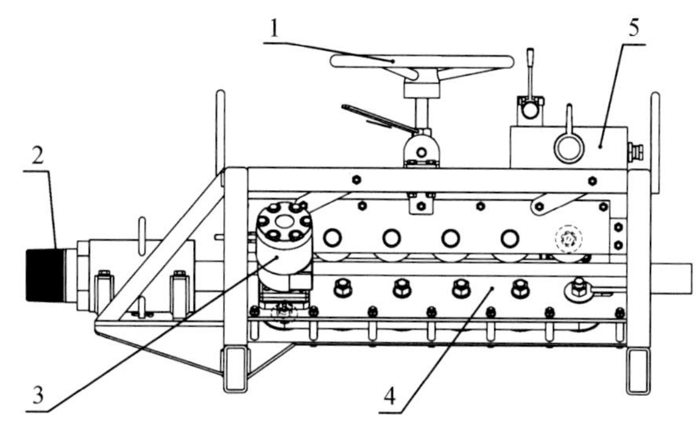

图 6.3　助推器外形结构图

1. 操作手轮；2. 连接接头；3. 马达；4. 执行元件；5. 液压阀组

d. 液压泵站

液压泵站为助推器提供液压动力，除配套专用液压泵站外，助推器也可利用施工现场全液压钻机泵站或其他液压泵站作为动力源。下放筛管前，利用油管先将助推器与液压泵站连接起来。

2）小口径 PE 筛管下入工艺技术

a. 小口径 PE 筛管下入工艺流程

小口径 PE 筛管下入工艺流程：①煤层气对接井完钻后，通井以保证井眼通畅，起钻过程中，裸眼段倒划眼起钻；②通井完成后下光钻杆至 PE 筛管设计下放井深，在井口安装、固定筛管助推器；③对于外表面有以米为单位刻度的 PE 筛管，准确记录 PE 筛管初始刻度；对于外表面没有刻度的 PE 筛管，需要现场准确测量；④在地面利用支架固定筛管滚筒，在筛管前端安装、固定锚头；同时，去掉锚头封带，将已连接锚头的筛管穿过助推器；⑤启动 PE 筛管助推器，缓慢将筛管送入钻杆内孔，调整助推器供油量大小，控制 PE 筛管匀速下放；⑥计算 PE 筛管下入长度，到设计长度后割断 PE 筛管，拆掉助推器，连接钻柱并开泵循环，将 PE 筛管前端的锚头冲出钻杆，在 PE 筛管冲出瞬间，泵压会出现明显降低；⑦起出钻杆，PE 筛管由锚头固定在煤层井壁上，完成作业。

b. 注意事项及前期准备工作

下入小口径 PE 筛管的注意事项包括：①优先选用外表面带刻度的 PE 筛管，方便准确计算筛管下入长度；②下入 PE 筛管作业前，先连接动力源，试验助推器的工作状况；③根据 PE 筛管滚筒尺寸，设计、加工支架，确保滚筒中心轴水平；④提前安装固定 PE 筛管前端的锚头，并检查锚头锁定装置的可靠性和承压台肩外径尺寸；⑤钻杆柱下至预定深度后，开泵循环钻井液清洗钻具内孔，确保通畅无杂物；⑥井内钻杆柱长度应小于 PE 筛管下入设计深度 0.5m 左右，保证 PE 筛管锚头能顺利冲出钻杆且进入目标煤层段；⑦锚头进入煤层后，起钻前 5 ~ 7 根钻杆过程中需开泵且慢速起钻，不得回转。

2. 大口径 PE 筛管完井工艺

大口径 PE 筛管完井是在水平连通井完钻后，利用连续下管装置和 PE 管热熔焊接设备将大口径 PE 筛管直接下至设计位置，有效防止井壁坍塌，保证较大的过流断面积，延长产气周期，同时也可满足后期通井需要，实现产气量最大化。

1）大口径 PE 筛管

综合考虑井身结构、地层压力、筛管强度和下入阻力等因素，常用大口径 PE 筛管结构参数见表 6.3。

表 6.3　常用大口径 PE 筛管结构参数表

筛管材质	筛管外径/mm	壁厚/mm	筛眼形状	筛眼相位分布/（°）	筛眼面密度/%	热熔温度/℃
聚乙烯聚合物	110	10	圆形	60	3 ~ 4	190 ~ 210

2）大口径 PE 筛管配套设备及钻具组合

大口径 PE 筛管之间需利用热熔焊接设备（图 6.4）进行连接，借助连续下管装置（图 6.5）下入。PE 管热熔焊接设备主要功能是实现单根筛管之间平直、高强度焊接；连续下管装置为下筛管提供直接动力，保证筛管顺利下至设计深度。

大口径 PE 筛管与井壁接触面积大，下入阻力相对大，随着下入长度增加，下入难度随之增大。为确保筛管的顺利下入，需采用 PE 筛管下入管串组合和顶送钻具组合，其中下入管串组合为引鞋+PE 管串+喇叭口接头，顶送钻具组合为引鞋内插接头+小钻杆管串+喇叭口接头+ϕ73mm 钻具串，如图 6.6 所示。

图 6.4　PE 管热熔焊接设备

图 6.5　连续下管装置

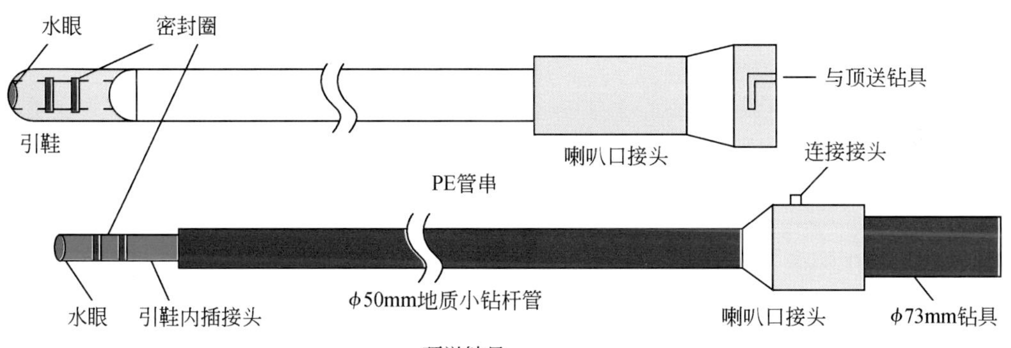

图 6.6　大口径 PE 筛管下入钻具组合示意图

3）大口径 PE 筛管下入工艺技术

（1）根据目标煤层水平井段长度、PE 管下入深度和悬挂位置确定 PE 管串的长度。

（2）固定好助推器，匀速下入筛管，筛管下入长度达到设计值后在井口固定后切割。

（3）下小钻杆校核 PE 筛管下入长度，并根据 PE 管内小钻杆最近接箍再次确认合适的切割位置。

（4）下入顶送钻具，使 PE 管底部和顶端同时承压，从而增加 PE 管刚性及抗压性，保证底部 PE 管一次顶送至设计位置。

6.2.4　玻璃钢筛管完井工艺

对接井玻璃钢筛管完井是通过已完钻水平连通井将割缝的玻璃钢筛管下至预定位置的一种完井方式，具有支撑井壁、高效防砂、防腐防锈、安全经济、可通洗井和老井修复等特点；完井工艺简单、操作性好，有利于提高单井产气量。玻璃钢筛管完井钻具组合由玻璃钢筛管、引鞋、玻璃钢筛管专用悬挂器、普通钻杆和冲管等组成。

1. 玻璃钢筛管性能参数

玻璃钢筛管采用环氧树脂和高强玻璃纤维无捻粗纱微控缠绕成型，具有如下特点：重量小，安装、运输方便；强度高、力学性能良好；耐腐蚀性能好；导热系数低、热应力小；电绝缘、透波性能好；水力学性能优良；不生锈，对输送介质无二次污染；防污抗蛀、耐磨性好、可设计性强；易于切削，对后续煤层开采无安全隐患。

根据煤层气开发对接井煤层段常规井眼尺寸、地层压力、玻璃钢筛管材质强度和筛管孔缝比等参数，优选的玻璃钢筛管性能参数见表 6.4。

表 6.4　玻璃钢筛管性能参数表

技术参数	指标
规格	DN75.7-14MPa
材质	玻璃钢
外径/mm	89.9
内径/mm	75.7
壁厚/mm	7.1
接箍外径/mm	123
割缝类型	割缝与圆形孔混合筛管
割缝/mm	80×6
圆形/mm	ϕ8
密度/（条/m）	21～22
周向孔密度/（个/周）	3
布孔方式	螺旋孔缝比大于 4%

2. 玻璃钢筛管完井工艺特点

1）井壁稳定

有效维持水平井煤层井壁稳定，避免井壁坍塌而堵塞产气通道，引起产量降低或井眼报废，保证良好的排采通道，保障后期排采作业。

2）高效防砂

根据煤层岩石力学特性分析，基于煤层气煤粉产出及运移原理研究基础上，对不同阶段煤粉颗粒进行分选，优化设计玻璃钢筛管的筛孔类型、尺寸、布孔方式和密度等参数，可有效延长井组生产周期，降低开发成本，为持续稳产提供重要保障。

3）防腐防锈

玻璃钢筛管具有耐腐蚀、防锈的特性，延长井下使用寿命，且管内壁光滑、流体阻力小，可长期有效保持较大的过流面积。

4）安全经济

非金属材料有利于保证后期采煤作业安全，能够克服金属筛管产生火花而引起煤矿井下瓦斯爆炸事故的缺陷，价格仅为复合绕丝筛管的 1/3，经济性好。

5）可实现油管柱重入、通洗井

玻璃钢筛管高抗压、抗拉能力可实现管串重入、通洗井，保障持续稳产。

3. 玻璃钢筛管完井工艺流程

1）下筛管前准备

为保证水平连通井玻璃钢筛管的顺利下入，下筛管前首先要通井。通井至设计井深起钻过程中，上提下放无遇阻、遇卡现象，如遇阻、遇卡下压不应超过 30kN，否则必须再次用原钻具组合通井，通井时如需划眼，采取低钻压、低转速划眼直至井底。通井要求大排量循环，至少循环两周，保证井底干净，无沉砂、煤粉。严格控制钻井液黏度、失水、切力和泥饼摩阻力，降低摩阻系数，确保筛管能够顺利下入。

2）筛管送入工具与施工基础数据准备

仔细计算校核井深、送钻钻具长度、筛管下入长度和下入深度，提前确定悬挂器位置，要求下入误差不超过 2m。

提前准备筛管短接、引鞋、专用吊卡、丝扣密封脂、专用管钳、丢手工具和变径接头，搜集钻进过程中的着陆点、井漏、坍塌与井身轨迹数据，尤其是狗腿度较大井段的井深、井斜与方位。

3）筛管准备及下入作业

校准钻机指重表，确保钻压和拉力数据准确。提前测量好筛管长度，清洗丝扣并编号，按照编号依次排列整齐，填好记录表。提升筛管上钻台时保护好丝扣和本体，严防磕碰；玻璃钢筛管上扣时，保持筛管本体垂直、稳定，使用专用管钳上扣；密封脂涂抹均匀，缓慢上扣，不得错扣，余扣不得多于 3 扣。严格控制玻璃钢筛管下入速度，一般不超过 5m/min，保证筛管安全下入井底。筛管进入水平段遇阻额外下压力不能超过 20kN。每下入 10 ~ 15 根筛管灌浆一次，并在灌浆的同时活动钻具。

4）悬挂器坐封

先下入引鞋和玻璃钢筛管，下入玻璃钢筛管长度达到设计值后，连接悬挂器、钻杆，用钻杆将筛管送入预定位置。下钻过程中保护好井口，严防落物入井；筛管与上一级套管重叠 20 ~ 30m。悬挂器下入预定井深位置，上提下放活动钻具，活动量不得小于 3m；接钻杆循环钻井液，上提下放，观察泵压变化，一切正常后，读取泵压值、指重表悬重并做好记录。从井口投球进行第一次打压，实现卡瓦坐封，将玻璃钢筛管悬挂并固定于上一级套管内壁，完成卡瓦坐封后，继续进行第二次打压，剪断销钉，实现钻具与筛管本体的分离，起钻过程严格执行钻井队起钻作业规程并保护井口，严防落物入井。

5）冲管洗井

悬挂器坐封好后，起完钻，下入配套冲管至设计位置，配制破胶液，反复循环，待井口返出清水后，起出冲管。

6.3　滑套分段压裂完井

水平井分段压裂技术的要点是在井筒内沿着水平井眼的方向，根据储层特征，在储层物性较好的水平段，采用一定的技术措施，严格控制射孔孔眼的数量、孔径和射孔相位，通过压裂施工压开数个或更多水平段储层，对低渗透储层进行有效改造。其先进性代表着目前国际上石油、天然气，以及页岩气、煤层气等油气资源水平开发井完井工艺技术的发展方向。

国外在20世纪80年代中期开始研究水平井压裂增产改造技术，最初是沿水平井段进行“笼统压裂”，技术成本高，经济效益差。2002年以后，随着致密气、页岩气和致密油等非常规油气资源的大规模开发和水平井的广泛应用，许多公司开始尝试水平井分段压裂技术。在随后的几年里，随着微震实时监测技术的提高和工厂化作业模式的日益成熟，压裂段数越来越多，作业效率和精度越来越高。2007年开始，水平井分段压裂技术成为非常规油气开发的主导技术，开始在北美地区大规模应用。经过10多年的发展，国外已经形成较为完善的可适应不同完井条件的水平井分段压裂改造技术。

在国内，近些年水平井分段压裂技术被逐步引进，主要用在石油行业，在多个油田进行了现场应用，相关院校也在技术和工具上做了大量研究，并且取得了一定成果。随着煤层气和页岩气等非常规油气资源开发，水平井占新钻井数的比例不断增大，水平井分段压裂改造也被应用于煤层气对接井中。目前分段压裂完井技术主要有化学隔离分段压裂、机械封隔分段压裂、限流分段压裂、水力喷砂分段压裂、低伤害化学暂堵胶塞分段压裂、双封单卡分段压裂、多级滑套分段压裂等，其中滑套分段压裂完井技术是工程实践中应用较多的一种完井技术。

6.3.1　滑套分段压裂工艺

滑套分段压裂利用封隔器将水平井段封隔成若干个压裂段后依次压裂，具体分为固井套管内封隔器滑套分段压裂和裸眼封隔器滑套分段压裂两种类型。

1. 固井套管内封隔器滑套分段压裂工艺设计

1）射孔工艺

目前较为常用的射孔工艺包括油管输送式射孔工艺和电缆输送式射孔工艺两种。

射孔参数包括孔径、孔深、孔眼密度、孔眼相位等，这些参数主要由射孔枪弹的类型决定。对于压裂水平井，射孔参数的选择无需考虑其对自然产能的影响，选择射孔枪弹重点考虑其对套管和水泥环的穿透能力，要求能够提供足够的压裂液过流通道，并且对套管的损伤降到最小。

射孔井段的长短是影响压裂效果的一个重要参数。目前，水平井射孔工艺可以实现从一弹到上万弹的一次性或分段射孔。水平井射孔长度并不是越长越好，需根据不同的地质要求和压裂工艺进行确定。

2）封隔器坐封位置与压裂滑套位置

封隔器原则上要求选择固井质量好且避开套管接箍的位置坐封。应用一次投送整体式和丢手式套管内滑套压裂管柱时，封隔器坐封位置一般要求在射孔层段底部0.5～1.0m。

压裂滑套的位置主要根据储层改造需求确定。

3）压裂工艺

套管内封隔器滑套分段压裂通常是依靠水平井段内分簇射孔、多簇一起压裂，通过簇裂缝的相互干扰达到缝网改造的效果，通过渗流干扰达到储层整体流通，进而实现储层充分改造。

分簇间距需依据不同储层物性条件确定。储层的渗流条件越好，流体的有效渗流距离长，分簇间距可适当增大；反之，储层的渗流条件越差，流体的有效渗流距离短，分簇间距应适当减小。

段间距的确定主要取决于压裂设备的施工能力，根据一次可以压裂的簇数来确定段间距，同时考虑压裂管柱在水平井段的通过性。

2. 裸眼封隔器滑套分段压裂工艺设计

1）悬挂封隔器坐封位置

裸眼分段压裂的悬挂封隔器坐封位置由最大井斜、固井质量、套管接箍位置、压裂管柱受力等多个因素决定，基本要求如下。

（1）优先选择泥质含量高、井眼轨迹稳定、井径扩大率小的位置。

（2）坐封位置固井质量要好。

（3）坐封须避开套管接箍。

（4）悬挂封隔器回接密封部分要求能够满足设计承压要求。

裸眼井段封隔器与压裂滑套位置可结合测井数据来确定：井径保持最好的位置设置裸眼封隔器，储层物性好的位置放置压裂滑套，可保障储层的改造效果。

2）裸眼压裂工艺

裸眼滑套分段压裂主要依靠水平井段压裂裂缝的横向扩展与纵向沟通实现储层改造。随着裂缝条数的增加，压裂水平井的产量总体上逐渐增加，但在相同生产时间内，随着裂缝条数的增加，产量的增幅逐渐减小。

6.3.2　裸眼滑套分段压裂配套机具

裸眼滑套分段压裂将完井管柱与压裂管柱合并为一趟管柱，通常包括悬挂封隔器、裸眼封隔器、投球压裂滑套、压差滑套、套管及附属管件等。滑套分段压裂管柱通过悬挂封隔器坐封在上一级套管内。实施压裂前下入“回接密封插管+油管”管柱，其中回接密封插管固定在悬挂封隔器内。

1. 悬挂封隔器

悬挂封隔器是一种永久式封隔器，用于悬挂压裂管串，同时实现丢手、锚定、密封及锁紧等多种功能。常用的液压悬挂封隔器主要由上下卡瓦、膨胀胶筒、活塞组件及内外管体等组成，其典型结构示意如图6.7所示。

进行悬挂封隔器坐封时，通过内管上的进液孔打压，推动活塞组件相对运动并剪断剪钉，使卡瓦张开，同时挤压胶筒使其膨胀实现悬挂封隔器完全坐封。为确保悬挂封隔器的坐封效果，在活塞挤压卡瓦和胶筒的同时带动自锁机构进行锁紧。典型的悬挂封隔器采用双向锚定，抗拉载荷可达800kN，耐温130℃，承受70MPa压差，丢手方式包括液压和机械两种。

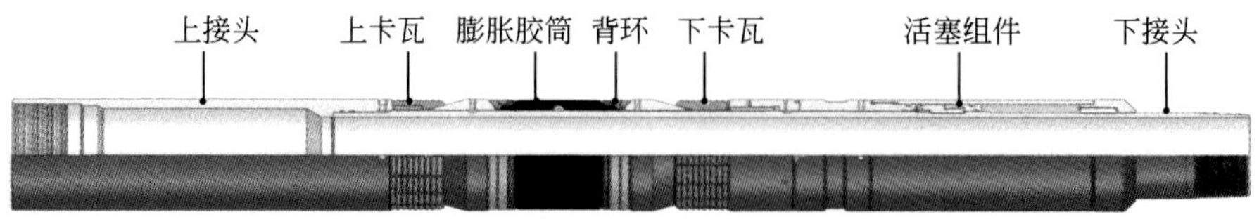

图 6.7　悬挂封隔器主体结构示意图

2. 回接密封插管

回接密封插管是一个锚定和密封工具，用于压裂时隔离套管和油管，保证油管内部压力完整性。常用的回接密封插管由锚爪机构、密封组件、引导头及管体等组成，其典型结构示意如图 6.8 所示。

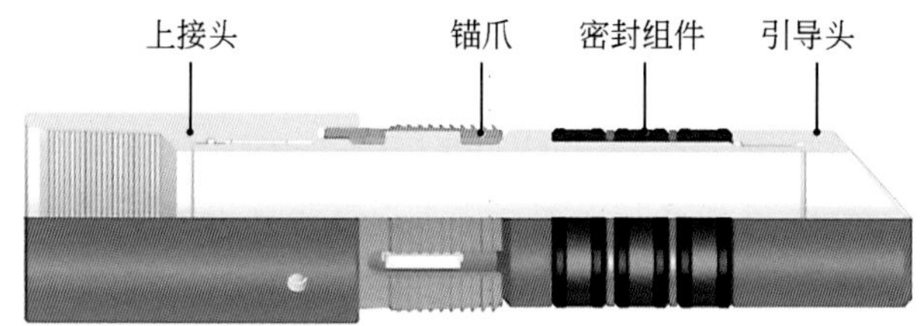

图 6.8　回接密封插管结构示意图

悬挂封隔器丢手起出下入管柱后，通过油管将回接密封插管下入预定位置，在引导头的引导下进入悬挂封隔器上接头的密封腔内，施加一定载荷后，锚爪即可与悬挂封隔器啮合，实现回接管柱固定，同时下部密封组件密封悬挂封隔器内孔，进而使油管内形成独立压力以实施压裂作业。

3. 裸眼封隔器

裸眼封隔器是组成滑套分段压裂管柱的关键工具，其主要功能是实现多级封隔、分段压裂。国内裸眼封隔器一般以扩张式或膨胀式胶筒结构为主，通常由活塞组件、密封胶筒、棘齿锁紧机构及内外管体等组成，膨胀胶筒式裸眼封隔器的典型结构示意如图 6.9 所示。

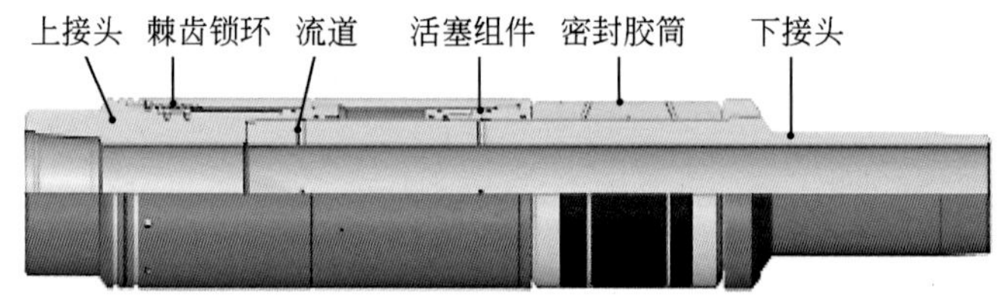

图 6.9　裸眼封隔器结构示意图

裸眼封隔器与压裂工具、套管等连接成串后下至预定位置，通过憋压驱动活塞组件运动、挤压多级组合式胶筒使其膨胀，进而封隔裸眼井段环空。在此过程中，棘爪锁环与锁套配合实现锁定，防止封隔器解封。

4. 投球压裂滑套

投球压裂滑套是一种能够实现不动管柱而分多段定点压裂的工具。投球压裂滑套通常由内滑套、外筒体、球座、剪钉及上下接头等组成，其典型结构示意如图6.10所示。

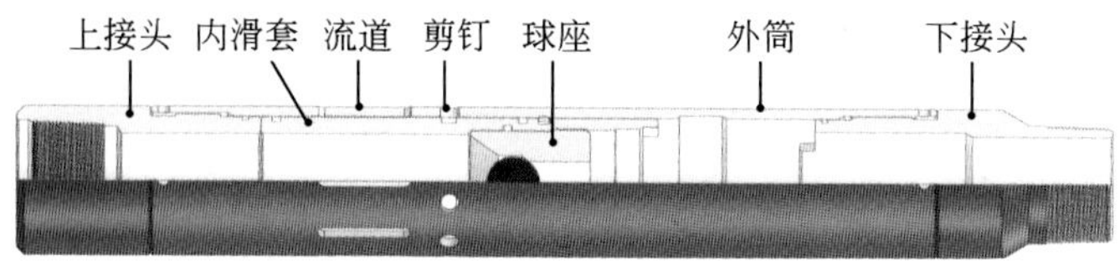

图6.10　投球压裂滑套结构示意图

投球压裂滑套通常成组使用，即根据压裂段数确定配套压裂球直径系列，按对应球径从小到大的顺序依次将滑套连接在压裂管柱中，对应压裂球直径最小的滑套放置在管柱末端。压裂前滑套处于关闭状态；压裂过程中，当压裂球落到对应滑套球座上时，压裂管柱内开始憋压，压力达到设定值后剪钉被剪断，进而通过球座继续带动内滑套移动，并打开外筒上的流道，建立起压裂管柱与地层的连接通道，进行对应井段的压裂施工作业。随后依次投球开启相匹配的滑套，逐段压裂，最终实现多段分段压裂。

5. 压差滑套

压差滑套是压裂滑套的一种，具有可调的打开压力，通常是整个压裂管柱最下端的滑套。压差滑套通常由内滑套、外筒、剪钉及上下接头等组成，其典型的结构示意如图6.11所示。

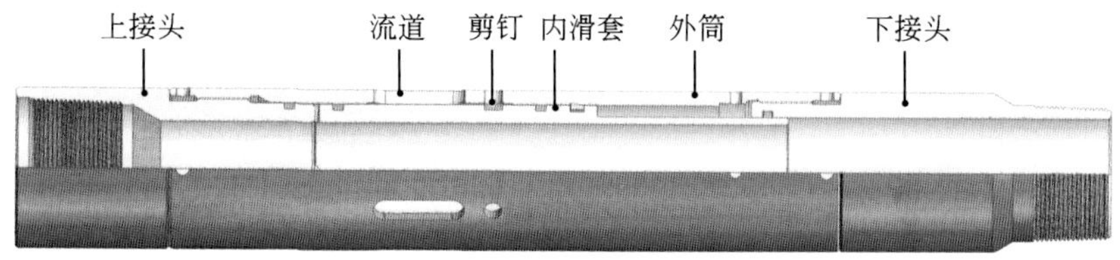

图6.11　压差滑套结构示意图

开始压裂时，向压裂管柱内孔泵入压裂液、憋压至设定压力值，此时压差滑套的内滑套两端因存在面积差而受到轴向推动力，剪断剪钉后打开外筒上的流道，连通压裂管柱与地层，为压裂作业提供通道。

6.3.3　滑套分段压裂完井工艺过程

滑套分段压裂完井工艺流程如图6.12所示。

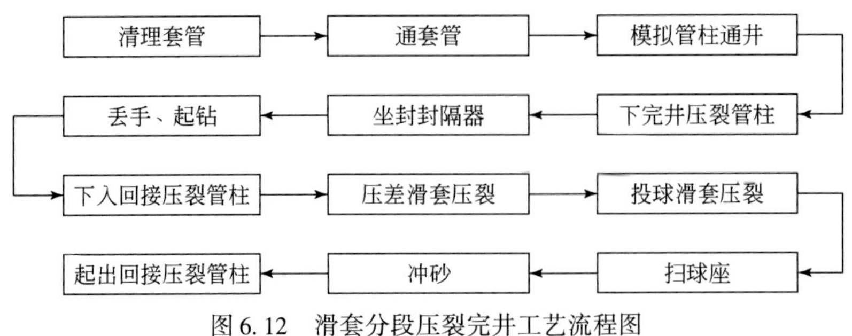

图 6.12　滑套分段压裂完井工艺流程图

1. 清理套管

三开完钻后，二开技术套管内壁上不可避免地黏有钻井液和岩屑结块，影响压裂管柱的下入和悬挂封隔器坐封，需要利用刮管器进行清理。清理套管的钻具组合为钻头+套管刮管器+钻杆柱。典型的套管刮管器外形结构示意如图 6.13 所示。

图 6.13　套管刮管器外形结构示意图

清理套管通井时，需注意以下技术要点：①刮管到套管鞋以上 10m（严禁刮管器超出套管鞋末端），在悬挂器坐封井段反复刮 3 次；②套管若有变径，则该井段要特别注意控制下放速度，缓慢通过，严禁旋转；③如刮管不顺畅，在阻力大的井段反复活动，直到刮管顺畅为止；④刮管过程中分段进行钻井液循环，直至出口钻井液与钻井设计的钻井液性能基本一致；⑤起出刮管管柱过程中，每间隔 10 ~ 15 根钻杆灌钻井液一次。

2. 通套管

为防止二开技术套管变形，影响压裂管柱的下入和悬挂封隔器坐封，需使用通径规通套管。通套管的钻具组合为套管通径规+钻杆柱。典型的套管通径规外形结构示意如图 6.14 所示。

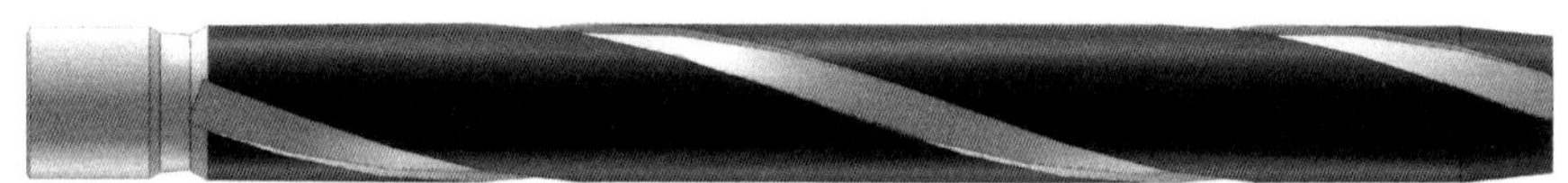

图 6.14　套管通径规外形结构示意图

利用通径规通套管时，需注意以下技术要点：①通径到套管鞋以上 10m（严禁通径规超出套管鞋末端），在悬挂封隔器坐封井段反复通 3 次；②套管若有变径，则该井段要特别注意控制下放速度，缓慢通过，严禁旋转；③通套管过程中如遇阻，不得强行下放；④通套管到底用原钻井液循环 1 次，并记录循环泵压和排量。

3. 模拟管柱通井

在下入完井压裂管柱前，还需用模拟管柱进行通井，以修整水平段井眼、清除岩屑床，防止压裂工具下入时遇阻。模拟管柱通井的钻具组合为钻头+双母接头+钻杆×1 根+螺旋扶正器×1 根+钻杆柱+加重钻杆柱+钻杆柱。典型的螺旋扶正器外形结构示意如图 6. 15 所示。

图 6. 15　螺旋扶正器外形结构示意图

模拟管柱通井时，需注意以下技术要点：①套管若有变径，则该井段要注意控制下放速度，缓慢通过，严禁旋转；②下钻至悬挂封隔器坐封位置时钻杆称重，记录管柱上提和下放的悬重；③无阻卡时下钻速度 40 ~ 50s/根，在狗腿度大的井段要适当放慢速度，密切注意负荷的变化；④如果通井不顺畅，在阻力大的井段反复上提下放钻具 2 ~ 4 次；⑤在下钻过程中如遇阻，可上下活动钻具或正向旋转钻具，并用原钻井液循环；遇阻负荷控制在 50kN 左右，每次可增加 20kN，上下活动管柱，最大下压负荷不得超过 150kN，顺利通过后在该遇阻井段至少再通井 2 次以上，直至无阻卡现象；⑥裸眼井段短起 1 次，再下钻通井至井底，用原钻井液循环（循环钻井液过筛），直到进出口钻井液性能基本一致为止；⑦如果短起后下钻通井至井底顺利，则进行下一步施工，否则重复进行第⑥步。

4. 下完井压裂管柱

在做好井筒准备工作、检查所有设备确认完好后，按照设计进行下完井压裂管柱作业。下完井压裂管柱过程中需要注意：①将工具吊上钻台，注意保护密封件及卡瓦等部件，防止磕碰；在工具入井前，在钻台上仔细检查工具外观，如有磕伤、裂缝、变形等则不能入井；且所有入井的工具及管柱要求通径；②严格按照设计的管柱连接图，依照工具顺序逐一入井；③套管若有变径，则该井段要控制下放速度，缓慢通过，严禁旋转；④下钻过程中每次连接滑套前管柱内灌满钻井液；滑套下完后每下 3 根完井管柱灌一次钻井液，到套管鞋前灌满钻井液，进入裸眼井段后不再灌浆；⑤下钻过程中，管柱进入套管段内，遇阻严格控制在 30kN 以内，特别是悬挂封隔器入井后，一定要缓慢下放，遇阻则上提，再重新缓慢下放通过；管柱进入裸眼段内，遇阻负荷不得超过 50kN，可以上下活动钻具（严禁转动管柱），上下活动管柱时逐步增加下压负荷，并循环钻井液；⑥悬挂封隔器入井之前开泵顶通浮鞋一次，完井管柱下到套管鞋以上 10m，开泵灌满钻井液并顶通浮鞋一次；⑦管柱下至预定位置开泵灌满钻井液后低排量正循环顶通浮鞋（控制泵压在设定值以内），井口见返浆即可停泵。

5. 坐封悬挂封隔器、丢手、起钻

该阶段基本步骤如下。

（1）坐封球到位起压后，钻杆内先打压至 7MPa，检验管柱的密封性。

（2）然后逐步打压至 28MPa 并稳压 10min，使悬挂封隔器坐封及裸眼封隔器坐封。

（3）关闭防喷器，环空打压 10MPa 并稳压 15min，检验悬挂封隔器的环空密封性，然后卸掉环空压力，打开防喷器。

（4）将悬重提至原管柱悬重并过提 20 ~ 30kN，然后正旋管柱 13 ~ 15 圈并试提管柱，若悬重无明显增加则说明丢手成功，否则重新调整管柱中和点再进行丢手操作，直至丢手成功。

（5）起出钻柱后，安装采气树或简易井口。

6. 下入回接压裂管柱

该阶段基本步骤如下。

（1）缓慢打开井口阀门，观察是否有溢流现象，确认井控安全后拆掉井口简易装置，并安装好井控设备，按规定试压合格。

（2）严格按照设计的管柱连接顺序依次连接工具顺序下回接压裂管柱。

（3）还剩 2 根油管到位时注意缓慢下放，油管到位时进行探底、试插，压重 10t 并做好标记，记录上余和悬重变化。

（4）关闭防喷器，向环空内打压 10MPa 并稳压 5min，检验回接插头是否密封，然后卸掉环空压力，打开防喷器。

（5）调整管柱长度并连接短油管等，使井口油管顶部高度适合压裂工作需要，缓慢将回接管柱插入悬挂器内，注意悬重变化。

7. 压裂

压裂作业从最下端的压差滑套开始，再依次投球逐个打开投球压裂滑套。

（1）从回接管柱内打压至压差滑套设定的打开压力，压力突降则表明压差滑套打开；泵入压裂液和支撑剂，压裂结束后泵入顶替液，并投入第一级投球压裂滑套对应的压裂球，继续泵注顶替液至压裂球坐封在对应的内滑套上（压力明显上升）。

（2）打入顶替液至第一级投球压裂滑套打开（压力明显下降），泵入压裂液和支撑剂，本级压裂结束后泵入顶替液，投入第二级投球压裂滑套对应的压裂球，继续泵注顶替液至压裂球坐封在内滑套上（压力明显上升）。

（3）后续各段压裂施工按照步骤（2）进行。

（4）压裂作业结束后，井口安装指针式压力表观测井口压力，随着裂缝闭合，井内压力上升，待井口观测到压力升高达 1.0MPa 时，打开井口阀门用 3mm 油嘴控制放喷，排出井内液体。

8. 扫球座、冲砂

采用“磨鞋+直螺杆钻具+油管”的钻具组合下钻至完井管柱内，待接近最上端投球压裂滑套工具时，开泵循环使螺杆钻具旋转带动磨鞋工作，缓慢下钻至磨鞋接触投球压裂滑套，逐渐施加钻压，将球座扫掉，再继续下钻至下一个投球滑套处扫掉该滑套内的球座。重复上述步骤，依次扫掉完井管柱内所有球座和套管前端的浮鞋，使完井管柱内径通畅，提高泵排量循环，使完井管柱内的压裂砂被循环出井口。

9. 起出回接压裂管柱

回接密封插管为机械式密封，全部压裂作业结束后，只需在井口将回接压裂管柱连接到钻机动力头或方钻杆上，正旋脱扣后，即可起出回接压裂管柱。

6.3.4　应用效果

滑套分段压裂完井工艺在山西晋城郭南“U”形对接井组中进行了应用，对水平连通井（2013ZX-SH-UM15H）煤层中水平主井段进行了分段压裂，取得良好应用效果，详见7.3节。

6.4　水力喷射加砂分段压裂完井

水力喷射加砂分段压裂技术是20世纪90年代末提出、发展起来的，并应用于水平井压裂。水力喷射加砂分段压裂技术集射孔、压裂和隔离于一体，借助专用的喷射工具携带支撑剂产生高速流体穿透套管和目标地层，形成孔眼，并使孔眼底部的流体压力增大、升高，最终超过破裂压力而起裂，造出单一方向裂缝。水力喷射加砂分段压裂是水力压裂的前沿技术和发展方向，其优点在于能实现准确造缝、有效隔离、一趟管柱多段压裂，无需机械封隔、缩短作业时间、降低作业风险等。水力喷射加砂分段压裂作业包括水力喷砂射孔和水力喷射压裂两个阶段。

6.4.1　水力喷砂射孔

水力喷砂射孔是携带石英砂或陶粒等磨料的高压流体通过喷射工具时，将流体压力能转换为动能，形成高速射流冲击、切割套管及地层后，产生一定直径和深度的射孔孔眼，其压力能来源于地面的压裂车。

水力喷砂射孔的优点为：喷射形成的孔眼深度大、几乎没有压实污染，形成清洁的气流通道，提高了孔眼附近及近井地带渗透率，从而降低生产压降、提高生产井的产能；同时可降低井壁的应力集中，易实现射孔方位与地层最大主应力方向一致；定向射孔可以控制压裂裂缝在近井眼地带的方向，在裂缝的扩展过程中可以起到导向孔的作用，避免多裂缝和裂缝弯曲，从而提高射孔和压裂效率。

水力喷砂射孔分为水力切割套管和水力切割地层两个阶段。

1. 水力切割套管

水力喷砂射孔初期，带有磨料颗粒的高压水射流从井下喷嘴位置射出，在套管表面产生强大的冲击力，利用高压水射流的冲蚀、磨损作用，使套管产生塑性变形，套管材料在射流中磨料的多次冲压下产生形变，当形变程度超过套管材料所允许的最大形变时，套管表面将产生裂缝，随着不断地反复冲蚀，最终达到射开套管的目的。

2. 水力切割地层

带有磨料颗粒的高压水射流将套管射开以后，立即对固井水泥环和近井地带的岩层进行冲蚀、磨损和切割。与套管塑性材料不同，岩石多为脆性材料，因此，在冲刷切割的过程中，其冲蚀机理要复杂得多。高压水射流在刚开始冲蚀岩石时，由冲击所产生的拉应力可在岩石表面引起环状裂纹，随着高压水射流与岩石表面接触力的增大，磨料中的砂粒所冲刷的正下方岩石将产生塑性形变，同时形成一系列由切向应力分量引起的垂直于冲击表面的径向裂纹；在冲蚀的后期，砂粒在离开岩石表面后，剩余下来的应力则会在岩石表面形成一系列近似平行于冲击表面的横向裂纹，这种横向裂纹能够延伸并使岩石破碎，最终达到压开岩石的目的。

6.4.2 水力喷射压裂

1. 水力喷射压裂的机理

水力喷射压裂是水力喷砂射孔和水力压裂相结合的增产工艺，主要包括：水力喷砂射孔、油管水力压裂和环空挤压三个过程。借助安装在井下油管柱上的水力喷射工具，利用水动力学原理，将高压能量转换成动能，产生高速射流冲击（或切割）套管及岩石，在对应地层中形成一个（或多个）喷射孔道，完成水力喷砂射孔。喷砂射孔完成后，关闭套管闸阀，由油管和套管分别泵入流体，油管中的流体经过喷射工具形成射流继续作用在喷射通道中形成增压，向环空中泵入的流体可增加环空压力，喷射流体的增压和环空压力的叠加，当大于破裂压力时，瞬间将射孔孔眼顶端处地层压裂。压开地层后，由于裂缝的延伸压力低于破裂压力，在基本保持环空压力的情况下裂缝不断延伸。从喷嘴喷出的压裂液沿孔道流入裂缝，对裂缝起充填和支撑作用。

水力喷射压裂的机理依据伯努利方程：

$$\frac{v^2}{2}+\frac{p}{\rho}=C \tag{6.1}$$

由伯努利方程和能量守恒定律可知，在流体密度不变的情况下，射流喷射速度越高，对应的射流压力越低。射流经喷射器射出后，在出口处速度最高压力最低，随射流向孔道方向不断发展，由于能量交换带动周围介质运动，其流速逐渐降低，压力逐渐升高。高速射流能够在喷射器出口断面处形成一个低压区域，该区域压力为井下流场中的最低值。受其压力影响，环空中注入的高压携砂液势必流向低压区域，而不会进入已压裂层段的裂缝中。携砂液进入低压区域后，在射流液体黏滞作用下被带入射孔孔道和裂缝，维持裂缝的不断扩展和延伸。

水力喷射分段压裂通过控制喷射工具，压裂液和动能都能够聚焦于特定位置，可准确选择裂缝方位。射流射入孔道实现增压的过程具有水力封隔作用，不需要其他封隔措施，即可实现煤层气井的定向多段压裂改造。

水力喷射压裂技术可以在裸眼、筛管完井的水平井中进行加砂压裂，也可以在套管井中进行，施工安全性高，可以用一趟管柱在水平井中快速、准确地压开多条裂缝。水力喷射工具可以与常规油管相连接入井，也可以与大直径连续油管相结合，使施工更快捷。水力喷射压裂原理示意图如图6.16所示。

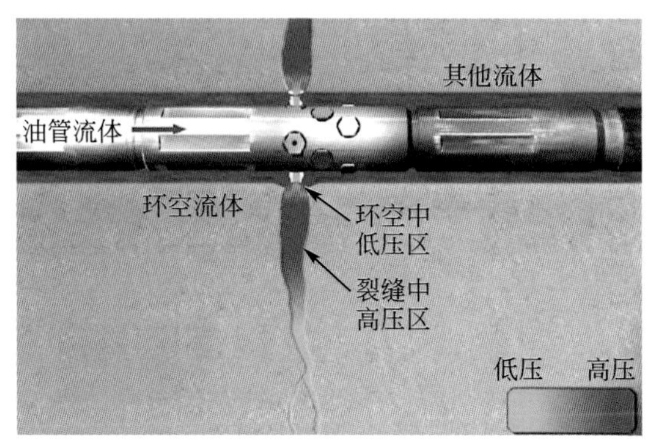

图6.16　水力喷射压裂原理示意图

2. 水力喷射压裂过程

水力喷射分段压裂是集水力喷射射孔和水力喷射压裂于一体的工艺技术。在水平井储层压裂施工中，水力喷射分段压裂的施工过程如下。

下工具，清洗井筒后，下水力喷射压裂工艺管柱至第一个设计压裂位置，按设计排量向油管内注入低浓度含砂液，通过喷射工具进行水力喷砂射孔；在此过程中，环空压力始终低于储层的破裂压力。

射孔结束后，降低油管排量，迅速关闭套管一侧的闸阀，通过油管继续打压，待地层破裂后开始压裂作业：首先是注入前置液，即套管环空开始与油管同时注液（清洁无支撑剂的压裂液），保持裂缝延伸；随后是注入携砂液，即油管注入含砂压裂液（砂比由小到大逐渐增加），套管环空注入清洁压裂液；最后是注入顶替液，即油管与套管环空同时注入清洁压裂液。压裂作业完成后停泵，关井放喷。

在第一条裂缝完成水力喷射压裂后，上提管柱至下一个设计施工位置，进行第二条裂缝的水力喷射压裂，接下来如此反复上述工序，直至完成所有目的段裂缝的水力喷射压裂。

3. 水力喷射压裂工具

水力喷射压裂工具可分成固定式和可调式两种。固定式喷射工具在结构上包括喷枪及配套装置，喷枪上安装有多个耐磨喷嘴，配套装置有导向头、筛管、单流阀、扶正器等。单流阀在压裂时封堵工具下部通道，使流体仅能从喷嘴处喷出，单流阀与筛管配合实现砂堵后的反洗。固定式喷射工具通过喷嘴布局的优化，可实现合理的射孔方位，经济实用，应用数量大。可调式工具能调节喷嘴在井筒内的方位，适应性强，但价格昂贵。

水力喷射压裂发展初期，水力喷射压裂工具主要通过普通油管送入。由于普通油管起下钻作业丝扣连接速度慢、劳动强度大、工期长，逐步使用连续油管携带喷射工具开展水力喷射压裂。连续油管与水力喷射压裂相结合应用于煤层气增产作业中，优点包括：起下钻速度快，实施多段压裂时能迅速实现喷射工具的定位与压裂；使用连续油管在实施水力喷砂射孔与环空压裂组合技术时，可快速实现多段射孔与压裂的一体化改造；当出现砂堵时可快速清除井筒内支撑剂，降低井内事故风险。

连续油管又称挠性油管、盘管或柔管，相对于螺纹连接的常规管材而言，是一种盘绕在卷筒上，拉直后可直接下入井筒内的长油管。连续油管作业最初用于石油天然气行业，在生产油管内下入连续油管完成特定的修井作业；到 20 世纪 90 年代，广泛用于油气修井、钻井、完井和测井等作业，在油气田勘探与开发中发挥越来越重要的作用。随着钢材材质和管材制造技术的改进，连续油管作业设备的性能不断更新，连续油管最大作业深度已达 7125m。随着非常规油气资源行业的快速发展，连续油管技术在石油天然气行业取得成功的同时，也被引入煤层气行业，在煤层气井储层改造中作为压裂管柱使用。

6.5　压裂完井设备选择

压裂完井设备主要包括压裂泵车、混砂车、仪表车、管汇车及辅助设备等。我国从 20 世纪 70 年代开始引进国外成套压裂机组、实施水力压裂工艺；引进产品主要包括美国 BJ 公司（BJ Services Co.）1000 型压裂机组、双 S 公司（Stewart & Stevenson，LLC）1600 型压裂机组、西方公司（Occidental Petroleum Corp）1400～1800 型压裂机组等。随着国内油田、煤层气和页岩气勘探开发的快速发展，对压裂施工的排量和压力要求越来越高，从 21 世纪初开始大量引进国外 2000 型成套压裂机组。从 20 世纪 80 年代开始，国内中石化石油工程机械有限公司第四机械厂、烟台杰瑞石油服务集团股份有限公司、宝鸡石油机械有限责任公司等单位也开始进行压裂成套设备的研发制造。

压裂泵车主要由底盘、车台发动机、液力传动箱、三缸柱塞泵、高低压管汇及液气路操作控制系统组成。随着煤层气井深度和开发难度不断增加，压裂工艺日益强化，对压裂泵车的要求越来越高，同时考虑到煤层气井存在的井场小及道路崎岖的现状，目前常用压裂泵车主要以 2000 型车载式为主。混砂车是整个压裂机组的心脏，其工作可靠性和性能先进性直接反映整套机组的技术水平，在施工中要工作可靠；混砂车的发展也随着压裂工艺的变化，趋于向大排量、高砂比、多功能和自动化发展；仪表车是整套机组的控制中心，由底盘车厢、控制系统、数据采集系统、显示分析系统和电源系统等组成。

根据煤层气对接井深度、井身结构、压裂工艺参数、压裂周期长短和井场大小等技术要求，煤层气井压裂选用的设备及数量见表 6.5。

表 6.5　煤层气井压裂常用设备明细表

设备/材料	型号	数量	备注
压裂车	2000 型	5 台	
混砂车	100 型	1 台	
仪表车	—	1 台	

续表

设备/材料	型号	数量	备注
随车吊	—	2 台	高压管汇等
水泥车	700 型	1 台	
砂罐车	$12m^3$	4 台	
储液罐	$1500m^3$	1 套	
压裂井口	600 型	2 套	直井 1 套，水平井 1 套
连续油管设备	—	1 套	
Mongoose 工具	—	1 套	

第7章　对接井定向钻进技术装备典型工程应用实例

中煤科工集团西安研究院有限公司在煤层气开发对接井定向钻进技术装备方面进行了大量的研究实践工作，所研制的车载钻机与配套装备已在国内多个煤层气勘探开发工程项目中应用，施工建成了近20个煤层气开发井组，最大对接距离1148.70m、最大钻深1735.63m，取得了良好工程应用效果。下面介绍6个典型工程应用，以期对煤层气对接井定向钻进技术与装备的推广及其他应用提供借鉴和参考。

7.1　山西晋城潘庄“U”形对接井组

潘庄“U”形对接井组是“十一五”期间，依托山西晋城矿区采煤采气一体化煤层气开发示范工程实施的煤层气生产井，井组位于山西省晋城市沁水县的寺河井田内，投产后最高日产气量达$2.2\times10^4m^3$。

7.1.1　井组基本信息

潘庄“U”形对接井组由目标直井SH-U2和水平连通井SH-U3组成，井位平面分布如图7.1所示。

1. 地质概况

潘庄“U”形井组所在区域已有煤层气开发直井揭露的地层自上而下依次为第四系，上二叠统上石盒子组，下二叠统下石盒子组、山西组，上石炭统太原组，中石炭统本溪组，中奥陶统峰峰组。

井组所在区域位于沁水复向斜、晋获褶断带和沁水盆地南缘EW–NE向展布的弧形褶断带及阳城西哄哄–晋城石盘EW向断裂带之间。构造形态为一系列相互平行、轴向NNE–NE的宽缓褶皱。井田内地层平缓，倾角3°～13°，除波幅不大的褶皱外，断层不发育，地质构造简单。

井田含煤地层为下二叠统山西组（P_1s）和上石炭统太原组（C_3t）。井组所在区域山西组平均厚度45.20m，含煤4层，编号自上而下依次为1#、2#、3#、4#，煤层总厚6.89m，其中可采煤层1层（3#煤），平均厚度6.31m。太原组平均厚度90.82m，含煤11层，编号自上而下依次为5#、6#、7#、8-1#、8-2#、9#、10#、11#、12#、13#、$13_{下}$#、15#、16#，煤层总厚7.78m，其中可采煤层2层（9#煤、15#煤），平均可采厚度4.01m。

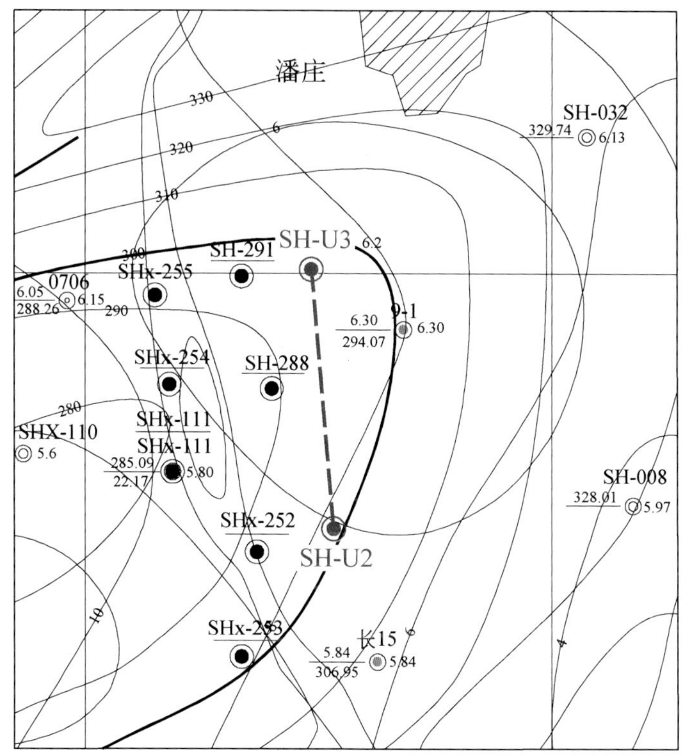

图7.1　SH-U2/U3井组井位平面分布图

2. 目标煤层

潘庄“U”形井组的目标煤层为山西组3#煤，它位于山西组中下部，上距K_8砂岩约30m，下距9#煤层约48m。3#煤层厚4.45～8.75m，平均厚度6.31m，吨煤瓦斯含量$10m^3$左右。3#煤中夹矸石0～5层，顶板为泥岩或砂岩，煤层分布稳定，全井田可采。

1）煤层气地质条件

3#煤为无烟煤，变质程度高。按生烃程度、甲烷吸附量和变质程度均成正比的理论，3#煤层有充分的煤层气生成条件，并对甲烷有较高的吸附量。从3#煤层顶底板岩性来看：伪顶由泥岩和碳质泥岩组成，直接顶主要由泥岩、砂质泥岩和粉砂岩组成，局部为中、细粒砂岩；伪底为碳质泥岩和泥岩，直接底为粉砂岩和泥岩。顶底板均为细质致密型岩石，且埋藏深度多在300m以深，使煤层气难以向外运移，只能在煤层中聚集，所以3#煤层顶底板岩性和煤层埋藏深度也有利于煤层气的赋存。在构造上，寺河井田内很少有开放型正断层，以宽缓的褶皱为主，有利于煤层气在煤层中运移和聚集。

2）水文地质条件

井组所在区域主要含水层自上而下有第四系全新统砂砾含水层，基岩风化带，上二叠统上石盒子组砂岩含水层，下二叠统山西组含水层，上石炭统太原组含水层及中奥陶统石灰岩含水层。

上石炭统太原组、上二叠统上石盒子组及下二叠统山西组含水性很弱，而中奥陶统石灰岩含水层为本区域较强含水层。中奥陶统石灰岩为岩溶裂隙含水层，其上、下马家沟组含水性较强，峰峰组相对较弱。基岩风化带及第四系砂砾含水层的含水性在平面上差异很大，往往在沟谷两侧及河床阶地的有利位置含水性较强，常为民用水的开发层段。

3#煤层主要直接充水含水层为相对较弱的顶板砂岩裂隙含水层，水文地质条件简单。

3）顶、底板地质特征

3#煤层直接顶为砂质泥岩，平均厚度 8.06m，岩石质量指标 RQD（rock quality designation）值 24.4%，抗拉强度变异范围 2.80～3.80MPa，抗压强度变异范围 87.7～102.0MPa，抗剪黏聚力 12.27MPa，内摩擦角 39.6°。老顶为细砂岩，平均厚度为 8.59m，RQD 值 25.7%～37.0%，抗拉强度变异范围 1.30～2.90MPa，抗压强度变异范围 85.9～97.0MPa，抗剪黏聚力 9.02MPa，内摩擦角 40.9°。3#煤层直接底为碳质泥岩和砂质泥岩，厚度分别 5.83m 和 10.28m，RQD 值 28%，碳质泥岩抗拉强度变异范围 1.9～8.2MPa，抗压强度变异范围 7.6～13.8MPa，砂质泥岩抗剪黏聚力 10.2MPa，内摩擦角 39.2°。

7.1.2 井身结构与轨道设计

潘庄"U"形井组的井身结构如图 7.2 所示。在水平面上，目标直井 SH-U2 与水平连通井 SH-U3 的井口间水平距离为 557.88m。

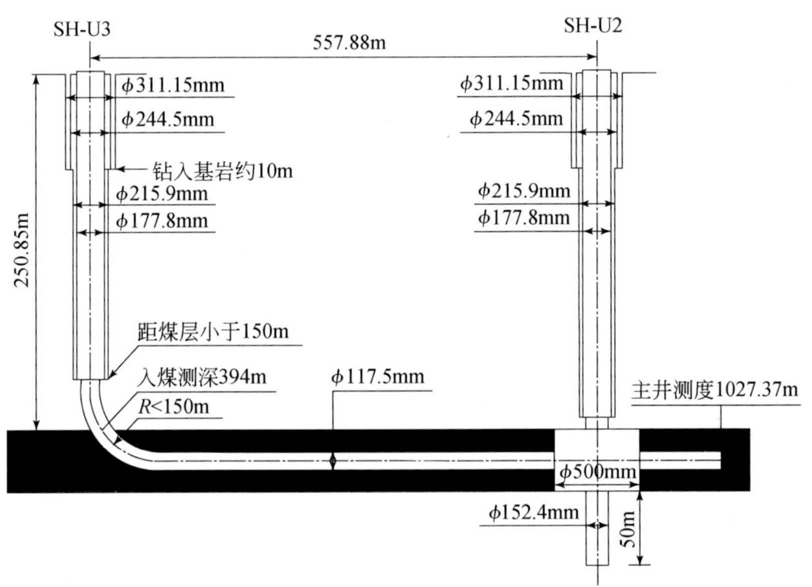

图 7.2 潘庄"U"形井组的井身结构示意图

1. 井身结构设计

1）SH-U2 井身结构设计

目标直井 SH-U2 井身结构设计参数见表 7.1。

表 7.1　SH-U2 井身结构设计参数

开钻次序	井深/m	钻头外径/mm	套管外径/mm	套管下入深度/m	环空水泥返高
一开	60	311.15	244.5	59	地面
二开	225	215.9	177.8	223	地面
三开	300	152.4	裸眼洞穴完井		

设计说明如下。

（1）一开：ϕ311.15mm 井眼进入基岩 10m 左右，下入 ϕ244.5mm 表层套管，固井水泥返至地面。

（2）二开：如上部地层出水，将煤层上部出水的层位封堵，ϕ215.9mm 井眼施工至距目标煤层顶板 5m 左右，下入 ϕ177.8mm 技术套管封固目标煤层以上地层，原则是技术套管不能下入目标煤层中，防止固井作业压裂目标煤层。

（3）三开：ϕ152.4mm 井眼进入目标煤层底板 50m 完钻，3#煤层全段造洞穴，洞穴直径≥500mm。

2）SH-U3 井身结构设计

水平连通井 SH-U3 井身结构设计参数见表 7.2。

表 7.2　SH-U3 井身结构设计参数

开钻次序	井深/m	钻头外径/mm	套管外径/mm	套管下入深度/m	环空水泥浆返高
一开	60	311.15	244.5	59	地面
二开	75	215.9	177.8	74	地面
三开	1000	117.5	裸眼完井		

设计说明如下。

（1）一开：ϕ311.15mm 井眼进入基岩 10m 左右，下入 ϕ244.5mm 表层套管，内插法固井，固井水泥返至地面。

（2）二开：ϕ215.9mm 井眼施工至造斜点以上 20m 左右，下入 ϕ177.8mm 技术套管。

（3）三开：ϕ117.5mm 井眼施工至设计井深，裸眼完钻。

2. 水平连通井轨道设计

1）设计轨道数据

水平连通井 SH-U3 的设计轨道基本参数见表 7.3，轨道类型为直-增-稳-增-稳。依据解析计算法，通过定向井设计软件进行水平连通井轨道设计，具体设计轨道数据见表 7.4。

表 7.3　SH-U3 设计轨道基本参数

井底设计垂深/m	井底闭合距/m	井底闭合方位/(°)	造斜点井深/m	最大井斜角/(°)
237.2	557.88	174.85	80	90.4
方位修正角/(°)	磁倾角/(°)	磁场强度/μT	磁偏角/(°)	子午线收敛角/(°)
-4.08	53.85	52.77	-4.10	-0.02

注：轨道类型为直-增-稳-增-稳。

表 7.4　SH-U3 设计轨道数据

井深/m	井斜/(°)	方位/(°)	垂深/m	水平位移/m	南北距离/m	东西距离/m	狗腿度(°/100m)	靶点
0.00	0.00	0.00	0.00	0.00	0.00	0.00	0	
80.00	0.00	0.00	80.00	0.00	0.00	0.00	0	
188.05	43.22	174.85	178.09	38.86	−38.70	3.49	40	
211.06	43.22	174.85	194.86	54.61	−54.39	4.90	0	
329.01	90.40	174.85	240.00	160.00	−159.35	14.36	40	A
726.91	90.40	174.85	237.20	557.88	−555.63	50.10	0	B

注：设计数据已考虑地面高程（537.8m），但未含钻机补心高，施工时应进行修正。

以井口作为相对坐标原点 X(南北)＝0，Y(东西)＝0，则靶点 A、B 分别如下。

靶点 A：X(南北)＝−159.35m，Y(东西)＝14.36m，垂深 240m，闭合距 150m，靶半高 2m，靶半宽 5m。

靶点 B：X(南北)＝−555.63m，Y(东西)＝50.1m，垂深 237.2m，闭合距 557.88m，靶半高 2m，靶半宽 5m。

2）设计轨道图

SH-U3 设计轨道的水平投影如图 7.3 所示，设计轨道垂直剖面如图 7.4 所示。

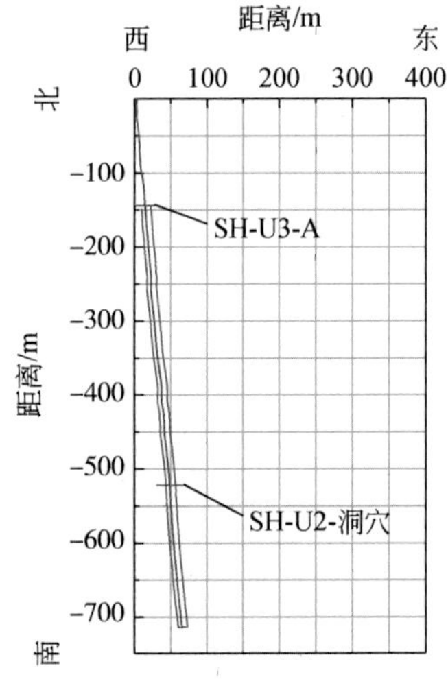

图 7.3　SH-U3 设计轨道水平投影图

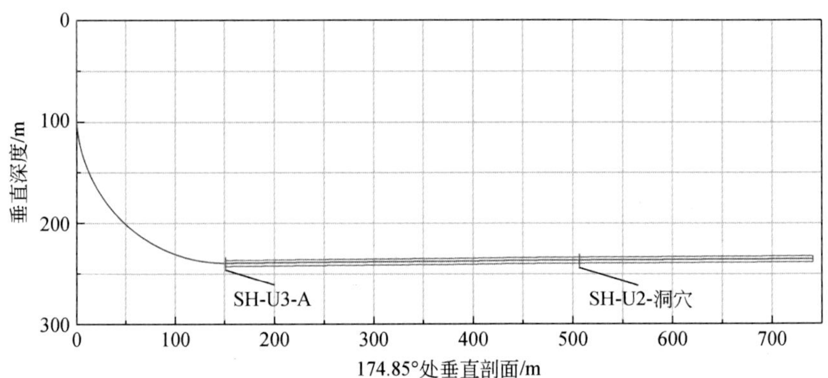

图 7.4　SH-U3 设计轨道垂直剖面投影图

7.1.3　钻进装备、机具及测量仪器系统

潘庄“U”形对接井组施工用钻进设备包括钻机、泥浆泵组、固控系统、发电机组、随钻测量仪器、对接仪器等，主要设备与仪器的型号、规格及数量见表 7.5。

表 7.5　主要钻进设备及测量仪器

<table>
<tr><th>序号</th><th colspan="2">名称</th><th>型号</th><th>数量</th><th>备注</th></tr>
<tr><td rowspan="2">1</td><td rowspan="2" colspan="2">钻机</td><td>T200XD</td><td>1 台</td><td>水平连通井 SH-U3</td></tr>
<tr><td>TSJ-1000</td><td>1 台</td><td>目标直井 SH-U2</td></tr>
<tr><td rowspan="5">2</td><td rowspan="3">泵组</td><td>泥浆泵</td><td>F-800</td><td>1 台</td><td rowspan="3">T200XD 钻机配套</td></tr>
<tr><td>柴油机</td><td>G12V190PZL-1</td><td>1 台</td></tr>
<tr><td>耦合器</td><td>YOTFJ750-19</td><td>1 台</td></tr>
<tr><td rowspan="2">泵组</td><td>泥浆泵</td><td>TBW-850/5B</td><td>1 台</td><td rowspan="2">TJS-1000 钻机配套</td></tr>
<tr><td>柴油机</td><td>Y280M-4</td><td>1 台</td></tr>
<tr><td rowspan="12">3</td><td rowspan="12">固控系统</td><td>泥浆罐</td><td>8. 5m×2. 4m×2. 1m</td><td>2 个</td><td rowspan="6">含扶梯、过道、阀门等</td></tr>
<tr><td>振动筛</td><td>QZS703</td><td>1 台</td></tr>
<tr><td>除砂器</td><td>LCS250</td><td>1 台</td></tr>
<tr><td>除泥器</td><td>CNQ100×10</td><td>1 台</td></tr>
<tr><td>离心机</td><td>LW450×842</td><td>1 台</td></tr>
<tr><td>液下渣浆泵</td><td>80YZ（S）40-10</td><td>1 台</td></tr>
<tr><td>搅拌器Ⅰ</td><td>WNJ-11kW</td><td>1 台</td><td></td></tr>
<tr><td>搅拌器Ⅱ</td><td>WNJ-7. 5kW</td><td>3 台</td><td></td></tr>
<tr><td>射流混浆装置</td><td>SLH150×45</td><td>1 套</td><td></td></tr>
<tr><td>砂泵</td><td>150SB180-35</td><td>2 台</td><td></td></tr>
<tr><td>立式砂泵</td><td>200LSB150-30</td><td>1 台</td><td></td></tr>
<tr><td>电气控制系统</td><td>—</td><td>1 套</td><td>含降压启动控制柜、电缆、开关、配电柜等</td></tr>
<tr><td rowspan="2">4</td><td rowspan="2">发电机组</td><td>1#发电机</td><td>300GF</td><td>1 台</td><td></td></tr>
<tr><td>2#发电机</td><td>120GF</td><td>1 台</td><td></td></tr>
<tr><td rowspan="4">5</td><td rowspan="4">仪器仪表</td><td>有线测斜仪</td><td>HKCX-DZ</td><td>1 套</td><td></td></tr>
<tr><td>无线随钻测斜仪</td><td>SMWD-76S</td><td>1 台</td><td></td></tr>
<tr><td>电子多点测斜仪</td><td>—</td><td>1 套</td><td></td></tr>
<tr><td>RMRS 对接仪</td><td>—</td><td>1 套</td><td></td></tr>
</table>

7.1.4　井组实钻简况

1. 目标直井 SH-U2

1）钻完井施工

SH-U2 井于 2010 年 11 月 05 日开钻，12 月 2 日完钻。

SH-U2 井实钻井身结构数据见表 7.6，实钻井身结构如图 7.5 所示。

表 7.6　SH-U2 井实钻井身结构数据

项目 \ 开次	一开	表层套管	二开	技术套管	三开
钻头直径/mm	311.15		215.9		152.4
井深/m	22.42		232.71		287.94
套管外径/mm		244.5		177.8	
套管总长/m		22.42		228.95	
套管下深/m		22.42		228.67	
套管顶部位置/m				-0.28	
人工井底深度/m				226.75	
水泥上返深度/m		地面		11.00	

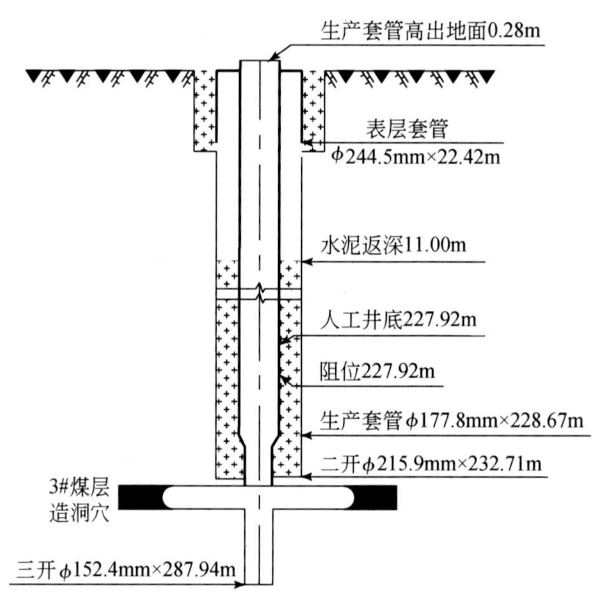

图 7.5　SH-U2 实钻井身结构示意图

SH-U2 井三开井身结构对应的钻具组合如下。

一开（0 ~ 22.42m）井段：ϕ311.15mm 三牙轮钻头+双母接头+ϕ159mm 钻铤+转换接头+方保接头+方钻杆。

二开（22.42 ~ 232.71m）井段：ϕ215.9mm 三牙轮钻头+双母接头+ϕ159mm 钻铤+转换接头+ϕ127mm 钻杆柱+方保接头+方钻杆。

三开（232.71 ~ 287.94m）井段：ϕ152.4mm 三牙轮钻头+双母接头+ϕ89mm 钻杆柱+方保接头+方钻杆。

2）钻井液工艺

SH-U2 井一开井段钻井液体系为普通膨润土浆，二开、三开井段以清水作为钻井液。

3）井身质量

SH-U2 井实钻过程中采用电子多点测斜仪对井眼轨迹进行测量，井身质量数据见表 7.7。

表 7.7　SH-U2 井身质量测量数据

深度/m	井斜/(°)	方位/(°)	狗腿度（°/30m）
0.00	0.2	—	—
25.00	0.3	196	—
50.00	0.2	79	0.5
75.00	0.3	207	0.5
100.00	0.3	268	0.4
125.00	0.2	101	0.6
150.00	0.1	331	0.3
175.00	0.1	261	0.1
200.00	0.1	300	0.1
225.00	0.2	225	0.2
250.00	0.4	232	0.2
275.00	0.2	164	0.5
285.00	0.2	187	0.2

SH-U2 井最大井斜 0.4°（井深 250.00m），方位 232°；全井井斜最大变化率 0.6°/30m，井身质量合格，符合设计要求。

2. 水平连通井 SH-U3

1）钻井施工

SH-U3 井于 2010 年 11 月 17 日开钻，12 月 19 日完钻。

SH-U3 井实钻井身结构数据见表 7.8。

表 7.8 SH-U3 井实钻井身结构数据

项目＼开次	一开	表层套管	二开	技术套管	三开
钻头直径/mm	311.15		215.9		117.5
井深/m	46.04		58.50		1027.37
套管外径/mm		244.5		177.8	
套管总长/m		33.60		58.05	
套管下深/m		33.60		57.77	
套管顶部位置/m				-0.28	
人工井底深度/m				48.50	
水泥上返深度/m		地面		地面	

SH-U3 井不同井段钻具组合如下。

一开（0～46.04m）井段：ϕ311.15mm 三牙轮钻头+双母接头+ϕ165mm 钻铤+ϕ114mm 钻杆柱。

二开（46.04～58.50m）井段：ϕ215.9mm 三牙轮钻头+双母接头+ϕ165mm 钻铤+ϕ114mm 钻杆柱。

三开（主井眼，58.50～1027.37m；分支井 1，740.62～900.32m；分支井 2，727.01～844.27m）井段：ϕ117.5mm 三牙轮钻头/PDC 钻头+ϕ95mm 单弯螺杆钻具（弯角 1.5°）+转换接头+ϕ89mm 无磁承压钻杆+MWD+ϕ73mm 钻杆柱+ϕ73mm 加重钻杆柱。

对接连通井段：ϕ117.5mm 牙轮钻头/PDC 钻头+强磁接头+ϕ95mm 单弯螺杆钻具（弯角 1.5°）+转换接头+ϕ89mm 无磁承压钻杆+MWD+ϕ73mm 钻杆柱+ϕ73mm 加重钻杆柱。

SH-U3 井不同井段钻进工艺参数见表 7.9，SH-U3 井实钻轨迹如图 7.6 所示。

表 7.9 SH-U3 井实钻工艺参数

井段	深度/m	钻压/kN	转速/(r/min)	泵压/MPa
一开	0.00～46.04	10～20	42～45	0.8～1.2
二开	46.04～58.50	20～60	45～72	1.8～2.3
三开	58.50～1027.37	20～40	35（复合钻进）	2.8～5.5
	727.01～844.27			
	740.62～900.32		0（定向钻进）	

SH-U3 井三开在测深 394m 进入煤层，测深 727.01m 处与目标直井 SH-U2 成功对接连通，过洞穴后继续向前钻进 300.36m，测深 1027.37m 处主井完钻；在测深 740.62m 和 727.01m 处施工分支井两个，井眼长度分别为 159.70m 和 117.26m；总进尺 1304.33m。

2）钻井液工艺

SH-U3 井不同井段钻井液体系及主要性能参数见表 7.10。

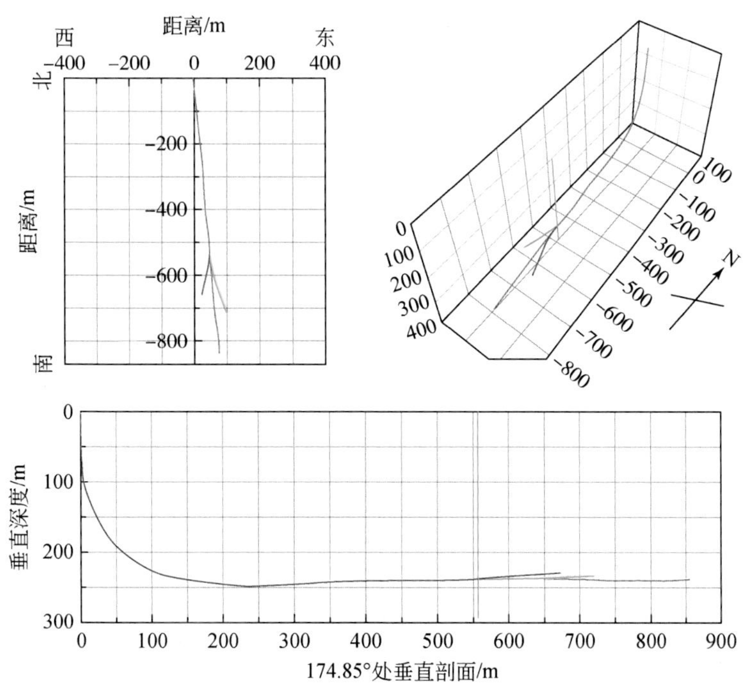

图 7.6　SH-U3 实钻井眼轨迹图

表 7.10　SH-U3 井施工用钻井液体系及主要性能参数

井段	深度/m	密度/(g/cm³)	黏度/s	含砂量/%	钻井液体系
垂直井段	0～58.50	1.10～1.15	43～74	—	预水化膨润土钻井液
造斜井段	58.50～310.00	1.01～1.04	31～35	<0.2	无固相聚合物钻井液
水平井段	310.00～1027.37	1.02～1.07	27～38	<0.1	无固相聚合物钻井液
	727.01～844.27				
	740.62～900.32				

3）完井工艺

SH-U3 井目标煤层段以裸眼方式完井。针对储层保护要求，采取了化学方式解堵技术措施，即三开完钻后根据无固相聚合物钻井液所用处理剂性能特点，选用以工业助溶剂为主的完井液注入水平段井眼中，用以清除目标煤层中井壁上的“泥皮”，降低或消除钻井液对近井壁储层造成的伤害，达到提高井组产气量的目的。

4）轨迹测量分析

SH-U3 井实钻过程中，垂直井段采用有线测斜仪器以吊测的方式对井眼轨迹进行跟踪测量（图 7.7），测量结果显示：一开井段最大井斜角 1.35°，闭合距 0.78m；二开井段最大井斜角 1.31°，闭合距 0.97m。

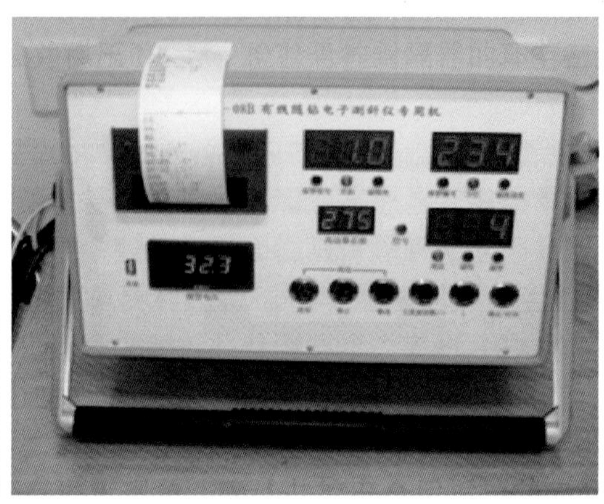

图 7.7　SH-U3 井直井段轨迹测量现场及仪器

SH-U3 井造斜段与水平段采用泥浆脉冲无线随钻测量系统（MWD）进行井眼轨迹测量。与 SH-U2 井对接连通时，将 RMRS 测量仪器与泥浆脉冲无线随钻测量系统配合使用，引导连通，具体施工过程如下：SH-U3 主井眼钻至测深 620.64m 处提钻，在钻头与螺杆钻具之间连接强磁接头后重新下钻并继续钻进；同时，在 SH-U2 井内下入 RMRS 系统专用探管，接收人工旋转磁场信号、计算强磁接头与探管之间的相对位置参数，配合泥浆脉冲随钻测量系统控制 SH-U3 井眼轨迹向 SH-U2 井的洞穴延伸，在测深 727.01m 处实现两井成功对接，图 7.8 所示为对接连通瞬间 SH-U3 井内的钻井液由 SH-U2 井口喷出时的情景。

水平连通井 SH-U3 的设计与实钻轨迹剖面图如图 7.9 所示。

图 7.8　连通瞬间

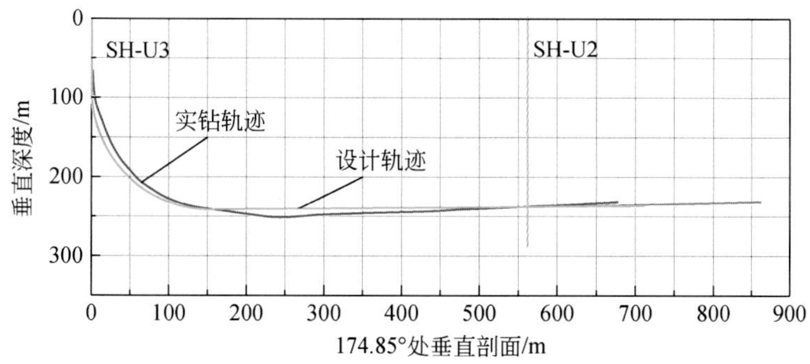

图 7.9　SH-U3 设计与实钻轨迹剖面投影图

在潘庄“U”形井的水平连通井实钻轨迹控制过程中，为保证顺利连通，根据实钻地层情况调控井眼轨迹，受地质资料准确程度的限制，SH-U3 井滞后进入目标煤层，使实钻轨迹与设计轨迹在靶点 A 前后存在一定的偏差，如图 7.10 所示。

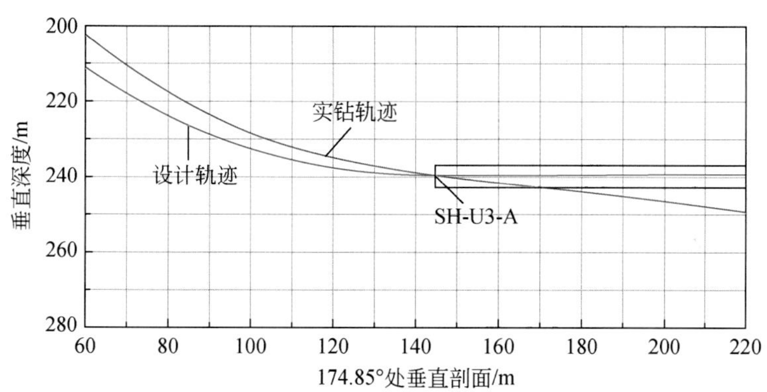

图 7.10　SH-U3 入靶段设计与实钻轨迹剖面投影对比图

7.1.5　井组排采情况

潘庄“U”形对接井（SH-U2/U3）施工完成后，临时封闭水平连通井（SH-U3）的井口，在目标直井（SH-U2）内安装排采设备。

潘庄“U”形对接井（SH-U2/U3）采用“抽油机+38mm 管式泵”的方式进行排采，排采工作于 2011 年 2 月 24 日正式开始，排采产气现场如图 7.11 所示，初期产水量较小，产气量增加较快，连续排采 27 天后日产气量突破 $1.0\times10^4m^3$，排采 98 天后日产气量突破 $2.0\times10^4m^3$，最高日产气量达到 $2.2\times10^4m^3$。

潘庄“U”形井组是我国煤矿区第一个高产的远端精确对接井组，累计产气近 $400\times10^4m^3$，因配合寺河煤矿井下采掘工作需要而提前关井。

图 7.11　SH-U2/U3 井组排采现场

7.2　山西晋城天地王坡“V”形对接井组

天地王坡“V”形对接井组是山西天地王坡煤业有限公司地面瓦斯综合抽采系统建设示范项目的现场工程之一，目的在于对煤层瓦斯（煤层气）进行综合治理，改变传统单一煤矿井下瓦斯抽采的格局，同时开发、利用3#煤层的煤层气资源。天地王坡“V”形对接井组位于山西省晋城市泽州县下村镇和沁水县樊庄乡，利用对接井定向钻进技术装备进行施工，同时实施了小口径 PE 筛管完井工艺。

7.2.1　井组基本信息

天地王坡“V”形对接井组由目标直井 WP02-V1 和水平连通井 WP02-H1、WP02-H2 组成，位于山西天地王坡煤业有限公司井田内，东起万里–中村，西至庵头–攫坡，南起陈庄–马头山，北至蝗坪–车山南侧。

1. 地质概况

王坡井田地处太行山南端、沁河与长河的分水岭地带，属构造剥蚀中低山区，沟谷发育，切割较破碎，地形坡度多为 20°~30°，井田内总的地势为中部、东北部高，北部、南部、东部低，最高点位于井田东北部的山梁上，海拔 1327.5m，最低点位于井田东部的长河河谷内，海拔 877.2m，相对高差 450.3m。

王坡井田构造总体为走向北西、倾向北东的单斜构造，地层倾角变化不大，多为 3°~14°，小型褶皱比较发育，并见有断层及陷落柱，地质构造属简单类型。

1）褶皱

沟西向斜：向斜轴由杨山村南向北西延伸，往沟西村以北、蝗坪村南，向北西延至井田外，轴向由 N65°E 向南偏转呈近 SN 向，大致呈一弧形展布，轴长约 4500m。向斜宽缓开阔，两翼对称，倾角 7°左右。

塔里南背斜：背斜轴大致呈 EW 向，轴长约 4500m。背斜平缓开阔，往西倾没，地层倾角变大，两翼倾角一般 6°～9°。

上寺头向斜：向斜轴大致呈 EW 向，由上村向西经下寺头、上寺头、皇岭、直至井田两侧的大平村，轴长约 7800m，向斜轴中部略向北凸出，与塔里南背斜轴基本平行。两翼基本对称，东端（井田外）两翼倾角较徒（可达 14°左右），地层产状一般为 7°～9°。

庵楼东背斜：由庵楼北东向南东方向延伸，轴向大致呈 N65°E，呈一反“S”形。两翼基本对称，倾角 8°～10°。

上村背斜：位于井田的东缘，其地表为第四系黄土掩盖，据钻孔揭露控制两翼倾角达 8°～14°，近于对称。由于受 F1 断层的影响，背斜南西侧地层有幅度不大的波状起伏及地层倾角的变化。

2）断层

井田内断层不发育，具代表性的仅为独头山断裂，位于上村西独头山山梁-下寺头村东南一线。北起王坡村东北、南到下寺头南沟、全长约 3000m，走向 N35°E。断层倾向北西，倾角 50°～70°，从王坡煤矿井下揭露情况看，该断层倾角变化较大，巷道内倾角 50°～60°（仅一处），而地表控制多在 70°左右，总体分析其两端倾角较大，中部倾角小，最大断距 22m。

3）陷落柱

矿井采掘资料显示：井田内陷落柱较为发育，以圆形及近椭圆形为主，井下所见陷落柱规模大小不一，长轴长度一般为 40～160m，短轴长度为 24～130m。大都为半截柱，垂向穿越 3#、9#和 15#煤层，形状为倒漏斗型，剖面为近塔柱状，对煤层破坏程度较大。

陷落柱内充填物一般为砂岩或泥岩碎块，疏松破碎。柱体内未发现黄土，说明陷落柱生成于二叠系以后，第四系以前。

2. 目标煤层

天地王坡“V”形对接井组的目标层为山西组 3#煤，该煤层位于下二叠统山西组下部，结构简单，为稳定全区可采煤层，厚 4.1～6.7m，平均厚度 5.76m，含夹矸 0～2 层，矸石成分主要为碳质泥岩，矸石厚 0.02～0.9m。3#煤层直接顶为黑色泥岩或粉砂质泥岩，底板为粉砂质泥岩或泥岩。

7.2.2　井身结构与轨道设计

天地王坡“V”形对接井组中的水平连通井 WP02-H1、WP02-H2 井身结构、轨道设计相似，以 WP02-H1 井为例进行介绍，其井身结构示意图如图 7.12 所示。

1. 井身结构设计

水平连通井 WP02-H1 井身结构设计参数见表 7.11。

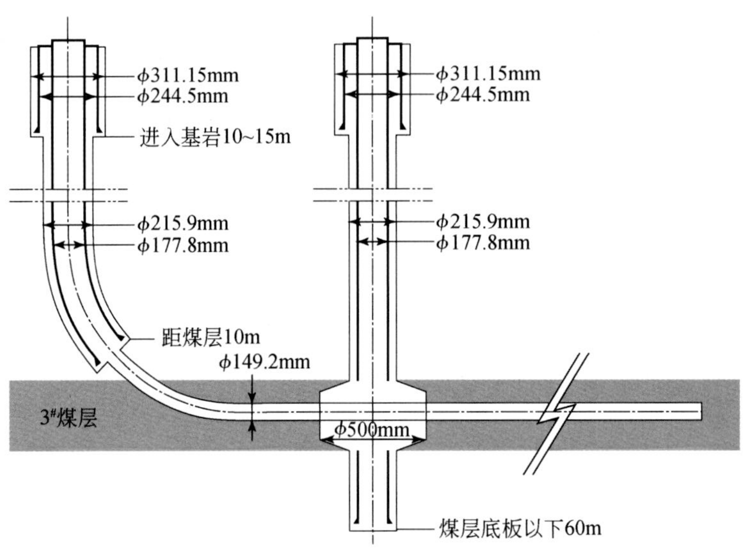

图 7.12　WP02-H1 井身结构示意图

表 7.11　WP02-H1 井身结构设计参数

开钻次序	井深/m	钻头外径/mm	套管外径/mm	套管下入深度/m	环空水泥浆返高
一开	18	311.15	244.5	17.5	地面
二开	661	215.9	177.8	660	地面
三开	1087	149.2	50	PE 筛管完井（不固井）	

注：三开煤层段下外径 ϕ50mmPE 筛管完井。

2. 井眼设计轨道

1）设计轨道数据

依据解析计算法，通过定向井设计软件进行水平连通井轨道设计，WP02-H1 井的具体设计轨道数据见表 7.12。

表 7.12　WP02-H1 设计轨道数据

井深/m	井斜/(°)	方位/(°)	垂深/m	水平位移/m	南北距离/m	东西距离/m	狗腿度（°/100m）	靶点
0.00	0.00	0.00	0.00	0.00	0.00	0.00	0.00	
444.50	0.00	0.00	444.50	0.00	0.00	0.00	0.00	
590.60	45.29	104.19	575.85	54.80	−13.43	53.12	31.00	
598.45	45.29	104.19	581.37	60.37	−14.80	58.53	0.00	
752.27	92.98	104.21	634.60	200.00	−49.06	193.89	31.00	A
802.34	92.98	104.21	632.00	250.00	−61.34	242.36	0.00	B
1102.34	92.98	104.21	616.41	549.59	−134.88	532.79	0.00	

2）设计轨道图

WP02-H1 井眼设计轨道垂直剖面如图 7.13 所示。

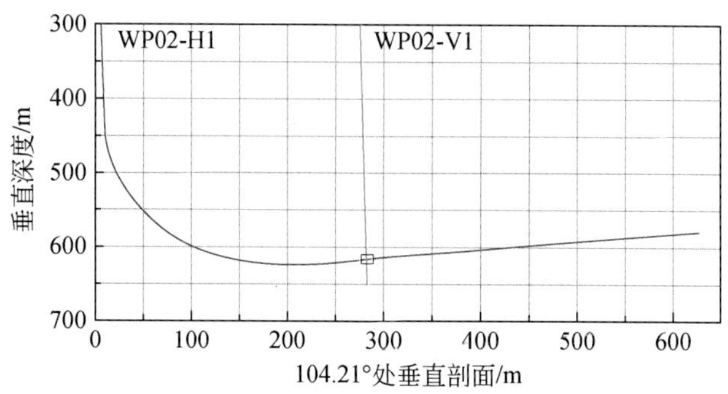

图 7.13　WP02-H1 井眼设计轨道垂直剖面投影图

7.2.3　钻进装备、机具及测量仪器系统

水平连通井 WP02-H1、WP02-H2 钻进施工使用雪姆 T200XD 钻机及配套装备系统，与潘庄“U”形对接井组基本相同，装备系统组成参见 7.1 节。

7.2.4　井组实钻简况

1. 水平连通井 WP02-H1

1）钻井施工

WP02-H1 井于 2012 年 7 月 25 日开钻，9 月 4 日完钻。

WP02-H1 井实钻井身结构数据见表 7.13。

表 7.13　WP02-H1 实钻井身结构数据

项目＼开次	一开	表层套管	二开	技术套管	三开
钻头直径/mm	311.15		215.9		149.2
井深/m	17.63		661.58		1087.02
套管外径/mm		244.5		177.8	
套管总长/m		17.5		654.25	
套管下深/m		17.5		653.97	
套管顶部位置/m				−0.28	
水泥浆上返深度/m		地面		地面	

WP02-H1 井不同井段钻具组合如下。

一开（0～17.63m）井段：ϕ311.15mm 三牙轮钻头+双母接头+ϕ165mm 无磁钻铤+ϕ165mm 钻铤。

二开（17.63～661.58m）直井段：ϕ215.9mm 三牙轮钻头/PDC 钻头+双母接头+ϕ165mm 无磁钻铤+ϕ165mm 钻铤柱+转换接头+ϕ127mm 加重钻杆柱+ϕ127mm 钻杆柱。二开（17.63～661.58m）造斜井段：ϕ215.9mm 三牙轮钻头/PDC 钻头+ϕ165mm 1.5°单弯螺杆钻具+转换接头+ϕ127mm 无磁承压钻杆+LWD+ϕ127mm 加重钻杆柱+ϕ127mm 钻杆柱。

三开（661.58～1087.02m）井段：ϕ149.2mmPDC 钻头+ϕ120mm 1.5°单弯螺杆钻具+转换接头+MWD 短接+无磁短接+ϕ89mm 无磁承压钻杆+转换接头+ϕ89mm 加重钻杆柱+ϕ89mm 钻杆柱。

对接连通井段：ϕ149.2mmPDC 钻头+强磁接头+ϕ120mm 1.5°单弯螺杆钻具+转换接头+MWD 短接+无磁短接+ϕ89mm 无磁承压钻杆+转换接头+ϕ89mm 加重钻杆柱+ϕ89mm 钻杆柱。

WP02-H1 井在测深 712m 处进入目标煤层，测深 821.50m 处与目标直井 WP02-V1 成功对接连通，过对接点后继续钻进至井深 1087.02m 完钻。

2）钻井液工艺

WP02-H1 井不同井段钻井液体系及主要性能参数见表 7.14。

表 7.14　WP02-H1 井钻井液体系及主要性能参数

井段	深度/m	密度/(g/cm³)	黏度/s	含砂量	钻井液体系
一开	0.00～17.63	1.02～1.03	35～39	—	预水化膨润土钻井液
二开	17.63～661.58	1.01～1.04	35～42	<0.2%	低固相聚合物钻井液
三开	661.58～1087.02	1.00～1.03	37～48	<0.1%	无固相聚合物水基钻井液

三开钻进前进行一次换浆，随后采用无固相聚合物钻井液钻进，并持续使用四级固控，严格控制钻井液中的固相含量。

2. 水平连通井 WP02-H2

WP02-H2 井于 2012 年 10 月 5 日开钻，11 月 1 日完钻。

WP02-H2 井实钻井身结构数据见表 7.15。

表 7.15　WP02-H2 井实钻井身结构数据

开次 项目	一开	表层套管	二开	技术套管	三开
钻头直径/mm	311.15		215.9		149.2
井深/m	17.94		680.86		1154.97
套管外径/mm		244.5		177.8	
套管总长/m		17.0		676.86	
套管下深/m		17.0		676.58	
套管顶部位置/m				-0.28	
水泥浆上返深度/m		地面		地面	

WP02-H2 井不同井段的钻具组合、钻井液工艺与 WP02-H1 井相同，此处不再赘述。

WP02-H2 井于测深 729m 处进入目标煤层，测深 794.80m 处与目标直井 WP02-V1 成功对接连通，过对接点后继续钻进至 1154.97m 处完钻。

WP02-H1、WP02-H2 实钻井眼轨迹三维图如图 7.14 所示。

7.2.5　井组完井情况

水平连通井 WP02-H1、WP02-H2 均采用 ϕ50mm 的 PE 筛管完井，其中 WP02-H1 井在井深 805.56～1079.56m 下入筛管累计长 274m，WP02-H2 井在井深 673～1150m 下入筛管累计长 477m。下筛管现场作业照片如图 7.15 所示。

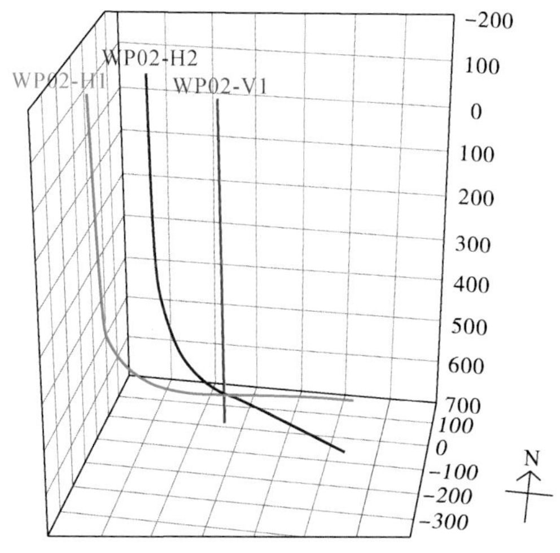

图 7.14　水平连通井三维实钻轨迹图

图 7.15　PE 筛管完井现场照片

天地王坡“V”形对接井组因邻井压裂作业导致 WP02-H2 井水平段严重坍塌卡钻而未进行排采作业。

7.3　山西晋城郭南“U”形对接井组

郭南“U”形对接井组是根据晋城矿区煤层气开发规划与井网布置总体方案，结合“十二五”国家科技重大专项示范工程研究任务需要，以寺河井田 15#煤为目标层实施的科研井组，目的是试验对接井组在该区域开发 15#煤中煤层气的可行性及效果。郭南“U”形对接井组采用裸眼滑套分段压裂方式完井，最高日产气量达 $3.28\times10^4m^3$，稳控日产气量 $1.6\times10^4m^3$左右，是沁水盆地 15#煤层第一口高产对接井组。

7.3.1　井组基本信息

郭南“U”形对接井组（2013ZX-SH-UM15）由目标直井 2013ZX-SH-UM15V 和水平连通井 2013ZX-SH-UM15H 组成，位于山西省晋城市沁水县郭南村附近，井位平面分布如图 7.16 所示。

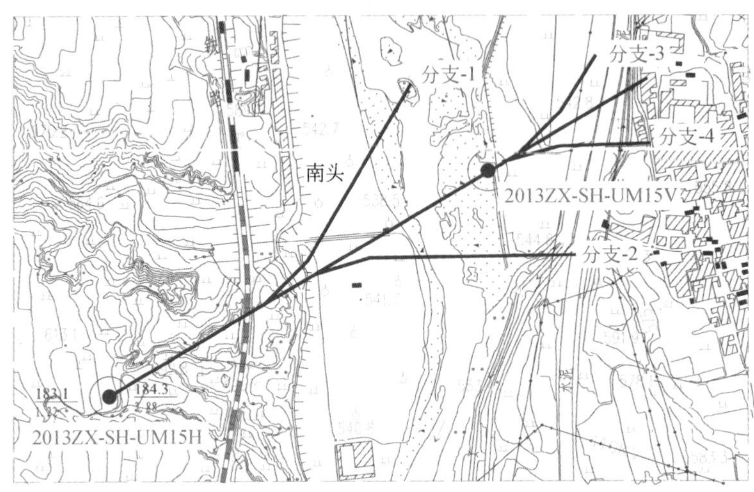

图 7.16 郭南“U”形对接井组井位平面分布图

1. 地质概况

2013ZX-SH-UM15 井组所在区域地质概况与潘庄“U”形井组相似，地层自上而下依次为第四系，上二叠统石千峰组、上石盒子组，下二叠统下石盒子组、山西组，上石炭统太原组等，详细地层信息参见 7.1 节。

2. 目标煤层

2013ZX-SH-UM15 井组的目标煤层为 15#煤，它位于太原组层段顶部，直接伏于 K_2 灰岩之下。郭南“U”形对接井组所在区域 15#煤厚度为 1.08 ~ 5.45m，平均厚度 2.67m。

15#煤显微煤岩组分以均质镜质体和基质镜质体为主，有部分结构镜质体，具明显的各向异性，含量变化高于 88.1%；矿物含量大于 10%，以分散状黏土为主。宏观煤岩类型以光亮型煤为主，半亮型煤次之，呈黑色，似金属光泽，致密坚硬，为条带状与均一状结构，块状构造，具阶梯状断口，节理裂隙较发育，含黄铁矿结核。煤的视密度为 1.46 ~ 1.51g/cm^3。

15#煤直接顶板为石灰岩，沉积稳定；局部见含碳泥岩或碳质泥岩伪顶，具水平纹理，含黄铁矿化的小个体腕足类等化石。

15#煤底板多为泥岩或含碳泥岩，常含有黄铁矿结核，偶为粉砂岩。

7.3.2 井身结构与轨道设计

郭南“U”形对接井组的井身结构与潘庄“U”形对接井组相似。目标直井 2013ZX-SH-UM15V 与水平连通井 2013ZX-SH-UM15H 的井口间水平距离为 771.45m。

1. 井身结构设计

1）2013ZX-SH-UM15V 井身结构设计

目标直井 2013ZX-SH-UM15V 井身结构设计参数见表 7.16。

表 7.16　2013ZX-SH-UM15V 井身结构设计参数

开钻次序	井深/m	钻头外径/mm	套管外径/mm	套管下入深度/m	环空水泥浆返高/m
一开	30	311.15	244.5	29	地面
二开	410	215.9	177.8	409	地面

目标直井 2013ZX-SH-UM15V 井身结构设计说明如下。

（1）一开：ϕ311.15mm 井眼钻穿覆盖层，进入稳定基岩 5～10m，下入 ϕ244.5mm 套管，固井水泥返至地面。

（2）二开：ϕ215.9mm 井眼钻至 15#煤底板以下 40m，下入 ϕ177.8mm 生产套管。

图 7.17 所示为二开套管串结构：15#煤层下部井段为下封隔器+套管串，封隔器坐封在 15#煤层底板以下 5m 左右；15#煤层上部井段为上封隔器+套管串，封隔器坐封在 15#煤层顶板上部约 5m 处，其中 3#煤层段为玻璃钢套管。固井水泥浆自上封隔器上部沿环空间隙返至地面。采用造穴工具在 15#煤层段全段造穴，洞穴直径≥500mm。

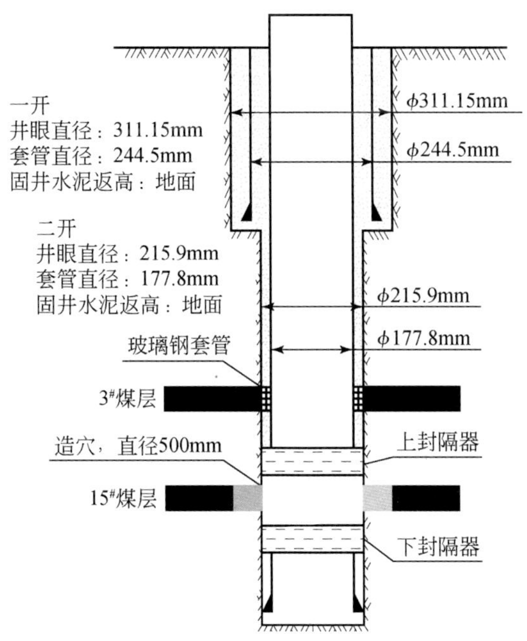

图 7.17　2013ZX-SH-UM15V 井身结构图

2）2013ZX-SH-UM15H 井身结构设计

水平连通井 2013ZX-SH-UM15H 井身结构设计参数见表 7.17。

表 7.17　2013ZX-SH-UM15H 井身结构设计参数

开钻次序	井深/m	钻头外径/mm	套管外径/mm	套管下入深度/m	环空水泥浆返高
一开	48	311.15/550	351	井底	地面
二开	500	215.9	177.8	490	地面
三开	1350	152.4	114.3	1330	不固井

水平连通井 2013ZX-SH-UM15H 井身结构设计说明如下。

（1）一开：ϕ311.15mm 先导井眼钻入基岩 5～10m，扩至 ϕ550mm，下入 ϕ351mm 表层套管，固井水泥浆返至地面。

（2）二开：ϕ215.9mm 井眼钻进至 15#煤层顶板以上 5m 处，下入 ϕ177.8mm 技术套管至煤层顶板以上 10m 处，固井水泥浆返至地面。

（3）三开：ϕ152.4mm 井眼进入 15#煤层后沿煤层钻进，施工洞穴前分支井后与目标直井对接连通，随后继续钻进延伸并施工洞穴后分支井，使煤层段累计进尺达到 2000m，主井眼中下入 ϕ114.3mm 生产套管完井。

2. 水平连通井轨道设计

1）设计轨道数据

2013ZX-SH-UM15H 井包含 1 个主井眼和 4 个分支井。其中主井眼的设计井深为 1400m，目标直井洞穴前后各设计 2 个分支井，4 个分支井眼的分支点设计井深分别为 750m、900m、1130m 和 1180m。

2013ZX-SH-UM15H 井主井眼设计轨道参数见表 7.18，分支井眼的设计轨道参数见表 7.19。

表 7.18 2013ZX-SH-UM15H 井主井眼设计轨道参数

井深/m	井斜/(°)	方位/(°)	垂深/m	位移/m	南北距离/m	东西距离/m	狗腿度（°/100m）	靶点
0.00	0.00	0.00	0.00	0.00	0.00	0.00	0.00	
215.00	0.00	0.00	215.00	0.00	0.00	0.00	0.00	
370.17	43.45	60.75	355.72	56.07	27.39	48.92	28.00	
379.64	43.45	60.75	362.59	62.58	30.57	54.60	0.00	
544.76	89.68	60.74	426.50	210.00	102.61	183.22	28.00	A
1084.48	89.68	60.74	429.50	749.72	366.38	654.09	0.00	B
1400.00	89.69	60.74	431.24	1065.23	520.58	929.36	0.00	

表 7.19 分支井设计轨道参数

分支名称	井深/m	井斜/(°)	方位/(°)	垂深/m	位移/m	南北距离/m	东西距离/m	狗腿度（°/100m）
分支-1	750.00	89.68	60.74	427.64	403.81	202.94	362.28	0.00
	855.00	89.72	31.34	428.20	507.62	275.03	437.03	28.00
	1200.00	89.72	31.34	429.88	839.39	569.69	616.46	0.00
分支-2	900.00	89.68	60.74	428.48	557.36	276.25	493.14	0.00
	1005.00	89.72	90.14	429.04	660.80	302.35	593.65	28.00
	1255.00	89.72	90.14	430.26	895.98	301.74	843.65	0.00
分支-3	1130.00	89.68	60.74	429.76	791.03	388.66	693.79	0.00
	1235.00	89.72	90.14	430.33	893.66	414.77	794.30	28.00
	1400.00	89.72	90.14	431.13	1044.97	414.36	959.30	0.00

续表

分支名称	井深/m	井斜/(°)	方位/(°)	垂深/m	位移/m	南北距离/m	东西距离/m	狗腿度（°/100m）
分支-4	1180.00	89.68	60.74	430.04	842.60	413.10	737.41	0.00
	1285.00	89.72	31.34	430.60	944.81	485.19	812.16	28.00
	1400.00	89.72	31.34	431.16	1049.14	583.41	871.97	0.00

2）设计轨道图

2013ZX-SH-UM15H 井的设计轨道水平投影图如图 7.18 所示，三维示意图如图 7.19 所示。

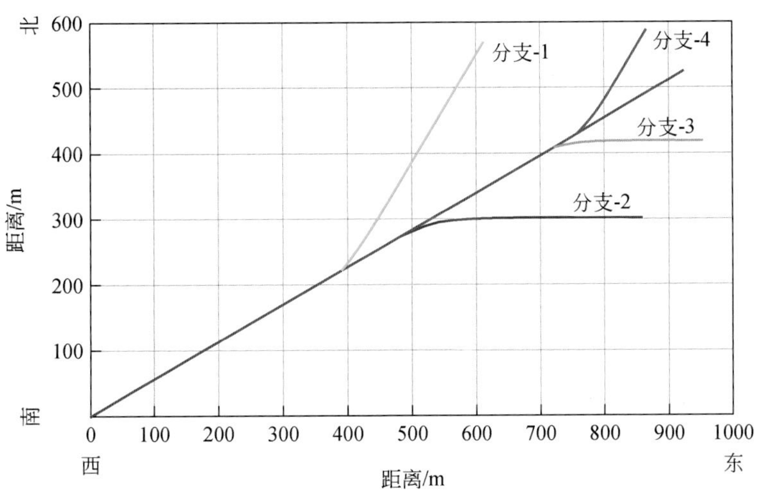

图 7.18　2013ZX-SH-UM15H 井设计轨道水平投影图

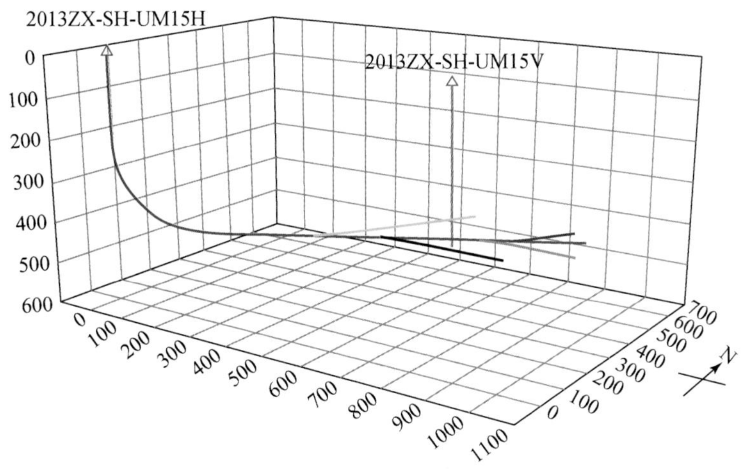

图 7.19　2013ZX-SH-UM15H 井设计轨道三维示意图

7.3.3　钻进装备、机具及测量仪器系统

2013ZX-SH-UM15 井组施工使用国产 ZMK5530TZJ60 型车载钻机及相关配套装备；随钻测量仪器选用黑星电磁波无线随钻测量（EM-MWD）系统。

7.3.4　井组实钻简况

1. 目标直井 2013ZX-SH-UM15V

1）钻完井施工

2013ZX-SH-UM15V 井于 2014 年 3 月 10 日开钻，3 月 31 日完钻。

2013ZX-SH-UM15V 井实钻井身结构数据见表 7.20。

表 7.20　2013ZX-SH-UM15V 井实钻井身结构数据

项目＼开次	一开	表层套管	二开	生产套管
钻头直径/mm	311.15		215.9	
井深/m	35.89		405.00	
套管外径/mm		244.5		177.8
套管总长/m		35.00		391.32
套管下深/m		35.00		405.00
套管顶部位置/m		0.00		-0.28
水泥浆上返深度/m		地面		地面

2013ZX-SH-UM15V 井各井段钻具组合设计与潘庄“U”形井组相似，配套钻井液体系为：一开井段钻井液体系为水基膨润土浆，二开井段采用清水作为钻井液，在见煤前进行一次彻底的换浆，保证煤层的清洁钻进。

2）井身质量

2013ZX-SH-UM15V 井实钻最大井斜 2.2°（井深 360.00m），方位 328°；全井井斜最大变化率为 2.36°/30m，符合设计要求，井身质量合格。

2. 水平连通井 2013ZX-SH-UM15H

1）钻井施工

2013ZX-SH-UM15H 井一开为试验井段，2013 年 10 月 1 日开钻，ϕ311.15mm 牙轮钻头钻进至 48.30m，随后采用 ϕ550mm 牙轮钻头扩孔，10 月 4 日下入 ϕ351mm 表层套管固井。

2013ZX-SH-UM15H 井二开于 2014 年 4 月 10 日开钻，7 月 1 日完钻。

2013ZX-SH-UM15H 井实钻井身结构参数见表 7.21。

表 7.21　2013ZX-SH-UM15H 井实钻井身结构数据

项目＼开次	一开	表层套管	二开	技术套管	三开	生产套管
钻头直径/mm	311.15/550		215.9		152.4	
井深/m	48.30		508.69		1356.72	
套管外径/mm		351		177.8		114.3
套管总长/m		46.91		498.41		983.37
套管下深/m		46.91		498.13		1321.60
套管顶端距地面/m				-0.28		329.53
水泥浆上返深度/m		地面		地面		—

2013ZX-SH-UM15H 井不同井段钻具组合如下。

一开（0～48.30m）井段：ϕ311.15mm 钻头+双母接头+ϕ165mm 钻铤柱；ϕ550mm 扩孔钻头+双母接头+ϕ165mm 钻铤柱。

二开（48.30～92.00m）直井段：ϕ215.9mm 钻头+双母接头+ϕ165mm 无磁钻铤+ϕ165mm 钻铤柱+ϕ114mm 钻杆柱。二开（92.00～508.69m）造斜段：ϕ215.9mm 牙轮钻头/PDC 钻头+ϕ165mm 单弯螺杆钻具+转换接头+ϕ127mm 无磁承压钻杆+MWD+ϕ127mm 无磁承压钻杆+ϕ127mm 钻杆柱+ϕ127mm 加重钻杆柱+ϕ127mm 钻杆柱。

三开水平段（含分支井段）：ϕ152.4mmPDC 钻头+ϕ120mm 单弯螺杆钻具+转换接头+ϕ89mm 无磁承压钻杆+EM-MWD+ϕ89mm 钻杆柱+ϕ89mm 加重钻杆柱+ϕ89mm 钻杆柱。

对接连通井段：ϕ152.4mmPDC 钻头+强磁接头+ϕ120mm 单弯螺杆钻具+转换接头+ϕ89mm 无磁承压钻杆+MWD+ϕ89mm 钻杆柱+ϕ89mm 加重钻杆柱+ϕ89mm 钻杆柱。

2013ZX-SH-UM15H 井于测深 676m 处进入目标煤层，于测深 1099.37m 处与目标直井成功对接连通，于测深 1356.72m 处主井眼完井。2013ZX-SH-UM15H 井在对接洞穴前后共施工了 4 个分支井，各分支井眼的实钻数据见表 7.22，目标煤层总进尺 2074.63m。

表 7.22　2013ZX-SH-UM15H 井分支井眼实钻数据

分支井眼	侧钻点井深/m	完钻点井深/m	长度/m
分支-1	797.00	1358.91	561.91
分支-2	882.00	1350.98	468.98
分支-3	1150.42	1356.72	206.30
分支-4	1200.00	1356.72	156.72

2013ZX-SH-UM15H 井实钻井眼轨迹水平投影如图 7.20 所示，垂直剖面如图 7.21 所示，三维示意图如图 7.22 所示。

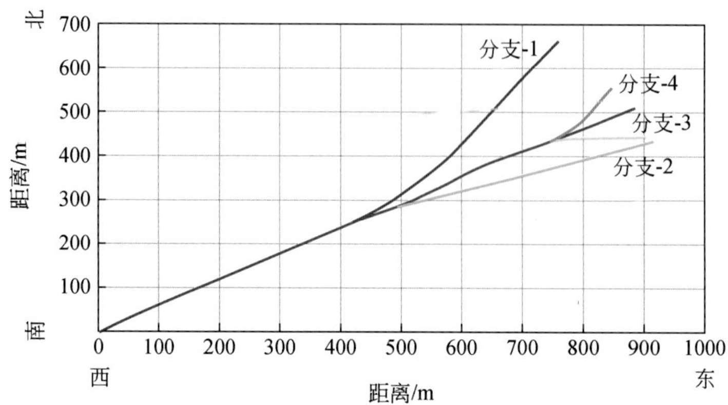

图 7.20　2013ZX-SH-UM15H 井实钻井眼轨迹水平投影图

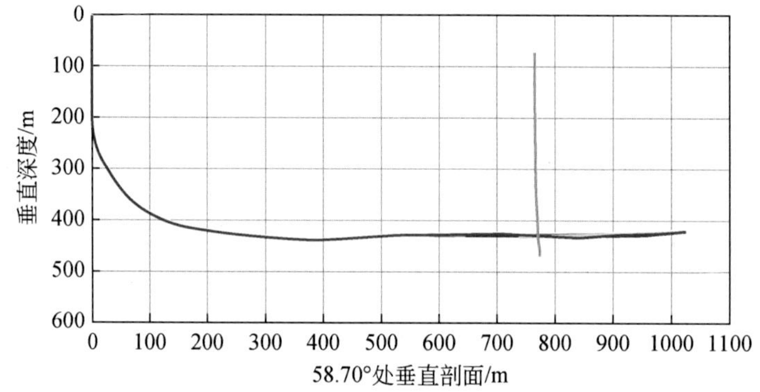

图 7.21　2013ZX-SH-UM15H 井实钻井眼轨迹垂直剖面投影图

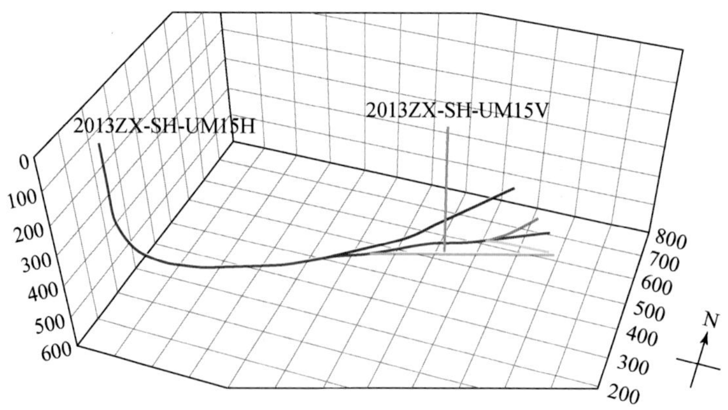

图 7.22　2013ZX-SH-UM15H 井实钻井眼轨迹三维示意图

2）完井概况

郭南“U”形对接井组采用裸眼滑套分段压裂技术完井。

2013ZX-SH-UM15H 井完钻后在井深 329.53～1321.60m 主井眼中下入压裂管柱，由 93 根 ϕ114.3mm 生产套管、7 个 ϕ146mm 封隔器、4 个 ϕ139.7mm 滑套及附件组成，分 4

段对目标煤层进行压裂，压裂工具主要参数见表 7.23。

表 7.23　压裂工具主要参数表

井段	工具名称	内径/mm	外径/mm	长度/m	下入深度/m
第一压裂层段	浮鞋	—	127	0.37	1321.6
	承压短节	—	127	0.36	1298.26
	压差滑套	101.6	139.7	0.47	1286.61
	裸眼封隔器 1	101.6	146	0.85	1270.76
第二压裂层段	裸眼封隔器 2	101.6	146	0.85	1022.81
	投球压裂滑套 1（2.5″）	61.29	139.7	0.68	999.09
	裸眼封隔器 3	101.6	146	0.85	982.87
第三压裂层段	裸眼封隔器 4	101.6	146	0.85	857.17
	投球压裂滑套 2（2.625″）	64.46	139.7	0.68	838.12
	裸眼封隔器 5	101.6	146	0.85	814.69
第四压裂层段	裸眼封隔器 6	101.6	146	0.85	734.05
	投球压裂滑套 3（2.812″）	67.64	139.7	0.68	717.81
	裸眼封隔器 7	101.6	146	0.85	694.13
顶部封隔器	悬挂封隔器	101.6	149.2	2.90	329.53

2013ZX-SH-UM15H 井裸眼滑套分段压裂完井管柱组成示意图如图 7.23 所示。

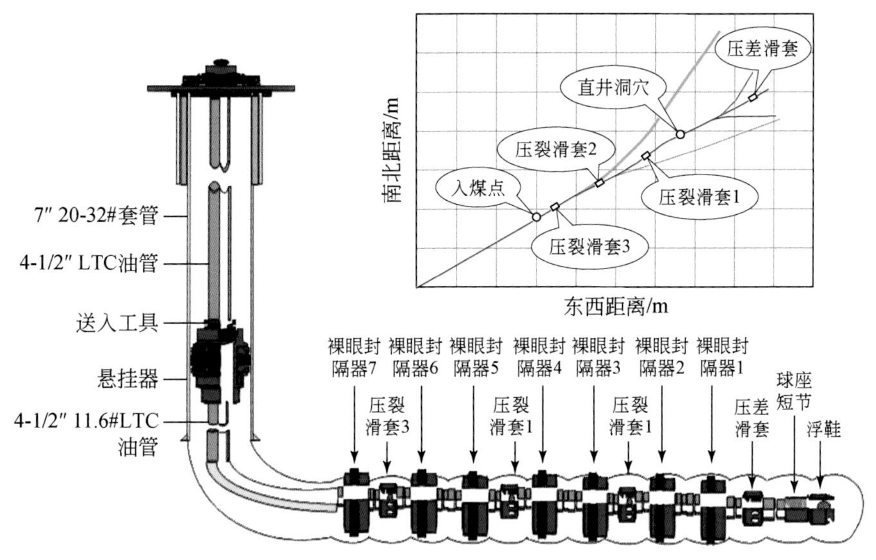

图 7.23　裸眼滑套分段压裂完井管柱组成示意图

具体压裂施工步骤如下。

（1）第一段。通过油管注入前置液并憋压至设定的压差滑套打开压力，压力突降则表明压差滑套打开；如果压力无明显变化，则通过注入的液体量来判断压差滑套是否打开。

压差滑套打开后按压裂设计的具体参数实施压裂作业，继续注入前置液，再注入携砂液。

（2）第二段。第一段加砂结束后开始顶替。注入 $2m^3$ 顶替液后投 2.5″球，随后继续注入顶替液，要求排量不得高于 $2.5m^3/min$；在还剩余 $2m^3$ 顶替液 2.5″球即可到对应滑套球座时将排量降低至 $1.0 \sim 1.5m^3/min$；球到位并使注入压力明显上升时提高顶替液排量打开压裂滑套 1，随后按设计进入正常压裂施工程序，注入前置液、携砂液。

（3）第三段。第二段加砂结束后开始顶替。注入 $2m^3$ 顶替液后投 2.625″球，随后继续注入顶替液，排量控制要求及打开对应压裂滑套的方法与第二段相同，压裂滑套 2 打开后按设计进入正常压裂施工程序，注入前置液、携砂液。

（4）第四段。第三段加砂结束后开始顶替。注入 $2m^3$ 顶替液后投 2.812″球，随后继续注入顶替液，排量控制要求及打开对应压裂滑套的方法与第二、第三段相同，压裂滑套 3 打开后按设计进入正常压裂施工程序，注入前置液、携砂液及顶替液。

压裂结束后，在井口安装压力表测井内压降、并通过油嘴控制放喷。随后起出回接压裂管柱，进行扫球座、冲砂作业，最后完井。

7.3.5　井组排采情况

郭南“U”形对接井组 2013ZX-SH-UM15 自 2015 年 1 月初开始排采，采用直井排水、直井与水平连通井同时采气的方式生产，3 月底日产气量突破 $2.00\times10^4m^3$，最大日产气量 $3.28\times10^4m^3$。至 2016 年 5 月，稳控日产气量维持在 $1.6\times10^4m^3$左右，井底流压 0.838 ~ 0.986MPa，井组排采初期日产气量变化曲线如图 7.24 所示。

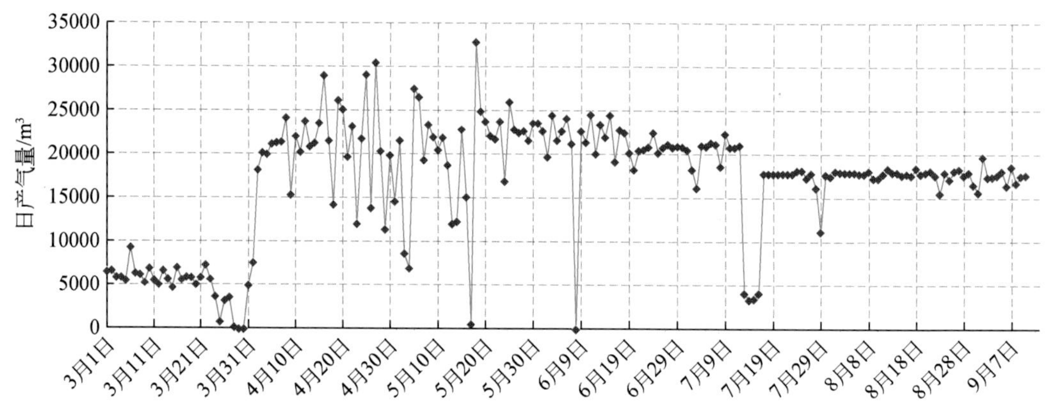

图 7.24　郭南“U”形井组排采初期日产气量变化曲线图

7.4　山西晋城赵庄“U”形对接井组

赵庄“U”形对接井组（2014ZX-U-01）是根据晋城矿区煤层气开发规划与井网布置总体方案，结合“十二五”重大专项示范工程研究需要而实施的一个煤层气开发井组，目的是试验对接井组及压裂改造增产措施在目标开发区域 3#煤中煤层气的可行性及效果。

7.4.1　井组基本信息

赵庄“U”形对接井组由目标直井 2014ZX-U-01V 和水平连通井 2014ZX-U-01H 组成，位于山西省长治市长子县西峪村附近，井位平面分布如图 7.25 所示。

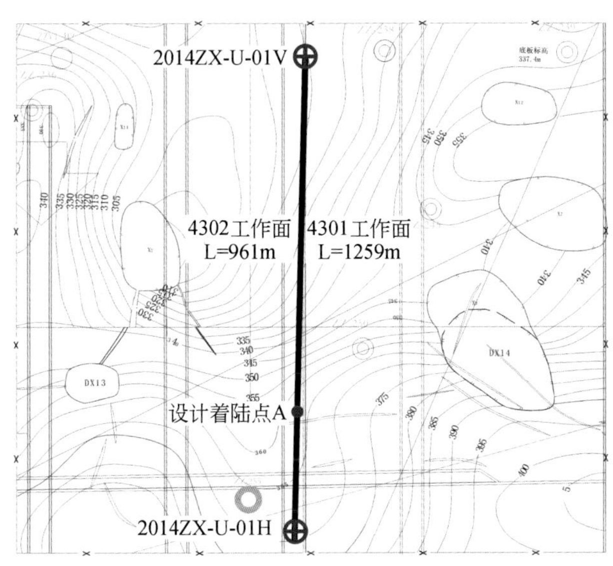

图 7.25　赵庄“U”形对接井组井位分布图

1. 地质概况

2014ZX-U-01 井组所在区域地质概况与潘庄“U”形井组相似，详细地层信息参见 7.1 节。

2. 目标煤层

2014ZX-U-01 井组的目标煤层为山西组 3#煤，它位于山西组（P_{1s}）底部，呈灰黑色，似金属光泽，坚硬致密，具贝壳状或阶梯状段口，节理裂缝较发育，且常被方解石或黄铁矿脉充填；均一状结构，块状构造。煤岩组成以亮煤、暗煤为主，煤岩类型以半暗煤、半亮煤为主，暗淡煤、光亮煤次之，主要特征见表 7.24。

表 7.24　赵庄“U”形井组所在区域 3#煤层主要特征

含煤地层	煤层厚度/m 最小～最大平均	煤层结构类别	煤层矸石		顶板岩性	底板岩性	稳定程度	可采性
			层数厚度/m	岩性				
P_1s	0～6.35 4.69	简单	0～1 0～0.9	碳质泥岩	泥岩 砂质泥岩	泥岩 砂质泥岩	较为稳定	全区可采

该区域 3#煤层受构造作用影响较大，以碎粒–碎裂结构为主，局部为糜棱结构，内外生裂缝较为发育；可燃质甲烷含量相对较高，平均值 10.5m^3/t，总体呈现由东南向西北逐步增高的趋势。

7.4.2　井身结构与轨道设计

赵庄“U”形对接井组的井身结构与潘庄“U”形对接井组相似。目标直井 2014ZX-U-01V 与水平连通井 2014ZX-U-01H 的井口间水平距离为 1148.7m。

1. 井身结构设计

1）2014ZX-U-01V 井身结构设计

目标直井 2014ZX-U-01V 井身结构设计参数见表 7.25，井身结构如图 7.26 所示。

表 7.25　2014ZX-U-01V 井身结构设计参数

开钻次序	井深/m	钻头外径/mm	套管外径/mm	套管下入深度/m	水泥返高/m
一开	30	311.15	244.5	30	地面
二开	828	215.9	177.8	827	地面

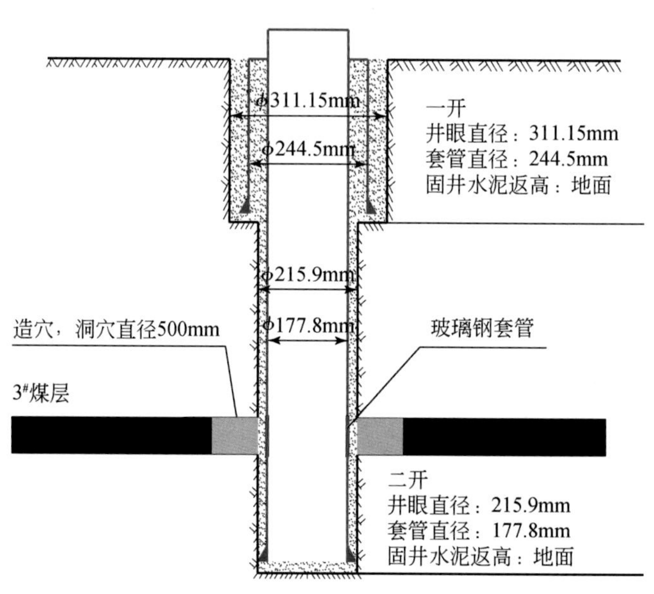

图 7.26　2014ZX-U-01V 井身结构图

目标直井 2014ZX-U-01V 井身结构设计说明如下。

（1）一开：ϕ311.15mm 井眼钻穿第四系表土层，进入稳定基岩 10m 左右，下入 ϕ244.5mm 表层套管并注水泥固井，固井水泥浆返至地面。

（2）二开：ϕ215.9mm 井眼钻至 3#煤层底板以下 60m 完钻，钻具内投入多点测斜仪进行井身质量检测；下入 ϕ177.8mm 生产套管固井（造穴段为玻璃钢套管完井）。固井结束后，采用扩孔钻头在玻璃钢套管段进行扩孔，目的煤层段造出一个直径不小于 500mm 的洞穴。

2）2014ZX-U-01H 井身结构设计

水平连通井 2014ZX-U-01H 井身结构设计参数见表 7.26。

表 7.26　2014ZX-U-01H 井身结构设计参数

开钻次序	井深/m	钻头外径/mm	套管外径/mm	套管下入深度/m	环空水泥浆返高
一开	30	444.5	339.7	井底	地面
二开	828.75	311.15	244.5	828	地面
三开	1666.85	215.9	139.7	1664.85	不固井

水平连通井 2014ZX-U-01H 井身结构设计说明如下。

（1）一开：ϕ444.5mm 井眼钻至基岩面下 5～10m，下入 ϕ339.7mm 表层套管并固井，水泥浆返至地面。

（2）二开：ϕ311.15mm 井眼钻至着陆点（3#煤层顶板以上约 5m 处），下入 ϕ244.5mm 技术套管后固井，固井水泥浆返至地面。

（3）三开：ϕ215.9mm 井眼沿 3#煤层延伸并与 2014ZX-U-01V 井对接连通，完钻井深 1666.85m，煤层进尺达到 800m 以上。下入 ϕ139.7mm 生产套管，套管前端距离洞穴 2m 左右，不固井。

2. 水平连通井轨道设计

1）设计轨道数据

2014ZX-U-01H 井设计轨道参数见表 7.27。

表 7.27　2014ZX-U-01H 井设计轨道参数

井深/m	井斜/(°)	方位/(°)	垂深/m	位移/m	南北/m	东西/m	狗腿度/(°/30m)	靶点
0.00	0.00	0.00	0.00	0.00	0.00	0.00	0.00	
380.00	0.00	0.00	380.00	0.00	0.00	0.00	0.00	
596.04	43.20	1.69	576.15	77.66	77.63	2.30	6.00	
612.57	43.20	1.69	588.20	88.98	88.94	2.63	0.00	
828.75	86.44	1.69	678.00	280.00	279.88	8.28	6.00	A
1666.85	86.44	1.69	730.00	1116.49	1116.00	33.00	0.00	B

2）设计轨道图

2014ZX-U-01H 井的设计轨道垂直剖面如图 7.27 所示，轨道三维视图如图 7.28 所示。

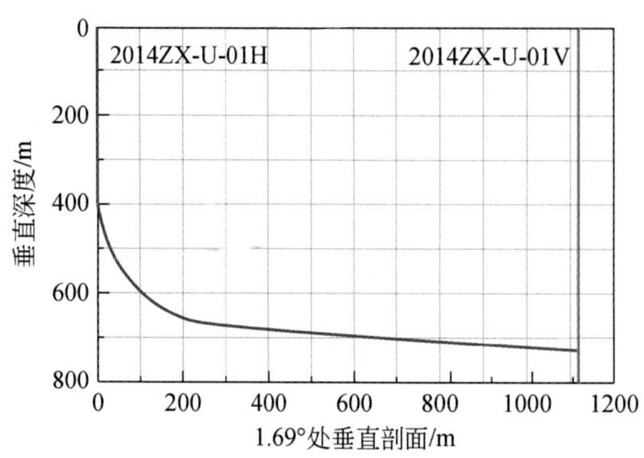

图 7.27　2014ZX-U-01H 井设计轨道垂直剖面投影图

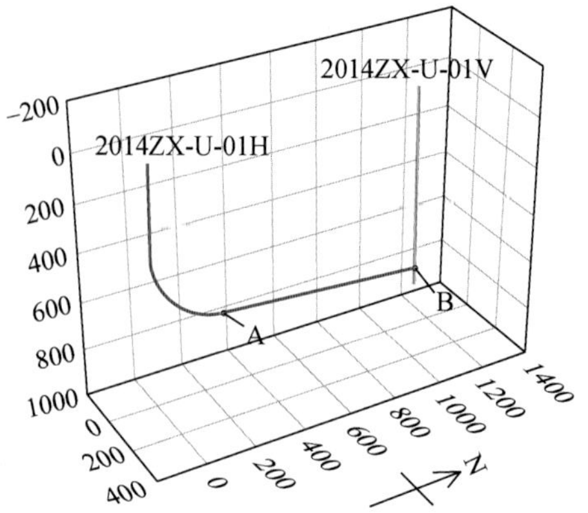

图 7.28　2014ZX-U-01H 井设计轨道三维视图

7.4.3　钻进装备、机具及测量仪器系统

2014ZX-U-01 井组施工采用的是雪姆 T200XD 型车载钻机及相关配套装备、机具；随钻测量仪器选用黑星电磁波无线随钻测量（EM-MWD）系统，装备系统组成及具体参数参见 7.1 节。

7.4.4　井组实钻简况

1. 目标直井 2014ZX-U-01V

1）钻完井施工

2014ZX-U-01V 井于 2015 年 8 月 20 日开钻，10 月 14 日完钻。

2014ZX-U-01V 井实钻井身结构数据见表 7.28。

表 7.28　2014ZX-U-01V 井实钻井身结构数据

项目＼开次	一开	表层套管	二开	生产套管
钻头直径/mm	311.15		215.9	
井深/m	33.51		828.00	
套管外径/mm		244.5		177.8
套管总长/m		33.51		826.41
套管下深/m		33.51		826.13
套管顶部位置/m				-0.28
水泥浆上返深度/m		地面		地面

2014ZX-U-01V 井各井段钻具组合与潘庄“U”形井组中 SH-U2 相似。2014ZX-U-01V 井一开井段采用水基膨润土浆钻进，二开井段采用清水作为钻井液，见煤前彻底换浆。

2）井身质量

2014ZX-U-01V 井实钻最大井斜 2.5°（井深 770.00m），方位 140°；全井井斜最大变化率为 1.79°/30m，符合设计要求，井身质量合格。

2. 水平连通井 2014ZX-U-01H

1）钻井施工

2014ZX-U-01H 井于 2015 年 9 月 26 日开钻，12 月 18 日完钻，实钻井身结构参数见表 7.29。

表 7.29　2014ZX-U-01H 井实钻井身结构数据

项目＼开次	一开	表层套管	二开	技术套管	三开	生产套管
钻头直径/mm	444.5		311.15		215.9	
井深/m	20.15		840.3		1735.63	
套管外径/mm		339.7		244.5		139.7
套管总长/m		20.00		835.62		1656.31
套管下深/m		20.00		835.34		1655.20
套管顶端距地面/m		0.00		-0.28		-1.11
水泥浆上返深度/m		地面		地面		—

2014ZX-U-01H 井不同井段钻具组合如下。

一开（0～20.15m）井段：ϕ444.5mm 牙轮钻头+双母接头+ϕ165mm 无磁钻铤×1 根+ϕ165mm 螺旋钻铤×1 根。

二开（20.15～340.00m）直井段：ϕ311.15mm 钻头+双母接头+ϕ165mm 无磁钻铤×1 根+ϕ165mm 钻铤×1 根+ϕ114mm 加重钻杆×15 根+ϕ114mm 钻杆串。二开（340.00～840.30m）造斜段：ϕ311.15mm 牙轮钻头/PDC 钻头+ϕ165mm 单弯螺杆钻具×1 根+坐键接头+转换接头+ϕ127mm 无磁承压钻杆×1 根+MWD+ϕ127mm 无磁承压钻杆×1 根+ϕ114mm 加重钻杆×15 根+ϕ114mm 钻杆串。

三开（840.30m～1555.07m）水平段：ϕ215.9mmPDC 钻头+ϕ165mm 单弯螺杆钻具×1 根+坐键接头+无磁短节+绝缘短节+ϕ165mm 无磁钻铤×2 根+EM-MWD+转换接头+ϕ114mm 钻杆×89 根+ϕ114mm 加重钻杆×15 根+ϕ127mm 钻杆串。

对接连通井段：ϕ215.9mmPDC 钻头+强磁接头+ϕ165mm 单弯螺杆钻具×1 根+坐键接头+无磁短节+绝缘短节+ϕ165mm 无磁钻铤×2 根+MWD+转换接头+ϕ114mm 钻杆×89 根+ϕ127mm 钻杆串。

2014ZX-U-01H 井实钻轨迹水平投影图、垂直剖面投影图及三维示意图如图 7.29～图 7.31 所示。

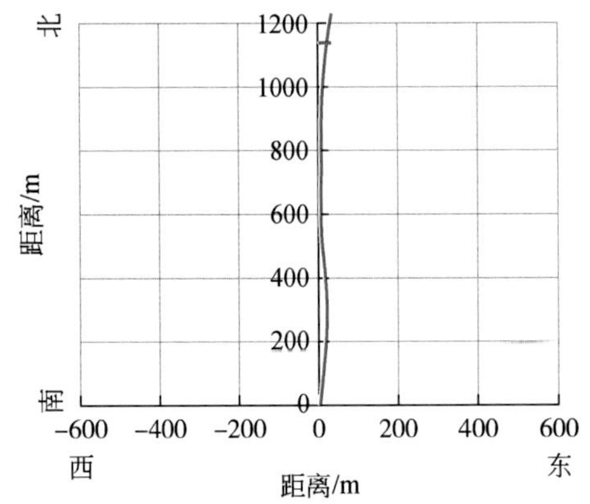

图 7.29　2014ZX-U-01H 井实钻轨迹水平投影图

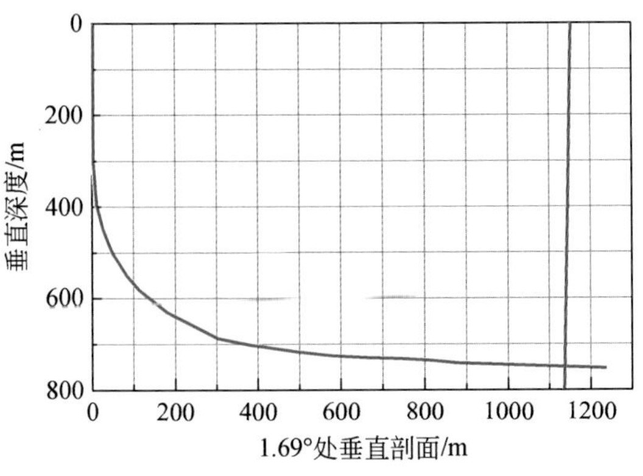

图 7.30　2014ZX-U-01H 井实钻轨迹剖面投影图

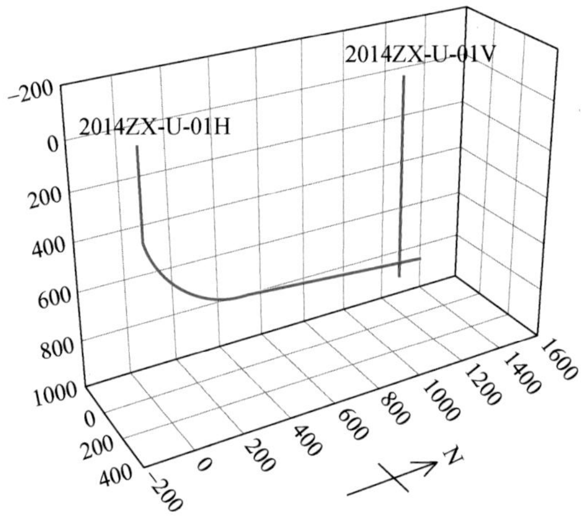

图 7.31　2014ZX-U-01H 井实钻轨迹三维示意图

2014ZX-U-01H 井于测深 930m 处进入目标煤层，于测深 1657.58m 处与目标直井 2014ZX-U-01V 对接连通，于测深 1735.63m 处完井，目标煤层总进尺 805.63m。

2）完井施工

赵庄“U”形对接井组钻井施工完成后，采用油管水力喷射与油套联合注入分段压裂技术完井，结合射孔与压裂联作工艺对目标煤层水平井眼分 8 段进行压裂改造。

射孔压裂基本要求如下。

（1）采用带底封的油管拖动水力喷砂射孔与压裂联作方式施工。

（2）共射孔 16 段，其中 8 段压裂，采用射开一段、压裂一段的方式进行施工；另外 8 段是为保证水平井井眼与煤层充分沟通，在压裂结束后进行的补充射孔。

（3）射孔施工选择 105 型的喷枪，喷砂射孔具体参数见表 7.30。

表 7.30　喷砂射孔技术参数一览表

喷嘴直径/mm	孔密度/(孔/段)	射孔方位/(°)	射孔段数/段	总孔数/个	射孔方式
6.0	6	60	16	90	油管传输

2014ZX-U-01H 井具体射孔位置如图 7.32 所示。

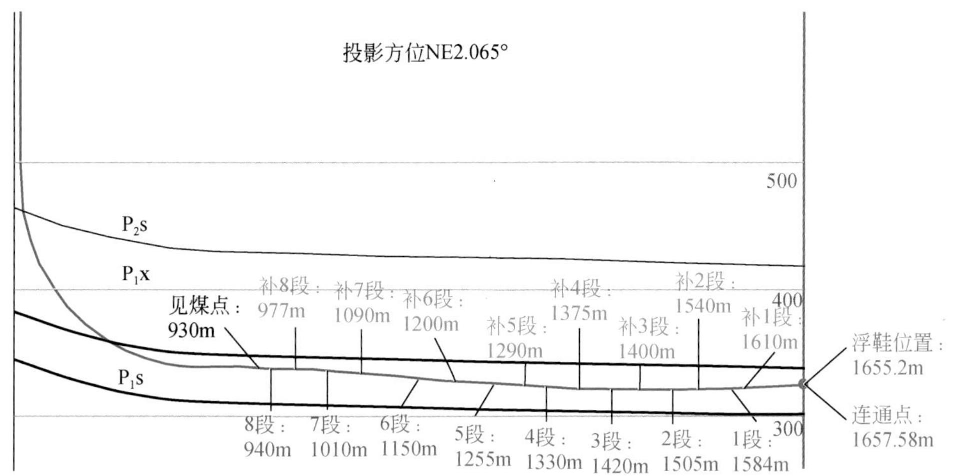

图 7.32　射孔压裂联作及补充射孔具体位置示意图

水力喷砂射孔压裂联作施工的管柱组合（自下而上）：导引头（引鞋）+筛管+下扶正器/单流阀+水力锚+封隔器+喷枪+上扶正器+油管+液压丢手+ϕ73mm 油管，管柱组合连接示意图如图 7.33 所示。

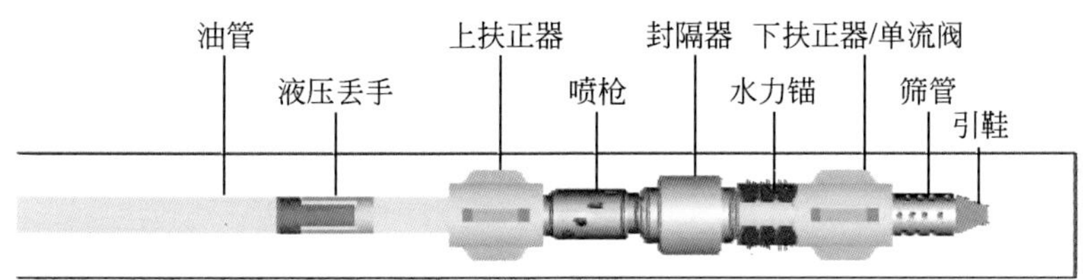

图 7.33　射孔压裂联作施工管柱组合连接示意图

水力喷砂补充射孔施工的管柱组合（自下而上）：导引头（引鞋）+筛管+下扶正器+喷枪+上扶正器+单根油管+液压丢手+ϕ73mm 平式油管，管柱组合连接示意图如图 7.34 所示。

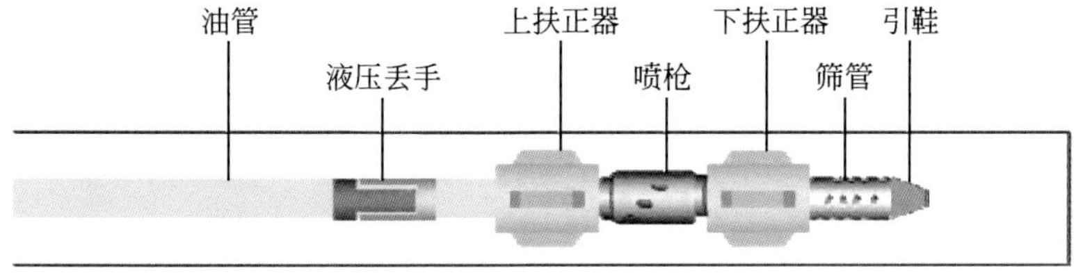

图 7.34　水力喷射补充射孔管柱组合连接示意图

水力喷砂射孔与压裂联作施工自第 1 段（1584m）开始，至第 8 段（940m）结束，各段具体压裂数据见表 7.31，典型的压裂作业曲线如图 7.35 所示。

表 7.31　2014ZX-U-01H 井压裂改造参数

指标 压裂段	环空排量 /(m^3/min)		前置液量 /m^3		携砂液量 /m^3		顶替液量 /m^3		破裂压力 /MPa	施工泵压 /MPa	停泵压力 /MPa	加砂量 /m^3	平均砂比 /%
	油管	环空	油管	环空	油管	环空	油管	环空					
第 1 段	2.3	6.1	86.5	149	112	305	12.8	30.5	35.8	28.5-28.9	7.8	40.3	11.05
第 2 段	1.9	6.2	88	80	99	295	7.6	22.5	33.9	26.3-32.2	9.8	43.39	12.52
第 3 段	2.4	6.3	86.5	170	94	250	11.1	22.8	27.9	21.3-24.1	8.1	44.63	11.67
第 4 段	2.2	6.1	79	175	82	230	8.5	19.4	37.4	28.1-32.5	12.5	45.31	13.13
第 5 段	2.3	6.1	91	212	118	316	9.1	18.1	43.3	33.4-39.5	21.7	54.10	11.42
第 6 段	2.4	6.1	78	170	144	370	9.8	20.6	26.5	24.2-28.8	18.7	40.25	10.34
第 7 段	2.0	6.2	96	210	128	363	7	18.5	29.9	28.6-31.7	18.5	44.74	10.25
第 8 段	2.1	6.0	91	210	121	347	8.7	19.9	31.1	25.5-26.8	16	54.17	12.19

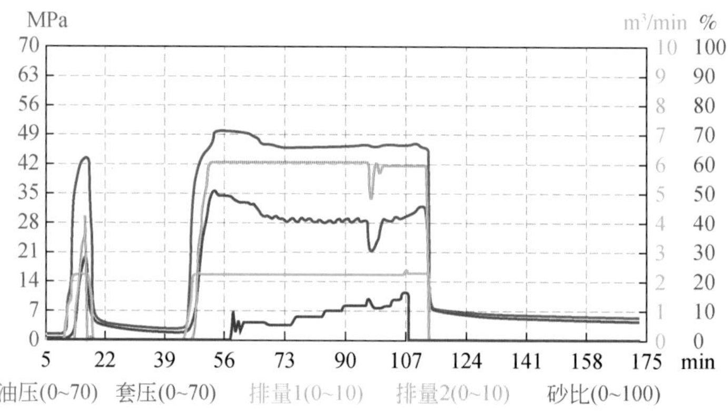

图 7.35　水力喷砂射孔压裂典型压裂曲线

注：油压、套压对应左侧坐标轴；排量 1、排量 2 和砂比对应右侧坐标轴

针对 2014ZX-U-01H 井煤层段未固井而存在井壁坍塌“环抱”套管的问题，在完成 8 段压裂作业后进行了水力喷砂补充射孔，目的是提高水平井眼泄流面积。

水力喷砂补充射孔 8 段，共使用射孔砂 7m^3，用液 293.9m^3，补孔射孔作业效果良好，射开压降明显。

需要说明的是：在 2014ZX-U-01H 井煤层段完成 8 个压裂段压裂作业和水力喷砂补充射孔作业过程中，目标直井 2014ZX-U-01V 一直处于关闭状态。

7.4.5　井组排采情况

赵庄“U”形对接井组（2014ZX-U-01）自 2016 年 12 月 23 日开始排采产气，初期日产气量变化曲线如图 7.36 所示。2017 年 4 月 15 日井组日产气量达 4630m^3，累计产气 24.80×$10^4$$m^3$，随着排采工作的进行，2014ZX-U-01 井组的日产气量稳步增长，实现了赵庄井田 3#突出难抽采煤层煤层气地面“U”形井开发突破。

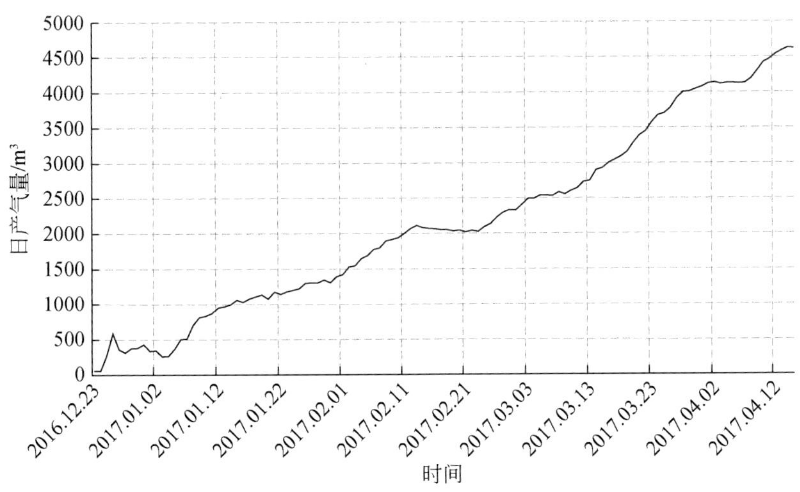

图7.36　赵庄“U”形井组排采初期日产气量变化曲线图

7.5　陕西彬县大佛寺“V”形对接井组

大佛寺“V”形对接井组（DFS-C04）是大佛寺煤层气项目参数井勘察工程所实施的井组之一，位于彬长矿区大佛寺井田内，目的是获取相应的储层数据，评价采用对接井开发、利用4#煤中煤层气的技术及经济可行性，探索总结适合彬长矿区的对接井钻进工艺。

7.5.1　井组基本信息

大佛寺“V”形对接井组（DFS-C04）井组由1口目标直井（DFS-C04-V）和2口水平连通井（DFS-C04-H1、DFS-C04-H2）组成。

1. 地质概况

1）区域构造条件

彬长矿区位于鄂尔多斯盆地南部的渭北挠褶带北缘庙彬凹陷区，地表多被黄土层覆盖。沟谷中出露的白垩系地层产状较为平缓，深部侏罗系隐伏构造总体为一走向NE60°～NE70°，倾向NW—NNW单斜构造，其上发育一组宽缓的褶曲，自南向北依次为彬县背斜、大佛寺向斜（师家店向斜）、路家-小灵台背斜、孟村向斜、七里铺-西坡背斜。据钻孔揭示，DES-C04井组所在区域内未发现大断裂构造。

大佛寺井田主要表现为向斜构造形态，主体为师家店向斜，北部井田边缘为安化向斜，两者之间为祁家背斜。该区自1974年开始煤田地质勘探工作，对区内的构造分布、水文地质条件、煤层展布状况等认识程度较高。2009年5月，对大佛寺煤矿401采区西翼进行三维地震勘探，查出多条规模较小的断层，其中落差大于10m的断层2条，落差5～

10m 的断层 8 条，落差小于 5m 断层 5 条，均为正断层。

2）地形地貌

大佛寺井田位于陇东黄土高原东南部，为塬、梁、峁、沟、壑地貌，塬面及沟谷走向北东，地形西南高，向东北逐渐降低。塬面标高一般为 1100 ~ 1200m，最高点位于大佛寺井田西曹家崖窑一带，标高 1261. 8m；沟谷标高一般为 840 ~ 950m，最低点位于大佛寺井田北缘泾河谷地，标高 839m；地表相对高差一般为 160 ~ 300m。区内塬面窄小且破碎，冲沟及黄土崖发育，地形复杂。

3）地层情况

区域内主要发育地层为第四系，新近系，下白垩统洛河组、宜君组，中侏罗统安定组、直罗组，下侏罗统延安组，井田地层简表见表 7. 32。

表 7. 32　大佛寺井田地层简表

地层			底界深/m	视厚度/m	岩性简述
系	组	代号			
第四系 新近系		Q+N	150. 00	150. 00	灰黄色、浅黄褐色黄土夹浅棕红色古土壤及不连续的姜石层，浅棕灰色、棕褐色砂质黏土、黏土层及砂砾层
白垩系	洛河组	K_1l	305. 00	155. 00	为棕红色、紫红色中粗砂岩及砾岩，成分以花岗岩、变质岩为主
	宜君组	K_1y	328. 00	23. 00	为杂色砾岩，成分以花岗岩、变质岩为主
侏罗系	安定组	J_2a	398. 00	70. 00	为紫红色、棕红色砂质泥岩、粉砂岩，夹青灰、蓝灰、灰紫色含砾粗砂岩
	直罗组	J_2z	419. 00	21. 00	上部为灰绿色、紫红色、紫灰-蓝灰色泥岩为主，夹灰绿色、灰紫色中粗砂岩；下部以灰绿-灰白色砂岩为主，夹紫灰色、灰褐色泥岩、砂质泥岩
	延安组上段	$J_{1-2}y_2$	444. 00	25. 00	灰色细砂岩、砂质泥岩，含植物化石及黄铁矿结核及薄煤组成
	延安组下段	$J_{1-2}y_1$	497. 00	53. 00	为煤系地层，由深灰色泥岩、砂质泥岩、泥岩及浅灰色粉砂岩和煤层组成

2. 煤层发育情况及目标煤层特征

彬长矿区含煤地层为下侏罗统延安组，共分为上下两个含煤段：上含煤段厚度 0 ~ 45. 1m，一般为 20m 左右，局部地段含煤仅见 3#煤层组，分为 3^{-1}、3^{-2} 两层煤；下含煤段厚度 0 ~ 100m，一般为 40 ~ 80m，含 4#煤层组，分为 4#、$4^{上}$、$4^{上-1}$，$4^{上-2}$四层，其中 $4^{上}$、$4^{上-1}$，$4^{上-2}$为 4#煤的上分叉煤层。区内可采煤层有 4#煤、$4^{上}$煤、$4^{上-1}$煤、$4^{上-2}$煤，大佛寺井田内各可采煤层特征见表 7. 33。

表 7.33　大佛寺井田可采煤层特征表

煤层名称	煤层厚度/m	煤层间距/m	可采程度	分布范围
$4^{上-1}$煤	0～1.72 1.22	0.8～17.93	局部可采	南部
$4^{上-2}$煤	0～2.36 1.36	4.33 0.8～12.12	局部可采	东部
$4^{上}$煤	0～7.02 2.88	2.08 0.8～43.55	大部可采	全井田
$4^{\#}$煤	0～19.73 11.65	17.05	全区可采	全井田

DFS-C04 井组的目标煤层是 $4^{\#}$煤，已有录井资料显示：$4^{\#}$煤埋深 560～1412.73m，为黑色，半亮型，层状构造，条带状结构，硬度相对较大，f 系数 3.0 左右，属低变质烟煤。

7.5.2　井身结构与轨道设计

1. 井身结构设计

DFS-C04 井组中目标直井 DFS-C04-V 的井身结构与潘庄“U”形井组中的 SH-U2 类似，在此不再赘述；水平连通井 DFS-C04-H1 和 DFS-C04-H2 均采用三开井身结构。

一开：ϕ311.15mm 井眼钻穿第四系表土层，进入稳定基岩 10m 左右，下入 ϕ244.5mm 表层套管，固井水泥浆返至地面。

二开：ϕ215.9mm 井眼常规回转钻进至造斜点，更换定向钻具组合造斜钻进，进入含煤地层后下入 ϕ177.8mm 技术套管，注水泥浆固井。

三开：ϕ149.2mm 井眼进入 $4^{\#}$煤后调整、控制井斜角与目标煤层倾角保持一致，沿目标煤层钻进延伸直至与目标直井对接连通。

2. 水平连通井轨道设计

1）设计轨道数据

水平连通井 DFS-C04-H1 与 DFS-C04-H2 的设计轨道基本数据见表 7.34、表 7.35。

表 7.34　DFS-C04-H1 井设计轨道基本数据

井底设计垂深/m	井底闭合距/m	井底闭合方位/（°）	造斜点井深/m	最大井斜角/(°)
479	1065.68	145.38	209	90.04

注：轨道类型为直-增-稳-增-稳；靶点 A 参数为垂深 459m，闭合距 250m，靶半高 2m，靶半宽 5m；靶点 B 参数为垂深 479m，闭合距 1065.68m，靶半高 2m，靶半宽 5m。

表 7.35　DFS-C04-H2 井设计轨道基本数据

井底设计垂深/m	井底闭合距/m	井底闭合方位/(°)	造斜点井深/m	最大井斜角/(°)
496	979.51	113.54	253	91.45

注：轨道类型为直–增–稳–增–稳；靶点 A 参数为垂深 512m，闭合距 250m，靶半高 2m，靶半宽 5m；靶点 B 参数为垂深 496m，闭合距 979.51m，靶半高 2m，靶半宽 5m。

DFS-C04-H1 井与 DFS-C04-H2 井的具体设计轨道数据分别见表 7.36、表 7.37。

表 7.36　DFS-C04-H1 井设计轨道数据

井深/m	井斜/(°)	方位/(°)	垂深/m	水平位移/m	南北距离/m	东西距离/m	狗腿度/(°/100m)	靶点
0.00	0.00	0.00	0.00	0	0	0	0	
209	0.00	0.00	209.00	0	0	0	0	
389	45.00	145.39	371.06	67.13	-55.25	38.13	25	
418.44	45.00	145.39	391.87	87.94	-72.38	49.95	0	
598.44	90.00	145.39	459.00	250	-205.76	142	25	A
598.59	90.04	145.39	459.00	250.15	-205.88	142.08	25	
771.08	90.04	145.39	458.89	422.64	-347.85	240.06	0	
778.44	88.2	145.38	459.00	430	-353.91	244.23	25	控制点
1414.43	88.2	145.38	479	1065.68	-877.06	605.34	—	B

注：轨道设计已校正过 H1 和 V1 井补心高，实际施工将依实钻地质情况相应调整。

表 7.37　DFS-C04-H2 井设计轨道数据

井深/m	井斜/(°)	方位/(°)	垂深/m	水平位移/m	南北距离/m	东西距离/m	狗腿度/(°/100m)	靶点
0.00	0.00	0.00	0.00	0	0	0	0	
253.00	0.00	0.00	253.00	0	0	0	0	
392.69	34.92	113.54	384.2	41.27	-16.48	37.83	25	
429.05	34.92	113.54	414.01	62.08	-24.80	56.92	0	
649.36	90.00	113.54	512.00	250.00	-99.85	229.20	25	A
649.55	89.95	113.54	512.00	250.18	-99.92	229.36	25	
740.67	89.95	113.54	512.07	341.31	-136.31	312.90	0	
746.66	91.45	113.54	512.00	347.29	-138.70	318.39	25	控制点
1379.08	91.45	113.54	496.00	979.51	-391.18	898.01	—	B

注：轨道设计已校正过 H2 和 V1 井补心高，实际施工依实钻地质情况相应调整。

2）设计轨道图

以 DFS-C04-H1 井为例，其设计轨道水平投影图如图 7.37 所示，垂直剖面图如图 7.38所示。

DFS-C04 井组的设计轨道水平投影图如图 7.39 所示，三维示意图如图 7.40 所示。

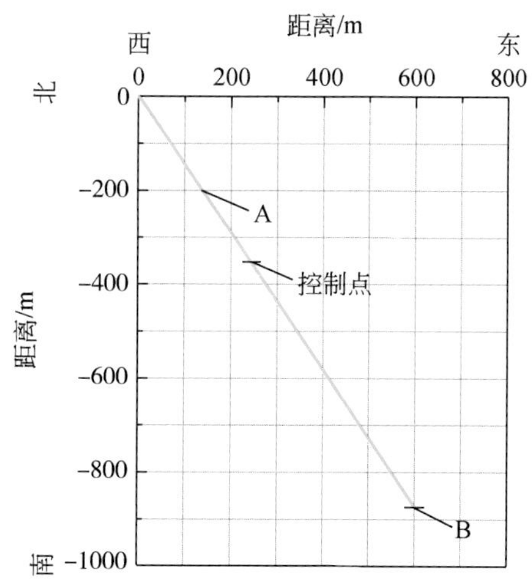

图 7.37　DFS-C04-H1 井设计轨道水平投影图

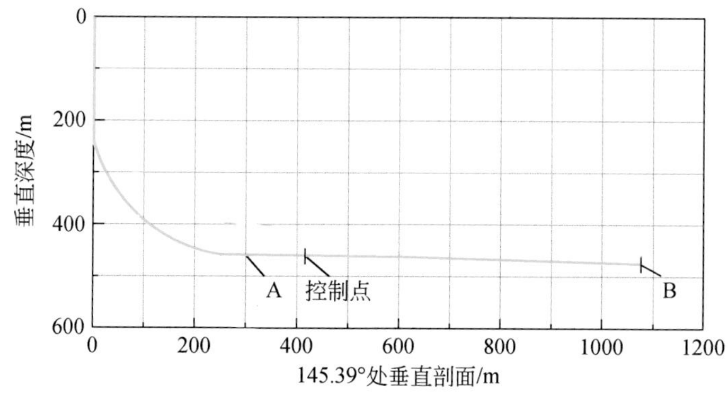

图 7.38　DFS-C04-H1 井设计轨道剖面投影图

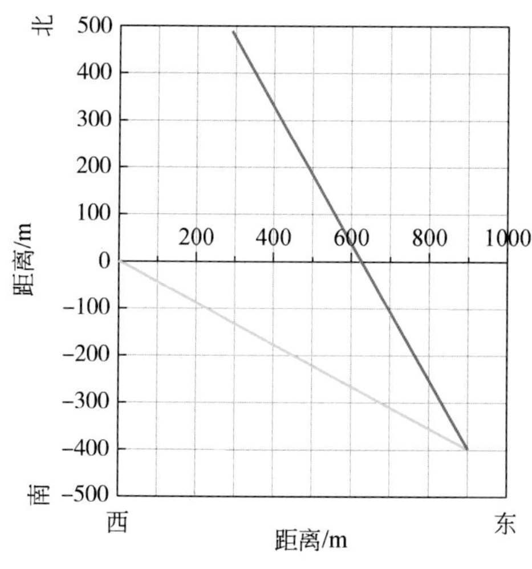

图 7.39　DFS-C04 井组水平投影图

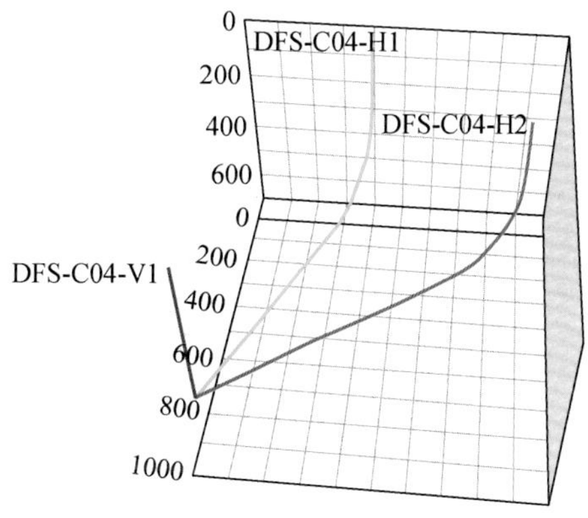

图 7.40　DFS-C04 井组设计轨道三维示意图

7.5.3 钻进装备、机具及测量仪器系统

DFS-C04 井组施工用主要钻进装备、机具及测量仪器系统及目标直井 DFS-C04-V 的施工与潘庄“U”形井组基本相同，此处不再赘述。

7.5.4 井组实钻简况

1. 水平连通井 DFS-C04-H1

1）钻完井施工

DFS-C04-H1 井于 2011 年 3 月 24 日开钻，4 月 30 日完钻。

DFS-C04-H1 井实钻井身结构示意图如图 7.41 所示，井身结构数据见表 7.38。

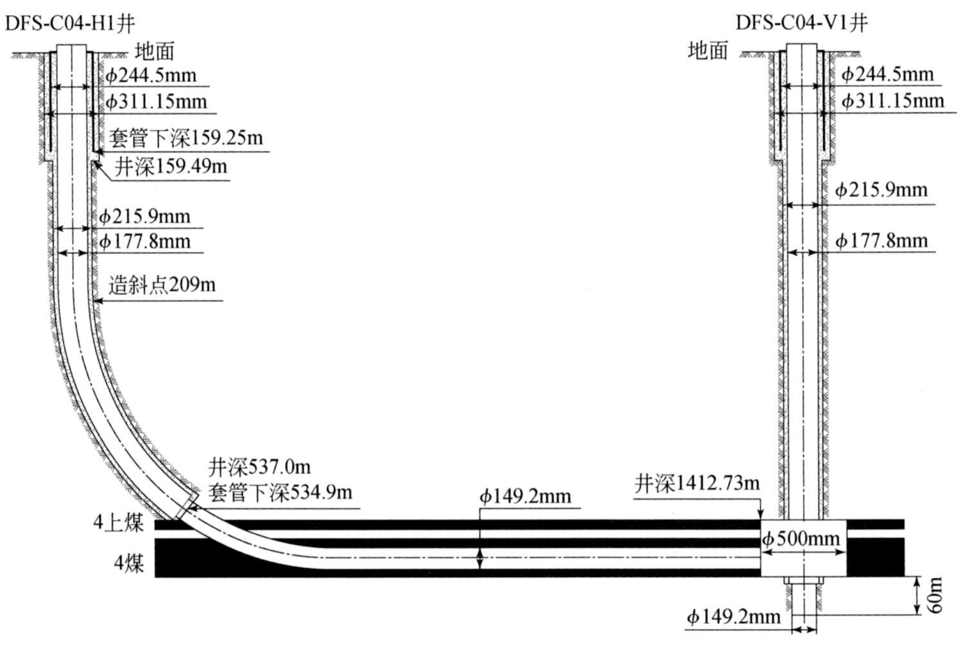

图 7.41 DFS-C04-H1 实钻井身结构图

表 7.38 DFS-C04-H1 井实钻井身结构数据

项目 \ 开次	一开	表层套管	二开	技术套管	三开
钻头直径/mm	311.15		215.9		149.2
井深/m	159.49		537.00		1412.73
套管外径/mm		244.5		177.8	
套管总长/m		159.25		535.18	

续表

项目＼开次	一开	表层套管	二开	技术套管	三开
套管下深/m		159.25		534.90	
套管顶部位置/m				-0.28	
固井水泥浆上返深度/m		地面		地面	

DFS-C04-H1 井不同井段钻具组合如下。

一开（0～159.49m）井段：ϕ311.15mm 三牙轮钻头+双母接头+ϕ165mm 无磁钻铤+ϕ165mm 钻铤+ϕ127mm 加重钻杆柱+ϕ114mm 钻杆柱。

二开（159.49～209m）直井段：ϕ215.9mm 三牙轮钻头+双母接头+ϕ165mm 钻铤+ϕ127mm 加重钻杆柱+ϕ114 钻杆柱。二开（209～537m）造斜井段：ϕ215.9mm 三牙轮钻头+ϕ165mm 单弯螺杆钻具（1.5°）+转换接头+ϕ127mm 无磁承压钻杆+ϕ114mm 钻杆+ϕ127mm 加重钻杆柱+ϕ114mm 钻杆柱。

三开水平井段：ϕ149.2mm 三牙轮钻头+ϕ120mm 单弯螺杆钻具（1.5°）+转换接头+ϕ89mm 无磁承压钻杆+MWD+ϕ89mm 无磁承压钻杆+ϕ73mm 钻杆柱+ϕ73mm 加重钻杆柱+ϕ73mm 钻杆柱。

对接连通井段：ϕ149.2mm 三牙轮钻头+强磁接头+ϕ120mm 单弯螺杆钻具（1.5°）+转换接头+ϕ89mm 无磁承压钻杆+MWD+ϕ89mm 无磁承压钻杆+ϕ73mm 钻杆柱+ϕ73mm 加重钻杆柱+ϕ73mm 钻杆柱。

DFS-C04-H1 井于测深 560.32 进入目标煤层，测深 1412.73m 与目标直井 DFS-C04-V1 对接连通，两者之间的井口直线距离为 1064.57m。

DFS-C04-H1 井不同井段钻进工艺参数见表 7.39。

表 7.39　DFS-C04-H1 井钻进工艺参数

井段	深度/m	钻压/kN	转速/(r/min)	泵压/MPa
一开	0.00～159.49	10～20	42～45	1
二开	159.49～537	20～60	45～72	2
三开	537～1412.73	20～40	35/定向	3～5

DFS-C04-H1 井一开、二开直井段采用了小钻压吊打防斜钻进工艺，进入煤层后，为保证螺杆钻具正常工作，泵排量调至 9～10L/s。由于水平段井壁无泥皮，摩阻大，井壁托压严重，采用大钻压、低转速的钻进工艺参数。在摆工具面及循环的过程中，不断活动钻具，防止定点循环导致井壁坍塌。

2）钻井液工艺

DFS-C04-H1 井不同井段钻井液体系及主要性能参数见表 7.40。

表 7.40　DFS-C04-H1 井钻井液体系及主要性能参数

井段	深度/m	密度/(g/cm^3)	漏斗黏度/s	含砂量/%	钻井液类型
一开	0 ~ 159.49	1.02 ~ 1.10	16–40	0.2	预水化膨润土钻井液
二开	159.49 ~ 537	1.01 ~ 1.06	16 ~ 19	0.1	无固相聚合物钻井液
三开	537 ~ 1412.73	1.00 ~ 1.02	16 ~ 30	0.1	无固相聚合物水基钻井液

a. 直井段钻井液

一开钻进时，膨润土浆的比重控制在 1.10 左右，漏斗黏度控制在 40s 以内，目的是借助大比重、高黏度的膨润土浆液来维持井壁稳定，提高携带岩屑能力。

b. 造斜段（含稳斜段）钻井液

造斜段（含稳斜段）所钻遇的地层以砂岩为主，但泥质胶结的砂岩水化现象严重，要求钻井液具有良好的抑制性，采用无固相聚合物钻井液配合划眼循环、短程起下钻等工艺技术措施，保证造斜段的安全钻进。

c. 水平段钻井液

水平段钻进以无固相聚合物钻井液体系为主，在对接前最后 100m，全部采用清水钻进。

2. 水平连通井 DFS-C04-H2

DFS-C04-H2 井于 2011 年 5 月 5 日开钻，6 月 7 日完钻。

DFS-C04-H2 井实钻井身结构示意如图 7.42 所示，井身结构参数见表 7.41。

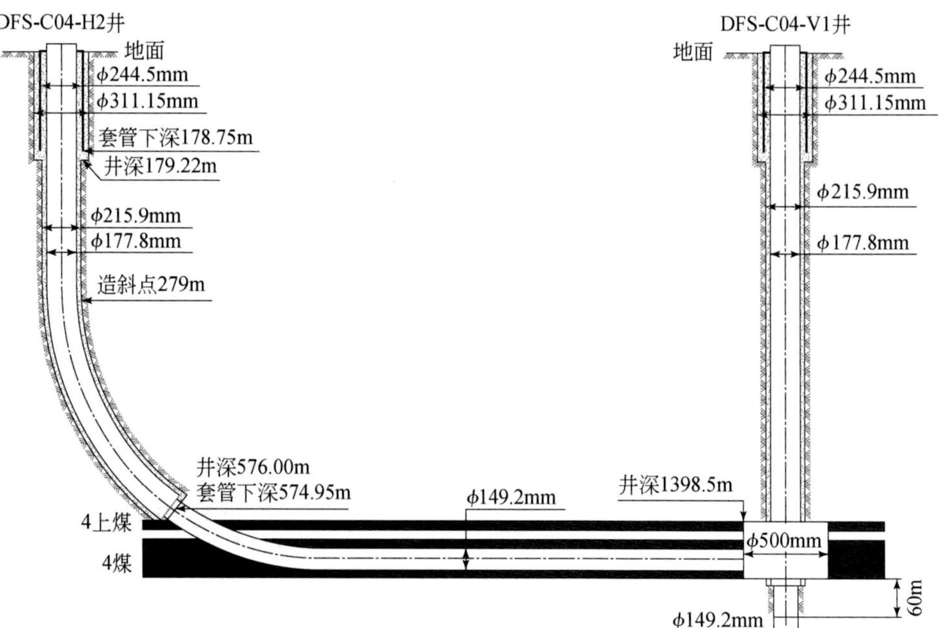

图 7.42　DFS-C04-H2 实钻井身结构示意图

表 7.41　DFS-C04-H2 井身结构数据表

项目 \ 开次	一开	表层套管	二开	技术套管	三开
钻头直径/mm	311.15		215.9		149.2
井深/m	179.22		576.00		1398.50
套管外径/mm		244.5		177.8	
套管总长/m		178.75		575.23	
套管下深/m		178.75		574.95	
套管顶部位置/m				-0.28	
固井水泥浆上返深度/m		地面		地面	

DFS-C04-H2 井不同井段钻具组合、钻进工艺参数、钻井液体系等与 DFS-C04-H1 井基本相同。

DFS-C04-H2 井于测深 606.1m 进入目标煤层，测深 1398.5m 与目标直井 DFS-C04-V1 对接连通，两井之间的井口直线距离为 985.53m。

3. DFS-C04 井组小结

DFS-C04 井组由 2 口水平连通井与 1 口目标直井对接连通组成，水平连通井煤层段进尺 1644.81m，裸眼完井，井组的实钻轨迹三维视图如图 7.43 所示。

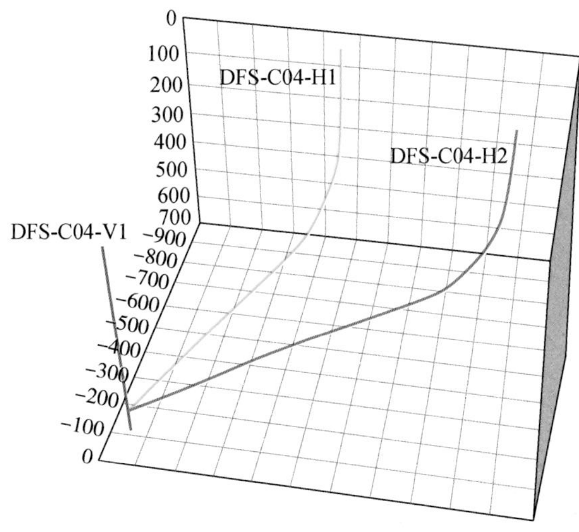

图 7.43　DFS-C04 井组实钻轨迹三维示意图

7.5.5　井组排采情况

DFS-C04 井组完钻后临时封闭水平连通井井口，在目标直井中安装排采设备，初期日产水量 0.67m³ 左右，截至 2015 年年底，累计产水 $2.8\times10^4m^3$，累计产气近 $227\times10^4m^3$，日产气量维持在 2500m³ 左右。

7.6　陕西彬县大佛寺多分支对接井组

大佛寺多分支对接井组（DFS-M85）是依托“彬长矿区大佛寺井田瓦斯治理及利用地面抽采项目”实施的，是地面抽采井工程建设内容之一。DFS-M85 井组采用清水+充气欠平衡钻进工艺施工，实现安全、高效钻进，煤层段进尺 4044.06m。

7.6.1　井组基本信息

大佛寺多分支对接井组（DFS-M85）由目标直井 DFS-M85V 和多分支水平连通井 DFS-M85H 组成，位于彬长矿区大佛寺井田中部，地处长武县亭口镇辖区，井位平面分布如图 7.44 所示。

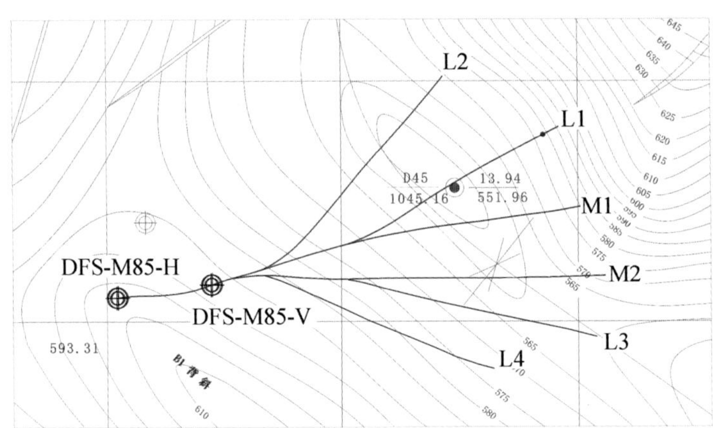

图 7.44　DFS-M85 多分支对接井组井位平面分布图

DFS-M85 井组与大佛寺“V”形对接井组位于同一井田内，且两个井组的目标煤层均为 4#煤，具体地质条件及目标煤层情况可参见 7.5 节。

7.6.2　井身结构与轨道设计

DFS-M85 井组的井身结构如图 7.45 所示，目标直井 DFS-M85V 与多分支水平连通井 DFS-M85H 井口之间的水平距离为 212.27m，属近端对接井组。

1. 井身结构设计

1）DFS-M85 井身结构设计

目标直井 DFS-M85V 井身结构设计参数见表 7.42。

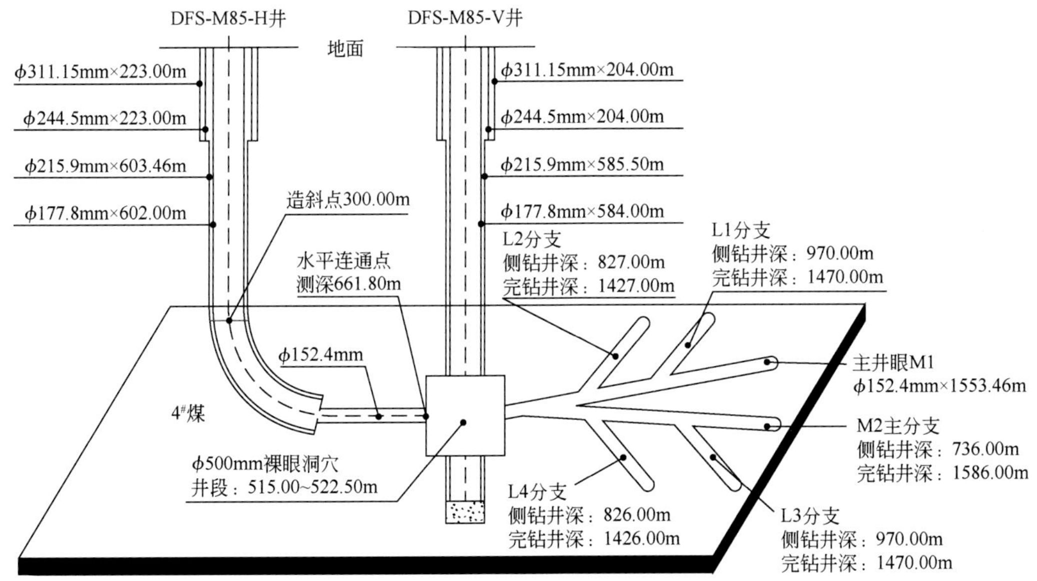

图7.45　DFS-M85多分支对接井组井身结构示意图

表7.42　DFS-M85V井身结构设计参数

开钻次序	井深/m	钻头外径/mm	套管外径/mm	套管下入深度/m	环空水泥浆返高
一开	204.00	311.15	244.5	202.00	地面
二开	585.50	215.9	177.8	584.00	4#煤层顶板以上200m

目标直井DFS-M85V井身结构设计说明如下。

（1）一开：ϕ311.15mm井眼钻穿第四系和新近系，进入稳定基岩20m后下入表层套管固井。

（2）二开：ϕ215.9mm井眼钻至设计深度，测井完成后下入ϕ177.8mm生产套管（煤层段局部下入玻璃钢套管），固井水泥浆返至4#煤层顶板以上200m；试压后向井内填砂至目标煤层下方；下入造穴工具在玻璃钢套管段造穴，洞穴直径≥500mm。

2）DFS-M85H井身结构设计

DFS-M85H井的井身结构设计数据见表7.43。

表7.43　DFS-M85H井身结构设计数据

开钻次序	井深/m	钻头外径/mm	套管外径/mm	套管下入深度/m	环空水泥浆返高
一开	223	311.15	244.5	223	地面
二开	603.46	215.9	177.8	602	4#煤顶板以上200m
三开	603.46～1553.46/736.00～1586.00 970.00～1470.00/827.00～1427.00 970.00～1470.00/826.00～1426.00	152.4	裸眼完井		

DFS-M85H井的井身结构设计说明如下。

（1）一开：ϕ311.15mm井眼钻穿第四系和新近系，进入稳定基岩10m后下入

ϕ244.5mm 表层套管固井。

（2）二开：ϕ215.9mm 井眼钻进至 4#煤顶板以上 10m，下入 ϕ177.8mm 技术套管固井。

（3）三开：ϕ152.4mm 井眼进入 4#煤后沿目标煤层钻进，与目标直井连通后按设计轨道延伸，并按照后退法分别施工主井眼和各分支井眼。

2. 水平连通井轨道设计

1）设计轨道数据

DFS-M85H 井设计了 2 个主井眼（M1、M2）和 4 个分支井（L1、L2、L3、L4），主井眼设计轨道参数见表 7.44，分支井设计轨道参数见表 7.45。

表 7.44　DFS-M85H 主井眼设计轨道数据

井深/m	井斜/(°)	方位/(°)	垂深/m	水平位移/m	南北距离/m	东西距离/m	狗腿度/(°/100m)	靶点	备注
0.00	0.00	0.00	0.00	0.00	0.00	0.00	0.00		
300.00	0.00	0.00	300.00	0.00	0.00	0.00	0.00		
540.00	61.50	81.13	496.11	117.30	18.15	116.26	26.00		
603.46	78.00	81.13	518.00	176.45	27.30	174.88	25.98	着陆点	
661.80	84.70	80.53	525.87	234.28	36.63	231.87	0.00	连通点	
690.00	85.61	77.89	528.23	262.06	41.83	259.17	10.00		
1220.85	86.14	76.38	564.04	791.61	166.34	773.96	0.00		M1
1260.00	93.97	76.38	564.00	830.73	175.55	811.98	20.00		
1553.86	100.29	76.38	513.25	1120.06	243.70	1093.23	0.00	M1 完钻点	
736.00	86.14	76.38	531.40	306.54	52.44	303.82	0.00	M2 侧钻点	
799.26	86.32	89.06	535.58	369.41	60.42	366.31	20.00		M2
1586.00	95.76	89.06	536.86	1152.86	73.29	1150.53	0.00	M2 完钻点	

表 7.45　分支井设计轨道数据

分支编号	井深/m	井斜/(°)	方位/(°)	垂深/m	水平位移/m	南北距离/m	东西距离/m	狗腿度/(°/100m)	靶点
L1	970.00	86.14	76.38	547.15	533.66	107.41	530.72	0.000	L1 侧钻点
	1260.00	98.59	53.96	563.11	818.94	246.09	782.92	20.00	
	1470.00	98.86	53.85	530.77	1019.40	368.48	950.48	0.000	L1 完钻点
L2	827.00	86.14	76.38	537.52	378.68	73.81	392.06	0.000	L2 侧钻点
	1227.20	99.60	44.52	562.53	765.51	322.26	696.62	20.00	
	1427.00	99.60	44.52	529.23	954.43	462.73	834.75	0.000	L2 完钻点
L3	970.00	86.32	89.06	546.55	527.32	63.22	536.67	0.00	L3 侧钻点
	1087.31	89.33	112.35	551.06	643.32	41.58	651.05	20.00	
	1470.00	89.33	112.35	555.54	1010.33	-103.93	1004.97	0.00	L3 完钻点

续表

分支编号	井深/m	井斜/(°)	方位/(°)	垂深/m	水平位移/m	南北距离/m	东西距离/m	狗腿度/(°/100m)	靶点
L4	826.00	86.32	89.06	537.30	365.92	60.86	392.99	0.00	L4 侧钻点
	1005.22	89.75	124.77	543.65	541.92	9.55	561.55	20.00	
	1426.00	89.75	124.77	545.50	936.01	-230.39	907.21	0.00	L4 完钻点

注：①方位修正角-3.43°，磁倾角 53.639°，磁场强度 52.80μT；②设计数据已考虑 DFS-M85H 井地面高程（1117.343m），但未含钻机补心高，施工时应进行修正；③南北距离以南为“-”，以北为“+”；东西距离以东为“+”，以西为“-”

2）设计轨道图

DFS-M85H 井设计轨道垂直剖面投影图如图 7.46 所示，水平投影图如图 7.47 所示。

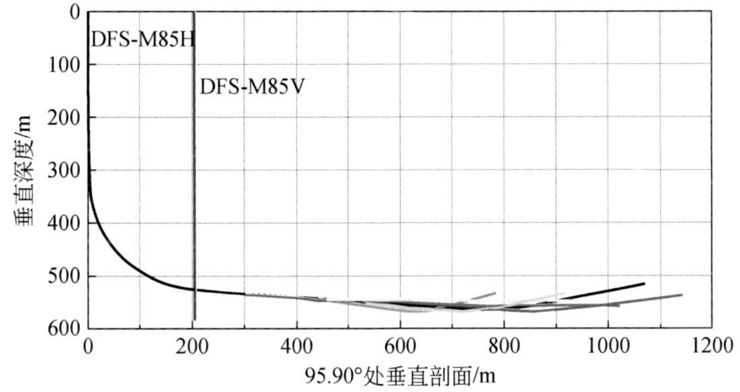

图 7.46　DFS-M85H 井设计轨道垂直剖面投影图

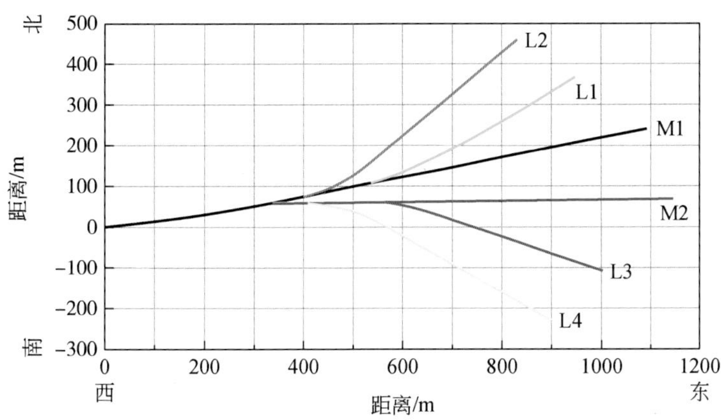

图 7.47　DFS-M85H 井设计轨道水平投影图

7.6.3　钻进装备、机具及测量仪器系统

大佛寺多分支对接井组（DFS-M85）施工采用的是雪姆 T200XD 钻机和 SMJ5600 钻机及配套装备。DFS-M85H 井三开连通点以后井段采用清水+充气欠平衡钻进工艺施工，在常规

钻进装备、机具及测量仪器系统的基础上，增加了欠平衡钻进装备；同时，使用了带有环空压力及方向伽马测量的黑星电磁波随钻测量系统（EM-MWD）；为确保井眼轨迹在4#煤层中上部延伸，选用煤层气全自动录井仪（SK-CLS）进行综合录井。专用配套装备见表7.46。

表7.46　DFS-M85H多分支对接井组附加钻进装备

序号	名称		型号	数量	备注
1	测量仪器	无线随钻测斜仪	PMWD	1套	
		煤层气全自动录井仪	SK-CLS	1套	
		电磁波无线随钻	EM-MWD	1套	
2	欠平衡钻进设备	空压机	阿特拉斯1275/1350	1台	35.5m³/37.3m³
			寿力1070XH	1台	30.3m³
		增压机	36m³/15MPa	2台	
		地面注气管汇	自制	1套	
		旋转控制头	自制	1套	
		密封胶芯	—	2副	
		液气分离器	180m³/h	1套	
		放喷管线	—	70m	

7.6.4　井组实钻简况

1. 目标直井DFS-M85V

DFS-M85V井于2014年8月23日开钻，9月8日完钻，实钻井身结构数据见表7.47。

表7.47　DFS-M85V实钻井身结构数据

项目＼开次		一开	表层套管	二开	生产套管
钻头直径/mm		311.15		215.9	
井深/m		204.00		585.00	
套管外径/mm			244.5		177.8
套管总长/m			204.00		582.94含玻璃钢套管
套管下深/m			204.00		582.64
套管顶部位置/m			0.00		-0.30
人工井底深度/m					569.00
固井水泥浆上返深度/m			地面		295.00
套管附件深度/m	井口帽				
	阻流环位置				570.45
	套管鞋				582.64

2. 多分支水平连通井 DFS-M85H

1）钻完井施工

DFS-M85H 井于 2014 年 9 月 27 日开钻，11 月 11 日完钻，实钻井身结构数据见表 7.48。

表 7.48　DFS-M85H 实钻井身结构数据

项目＼开次	一开	表层套管	二开	技术套管	三开
钻头直径/mm	311.15		215.9		152.4
井深/m	210.53		555.27		4044.06
套管外径/mm		244.5		177.8	
套管总长/m		210.53		554.07	
套管下深/m		210.53		553.77	
套管顶部位置/m				-0.30	
固井水泥浆上返深度/m		地面		煤层顶板上 200m	

DFS-M85H 井不同井段钻具组合如下。

一开（0～210.53m）井段：ϕ311.15mm 三牙轮钻头+双母接头+ϕ165mm 无磁钻铤+ϕ165mm 钻铤柱+ϕ114mm 加重钻杆柱。

二开（210.53～300.00m）直井段：ϕ215.90mmPDC 钻头+双母接头+ϕ165mm 无磁钻铤+ϕ165mm 钻铤柱+ϕ114mm 加重钻杆柱。二开（300.00～555.27m）造斜段：ϕ215.9mmPDC 钻头+ϕ165mm 单弯螺杆钻具（1.75°）+转换接头+ϕ127mm 无磁承压钻杆+MWD+ϕ114mm 钻杆柱。

三开水平井段：ϕ152.4mmPDC 钻头+ϕ120mm 单弯螺杆钻具（1.5°）+转换接头+ϕ120mm 无磁钻铤柱+EM-MWD +ϕ89mm 钻杆柱+ϕ89mm 加重钻杆柱+ϕ89mm 钻杆柱。

对接连通井段：ϕ152.4mmPDC 钻头+强磁接头+ϕ120mm 单弯螺杆钻具（1.5°）+转换接头+ϕ89mm 无磁承压钻杆+MWD +ϕ89mm 钻杆柱。

DFS-M85H 井于测深 662.50m 处与目标直井 DFS-M85V 成功对接连通，过洞穴后施工主井眼 2 个，分支井眼 4 个，实钻数据见表 7.49，实钻轨迹水平投影图如图 7.48 所示，三维示意图如图 7.49 所示。

表 7.49　DFS-M85 主井/分支井眼实钻数据

主/分井眼	侧钻点井深/m	完钻点井深/m	长度/m	煤层段长/m
M1	—	1474.63	1474.63	919.36
M2	682.35	1474.75	792.40	792.40
L1	950.00	1552.10	602.10	602.10
L2	750.00	1329.86	579.86	579.86

续表

主/分井眼	侧钻点井深/m	完钻点井深/m	长度/m	煤层段长/m
L3	900.00	1484.24	584.24	584.24
L4	725.00	1291.10	566.10	566.10
合计			4599.33	4044.06

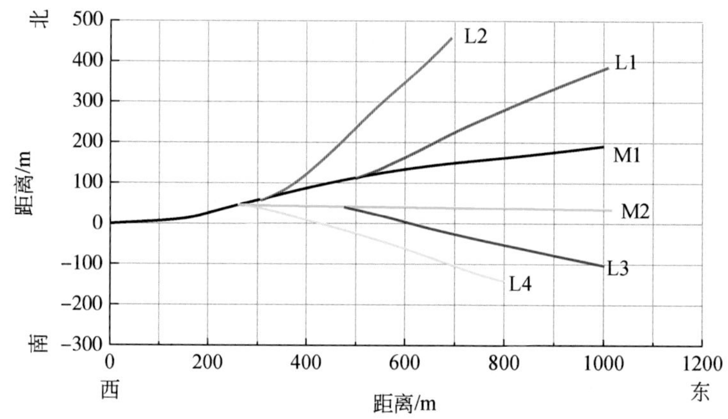

图 7.48　DFS-M85H 井实钻轨迹水平投影图

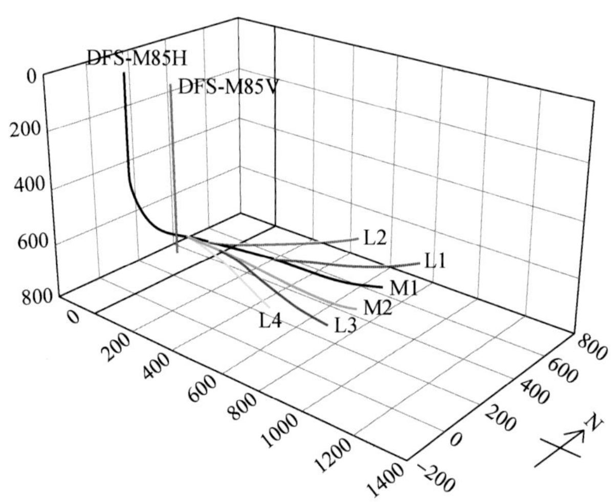

图 7.49　DFS-M85 井组实钻轨迹三维示意图

2）欠平衡钻井设计

a. 欠平衡钻井可行性分析

DFS-M85H 井地处彬长矿区大佛寺井田内，区域三维地震资料显示井组周边地质构造不发育，邻井 DFS-09H 与 DFS-M85H 井目标煤层均为 4#煤，该井采用充气欠平衡钻进工艺施工煤层段井眼过程中未发生井壁坍塌失稳事故。

依据设计文件，DFS-M85H 井拟采用欠平衡钻进工艺施工的井段井斜范围为 84.7°～100.29°，利用岩石力学方法计算，井斜角界于该范围时，地层坍塌压力最小值为 1.625MPa，取安全系数 $k=1.2$，坍塌压力建议值 $P_{ct}=1.625\times1.2=1.95$MPa；目标煤储层压力为 $P_s=2.43$MPa。井底容许环空压差 $\Delta P_n=P_s-P_{ct}=0.48\text{MPa}>0.1\text{MPa}$。综合上述资料，DFS-M85H 井三开煤层段理论上可采用充气欠平衡钻井工艺施工。

b. 井底环空压力设计

DFS-M85H 井目标煤储层压力 $P_s=2.43$MPa，设计井底环空压差 $\Delta P=P_s-P_0=0.1$MPa，设计井底环空压力 $P_0=2.33$MPa，在此基础上进行井底环空压力校核。

c. 设备能力校核

井组施工拟采用的注气设备为阿特拉斯 1275/1350 型双工况空压机、寿力 1070XH 型空压机各 1 台，拟选用的泥浆泵组为青州 QF-500 泥浆泵组（液力耦合传动），依据设备性能，利用相关软件计算上返流速，得出不同排量下环空最低上返流速 v_L，采用式（5.2）计算最小上返流速 v_{min}，计算结果见表 7.50。

表 7.50　注气量、泵排量及环空压力、上返流速对照表（水平段长 900m）

方案	注气量 /(m^3/min)	泵排量 /(L/min)	着陆点环空压力 /kPa	井底环空压力 /kPa	上返流速最低值 v_L/(m/s)	最小上返流速 v_{min}/(m/s)
1	30.3	400	1686.6	2291.1	0.55	0.58
2	30.3	409	1714.2	2330.5	0.567	0.58
3	30.3	450	1839.9	2501.2	0.63	0.58
4	30.3	500	2004.2	2707.7	0.69	0.58
5	30.3	600	2414.4	3191.4	0.83	0.58
6	35.5	400	1657.9	2212.8	0.55	0.58
7	35.5	433	1743.1	2334.5	0.60	0.58
8	35.5	500	1946.1	2564.9	0.69	0.58
9	35.5	550	2016.6	2886.5	0.76	0.58
10	35.5	600	2170.5	2917.0	0.83	0.58

注：①上返流速最低值 v_L 为计算环空上返流速中最小值；②计算最小上返流速 v_{min} 时环空岩屑浓度取值为 $C_e=3\%$。

依据式（5.1）校核知，泥浆泵排量小于 419L/min 时，方案 1、方案 2 与方案 6 的上返流速最低值小于最小上返流速，不能满足岩屑上返要求；其余方案均可满足岩屑上返要求。泥浆泵可满足欠平衡钻井要求。

两台空压机分别与泥浆泵配合使用，注气量为 35.5m^3/min 的空压机（阿特拉斯 1275/1350 型）可实现全井段欠平衡，而注气量 30.3m^3/min 的空压机（寿力 1070XH 型）仅能实现部分井段欠平衡，因此确定阿特拉斯 1275/1350 型空压机作为主供气空压机，寿力 1070XH 型空压机为辅助空压机。

d. 坍塌压力校核与方案选择

依据式（5.3）对井底环空压力（P_0）进行计算，结果见表 7.50，由于上返流速不同，长度 900m 井段环空压耗 $P_{fric}=$（0.60～0.87）MPa。

若采用全井段欠平衡钻进，着陆点部位环空压力 P_1 校核如下：

$$P_1 = P_0 - P_{\text{fric}} = 1.46 \sim 1.73\text{MPa} < P_{\text{ct}}$$

着陆点部位可能发生井壁坍塌，无法实现安全欠平衡钻进。

为确保钻进安全，采用组合钻进方案进行施工，在 $L_x \leqslant 500$m 时，采用注入方案 8，$P_0 = (1.95 \sim 2.36)$MPa；在 $L_x > 500$m 时，由于无法实现全井段欠平衡，考虑到井底环空压力波动及水平段井眼清洁效果，适当提高泥浆泵排量，井底环空压力有所提高，采用注入方案 10，$P_0 - (2.67 \sim 2.92)$MPa，部分井段过平衡钻进，井底存在一定程度漏失，两种注入方案对应的钻井流体参数见表 7.51。

表 7.51　注气方案 8、方案 10 流体参数

方案	测深/m	注气量/(m^3/min)	泵排量/(L/min)	环空压力/kPa	上返流速/(m/s)
8	555.27	35.5	500	1946.1	2.45
	1055.27	35.5	500	2356.5	0.69
10	555.27	35.5	600	2170.5	2.408
	662.50	35.5	600	2432.5	0.829
	1455.27	35.5	600	2917.0	0.829

e. 欠平衡实现方式

（1）泵排量调节。在泥浆管路安装液体流量计，对于采用液力耦合方式传动的泥浆泵组，通过调节液力耦合器控制泥浆泵排量至设计值。

（2）注气量调节。所用设计计算注气量值为空压机额定排量，如需微量调节，可通过调节柴油机转速、部分空气放空的方式对空压机排量进行调节。

（3）注气方式。直井中下钻杆柱方式实现注气，管柱结构为 Y211-152 型封隔器+ϕ89mm 钻杆柱，封隔器固定在距离煤层顶板约 40m 的位置。

3）欠平衡钻进施工

DFS-M85H 井三开水平段采用欠平衡钻进工艺施工，利用目标直井 DFS-M85V 进行注气。

a. 施工前准备工作

DFS-M85V 井相关准备工作包括如下。

（1）井内下管柱及安装井口装置。首先在井中下入 Y211-152 型封隔器和 ϕ89mm 钻杆柱（下深 470m）；随后在井口安装四通，下端接钻杆，上端接高压注气管路，左、右两侧为放空管路，用于测试井底是否漏气。

（2）连接注气管路。使用高压注气管线连接空压机、增压机与井口装置，注气管路低压端接空压机，高压端接增压机及井口装置，高低压端间设闸阀。

（3）管线试压。利用空压机对低压管线进行试压，3MPa 压力下、30min 内压降小于 0.1MPa 即为合格。利用增压机对高压管线进行试压，6MPa 压力下、30min 内压降小于 0.1MPa 即为合格。

DFS-M85H 井相关准备工作包括如下。

（1）在井口安装井口控制头及胶塞。

（2）安装液气分离器，用于分离井口上返钻井液，其中气体经由放喷管线排空，液体及煤粉进入固控系统进行分离。

（3）管线试压。先开泥浆泵，而后打开增压机、空压机，向井内注气，检查管线工作情况。

b. 欠平衡钻进施工过程

通过现场试验，确定注气量与注气压力后，开始进行欠平衡钻进。

欠平衡钻进工艺流程如下：下钻至预定井深→向井内泵送钻井液→打开注气阀门→顶通→正常钻进→监控环空压力→调节注气阀门→钻进至预定井深→停气→关泵→提钻。

其中：①“下钻至预定井深”要求距井底 20 ~ 30m，目的是防止开泵过程中压裂地层；②小排量顶通时，由目标直井 DFS-M85V 注气，控制注气压力逐渐升高至 5.5MPa 后保持不变，水平连通井在持续注气一段时间后井口开始返出气液混合体，环空压力降低，欠平衡状态逐步建立；③钻进过程中，借助 EM-MWD 随钻测量仪器中环空压力模块可实时监控井底压力，通过调节增压机排气阀门、泥浆泵组液力耦合器转速使环空压力保持在定值或小幅变动范围内，实现持续欠平衡钻进。

钻进过程中，EM-MWD 随钻测量仪器中环空压力模块可实时监控井底压力，通过调节注气阀门，使环空压力保持在定值或缓慢变化状态，实现持续欠平衡钻进，DFS-M85H 欠平衡钻进过程中，井底环空压力统计数据见表 7.52。

表 7.52　DFS-M85H 井钻进过程井底环空压力统计值

序号	主（分）支	欠平衡钻进井段	注气量/(m^3/min)	泵排量/(L/min)	实测井底环空压力范围/kPa
1	M1	662.5 ~ 1000	35.5	400 ~ 520	2085 ~ 2409
2	M1	1000 ~ 1474.63	35.5	550 ~ 600	2502 ~ 3159
3	L1	950 ~ 1552.10	35.5	550 ~ 650	2355 ~ 3258
4	L2	750 ~ 1000	30.3	400 ~ 520	2228 ~ 2808
5	L2	1000 ~ 1329.86	35.5	550 ~ 650	2456 ~ 3359
6	M2	682.35 ~ 1000	35.5	400 ~ 520	2206 ~ 2980
7	M2	1000 ~ 1474.75	30.3	550 ~ 650	2478 ~ 3580
8	L3	900.00 ~ 1484.24	35.5	600 ~ 650	2528 ~ 3005
9	L4	725.00 ~ 1000.00	35.5	400 ~ 520	1985 ~ 2677
10	L4	1000 ~ 1291.10	30.3	600	2553 ~ 3105

7.6.5　井组生产情况

DFS-M85 井组施工完成后，临时封闭多分支水平连通井井口，目标直井中安装排采设备，自 2014 年 12 月开始排采以来，最大日产气量达 4865.02m^3，仍在持续产气。

参考文献

艾池 . 1996. 聚晶金刚石复合片钻头理论与实践 . 北京：石油工业出版社 .

鲍清英，鲜保安 . 2004. 我国煤层气多分支井钻井技术可行性研究 . 天然气工业，24（5）：54-56.

曹东风 . 2009. 宝峨 RB50 型车载钻机施工工艺探讨 . 中国煤炭地质，21（7）：69-85.

曹立虎，张遂安，石惠宁，等 . 2014. 煤层气多分支水平井井身结构优化 . 石油钻采工艺，36（3）：10-14.

柴国兴，刘松，王慧莉，等 . 2010. 新型水平井不动管柱封隔器分段压裂技术 . 中国石油大学学报（自然科学版），34（4）：41-45.

常江华 . 2015. 煤层气钻机车液压系统污染原因与控制 . 煤矿机械，36（2）：233-235.

陈作，王振铎，曾华国 . 2007. 水平井分段压裂工艺技术现状及展望 . 天然气工业，27（9）：78-80.

程林，李艳丽，尹建国 . 2016. 平邑石膏矿坍塌事故 5 号救生孔施工工艺及钻具配置 . 探矿工程（岩土钻掘工程），43（5）：13-16.

邓旭 . 2009. 割缝筛管的结构设计与强度数值模拟分析 . 江汉石油科技，6（2）：49-53.

董润平，胡忠义 . 2011. RD20 Ⅱ型钻机及空气潜孔锤钻进施工中若干问题探讨 . 探矿工程（岩土钻掘工程），38（12）：50-53.

凡东，田宏亮，翁寅生，等 . 2014-04-10. 一种钻机用电液控制防碰装置：中国专利，ZL201410143116. 0.

范耀，茹婷 . 2014. 焦坪矿区下石节井田地面煤层气多分支水平井井型研究 . 煤炭安全高效开采地质保障技术及应用，9：78-83.

丰庆泰，李平 . 2012. 煤层气水平对接井钻井技术研究 . 中国煤层气，9（4）：12-16.

冯德强 . 1993. 钻机设计 . 武汉：中国地质大学出版社 .

付利，申瑞臣，苏海洋，等 . 2012. 煤层气水平井完井用塑料筛管优化设计 . 石油机械，40（8）：47-51.

傅雪海，秦勇，韦重韬 . 2007. 煤层气地质学 . 徐州：中国矿业大学出版社 .

高宏亮 . 2009. 车载钻机在地质勘探工程中的应用 . 地质装备，10（2）：37-40.

高加索 . 2010a. MZJ10 煤层气钻机的研制 . 石油机械，12：60-62.

高加索 . 2010b. 煤层气钻机的性能探析和发展方向 . 石油机械，38（6）：84-87.

龚才喜，梁海波，古冉 . 2013. 煤层气水平井充气欠平衡钻井注气工艺研究 . 石油钻采工艺，35（2）：13 ~ 15.

郭强 . 2013. 分段压裂技术在白庙 H-1 井的应用研究 . 中国石油大学（华东）硕士学位论文 .

韩广德 . 1991. 中国煤炭工业钻探工程学 . 北京：煤炭工业出版社 .

韩永亮，刘志斌，程智远，等 . 2011. 水平井分段压裂滑套的研制与应用 . 石油机械，39（2）：64-65.

韩志勇 . 2006. 关于子午线收敛角校正问题 . 石油钻探技术，34（4）：1-4.

韩志勇 . 2007. 定向钻井设计与计算 . 青岛：中国石油大学出版社 .

胡千庭，陈金华，杜子健 . 2010. 我国煤矿采动区地面钻井煤层气开发关键技术分析 . 2010 第十届国际煤层气研讨会论文集：53-59.

胡千庭，孙海涛，杜子健 . 2015. 煤矿区煤层气地面井开发工程实践及利用前景 . 煤炭科学技术，43（9）：59-64.

黄汉仁 . 2016. 钻井流体工艺原理 . 北京：石油工业出版社 .

黄凯 . 2014. 套管完井水平井分段压裂管柱配套技术研究 . 长江大学硕士学位论文 .
黄中伟，李根生，闫相祯，等 . 2012. 煤层气井钢质筛管与非金属筛管强度对比实验 . 石油勘探与开发，39（4）：489-493.
纪友哲，闵庆利，王金宏 . 2012. MC90Y 煤层气车载专用钻机液压控制系统 . 石油机械，40：5-8.
姜伟 . 2010. 可控三维轨迹钻井技术 . 北京：石油工业出版社 .
蒋海涛，周俊然，董颖，等 . 2011. 煤层气井复合造穴技术研究及应用 . 中国煤层气，8（6）：42-45.
蒋希文 . 2006. 钻井事故与复杂问题 . 北京：石油工业出版社 .
居培 . 2014. PDC 钻头切削结构优化设计 . 中国石油大学博士学位论文 .
雷齐松，李振，王海红，等 . 2012. 筛管完井工艺技术的应用 . 中国高新技术企业，（15）：132-133.
李宝庆，庄新国，赵仕华，等 . 2014. 近海含煤岩系层序地层学研究现状 . 煤田地质与勘探，42（1）：1-6.
李冬生，邹祖杰，田宏亮，等 . 2015. ZMK5530TZJ100 车载特种钻机结构分析 . 煤矿机械，36（6）：188-189.
李国富，李贵红，刘刚 . 2014. 晋城矿区典型区煤层气地面抽采效果分析 . 煤炭学报，39（9）：1932-1937.
李鹤林，韩礼红 . 2009. 刍议我国油井管产业的发展方向 . 焊管，32（4）：5-10.
李鹤林，韩礼红，张文利 . 2009. 高性能油井管的需求与发展 . 钢管，38（1）：1-8.
李克付，李琪，王益山，等 . 2006. 鱼骨型分支水平井钻井技术开发煤层气技术难点分析及技术对策 . 钻采工艺，29（2）：1-4.
李琪，文亮，孙乖平，等. 2014. 实用简单的大斜度井井眼清洁模型的建立与应用 . 科学技术与工程，14（9）：155-159.
李强 . 2014. 水平井裸眼分段压裂管柱密封性能研究 . 西南石油大学硕士学位论文 .
李树盛 . 1994. PDC 钻头工作原理及现代设计方法研究 . 西南石油学院博士学位论文 .
李树盛，马德坤，侯季康 . 1996. PDC 切削齿工作角度的精确计算和分析 . 西南石油学院学报，11：67-70.
李颖 . 2011. 水平井分段压裂及控水压裂技术研究 . 中国石油大学硕士学位论文 .
李子丰，孙玉学，刘希圣 . 1995. 井眼轨迹预测的数学模型 . 大庆石油学院学报，19（2）：6-10.
练章华，林铁军，孟英峰 . 2012. 气体钻井基础理论及其应用 . 北京：石油工业出版社 .
刘广志 . 1991. 金刚石钻探手册（第 1 版）. 北京 . 地质出版社 .
刘海军 . 2014. 随钻测量数据传输方式的现状和发展趋势 . 西部探矿工程 .（2014）04：67-71.
刘建风 . 2003. PDC 钻头布齿设计技术 . 勘探地球物理进展，26（3）：225-227.
刘建风，胥建华 . 2003. PDC 钻头布齿的计算机辅助设计 . 煤田地质与勘探，31（3）：62-64.
刘圣希，蒋金纯 . 1984. 关于确定合理环空返速问题的探讨 . 石油钻采工艺，6（2）：1-11.
刘修善 . 2006. 井眼轨道几何学 . 北京：石油工业出版社 .
刘永刚，林凯，胡安智，等 . 2008. 复杂深井钻柱安全性研究 . 石油矿场机械，37（1）：17-20.
马德坤 . 2009. 牙轮钻头工作力学 . 北京：石油工业出版社 .
孟召平，苏永华 . 2006. 沉积岩体力学理论与方法 . 北京：科学出版社 .
莫日和 . 2007. 煤层气井造穴技术的实践与研究 . 中国煤层气，4（3）：35-37.
钱杰 . 2009. 水平井连续油管分段压裂技术研究 . 中国地质大学（北京）硕士学位论文 .
饶孟余，杨陆武，张遂安，等 . 2007. 煤层气多分支水平井钻井关键技术研究 . 天然气工业，27（7）：52-55.
邵龙义，肖正辉，汪浩，等 . 2008. 沁水盆地石炭-二叠纪含煤岩系高分辨率层序地层及聚煤模式 . 地质科学，43（4）：777-791.

邵龙义，鲁静，汪浩，等 . 2009. 中国含煤岩系层序地层学研究进展 . 沉积学报，27（5）：904-912.

申宝宏，刘见中，赵璐正 . 2011. 煤矿区煤层气产业化发展现状与前景 . 煤炭科学技术，39（1）：6-9.

申瑞臣，夏焱 . 2011. 煤层气井气体钻井技术发展现状与展望 . 石油钻采工艺，33（3）：74-77.

申瑞臣，时文，徐义，等 . 2012. 煤层气 U 型井 PE 筛管完井泵送方案 . 中国石油大学学报（自然科学版），36（5）：96-99.

石兴春 . 2008. 井下作业工程监督手册 . 北京：中国石化出版社 .

石智军，田宏亮，田东庄，等 . 2012. 煤矿井下随钻测量定向钻进使用手册 . 北京：地质出版社 .

时文，申瑞臣，屈平，等 . 2013. 煤层气井完井用 PE 筛管的地质适应性分析 . 天然气工业，33（4）：85-90.

宋瑞，康长锋，李田刚 . 2012. ZJ30 /1700LM 煤层气钻机的研制与应用 . 石油机械 . 40（9）：19-22.

宋洵成，邹德永，管志川 . 2006. PDC 钻头等切削体积布齿优化设计 . 石油矿场机械，35（4）：61-64.

苏海洋，申瑞臣，付利 . 2012. 煤层气水平井塑料割缝筛管有限元分析与参数优化 . 中国煤层气，9（3）：30-34.

苏现波，吴贤涛 . 1996. 煤的裂隙与煤层气储层评价 . 中国煤层气，10：88-102.

苏义脑 . 2000. 水平井井眼轨道控制 . 北京：石油工业出版社 .

孙焕引，刘亚元 . 2008. 钻井液 . 北京：石油工业出版社 .

唐志军，邵长明 . 2007. 钻井工程设计与优化 . 石油地质与工程，5（3）：75-78.

田宏亮 . 2008. 全液压动力头式钻机液压系统动态分析及控制方法的研究 . 煤炭科学研究总院博士学位论文 .

田文广，李五忠，周远刚，等 . 2008. 煤矿区煤层气综合开发利用模式探讨 . 天然气工业，28（3）：87-89.

万宏峰，尚志锁 . 2011. 地面瓦斯抽采钻机车的研制及应用 . 河北煤炭，1：41-42.

王达，何远信，等 . 2014. 地质钻探手册 . 长沙：中南大学出版社 .

王福修 . 1993. PDC 钻头布齿方式初探 . 石油钻采工艺，15（3）：23-75.

王福勇，陈勇光，吴晓东，等 . 2010. 煤层气多分支水平井分支结构参数优化 . 油气地质与采收率，17（5）：69-73.

王建学，万建仓，沈慧 . 2008. 钻井工程，北京：石油工业出版社 .

王路超，徐兴平 . 2007. 基于 ANSYS 的割缝筛管强度分析 . 石油矿场机械，36（4）：41-43.

王荣，翟应虎，王克雄 . 2006. PDC 钻头等体积布齿设计的数值计算方法 . 石油钻探技术，34（1）：42-45.

王瑞和，沈忠厚 . 1992. PDC 钻头冲蚀机理分析与研究 . 石油钻采工艺 . 1992（3）：1-6.

王三云 . 2001. 钢管中频感应加热热处理的优点及最新技术 . 焊管，24（3）：41-47.

王帅，徐明磊，张旭，等 . 2014. 充气欠平衡钻井技术在煤层气井的应用 . 内蒙古石油化工，3：93-96.

王同涛，闫相祯，杨秀娟 . 2010. 基于塑性铰模型的煤层气完井筛管抗挤强度分析 . 煤炭学报，35（2）：273-277.

王志坚 . 2011. 矿山钻孔救援技术的研究与务实思考 . 中国安全生产科学技术，7（1）：6-9.

王智锋，亢武臣 . 2011. E-LINK 电磁波无线随钻测量系统的分析及应用 . 石油机械 . 39（6）：62-64.

鲜保安，高德利，李安启，等 . 2005. 煤层气定向羽状水平井开采机理与应用分析 . 天然气工业，25（1）：114-116.

肖文汉，李勇 . 2012. SCB60 煤层气钻机在贵州煤层气中的应用 . 石油机械，40（9）：36-39.

须志刚，杨宝德，刘钢 . 1994. PDC 钻头等功率布齿的方法 . 石油钻探技术，22（1）：37-39.

胥刚 . 2013. 气动潜孔锤钻井工艺在煤层气井的应用实践 . 探矿工程（岩土钻掘工程），40（增刊）：

276-278.
徐伟，张宏义，于宏波.2013. 中频加热温度闭环控制技术. 热处理，11：40-41.
许冬进，尤艳荣，王生亮，等.2013. 致密油气藏水平井分段压裂技术现状和进展. 中国石油大学学报(自然科学版)，18（4）：36-41.
许刘万，曹福德，葛和旺.2007. 中国水文水井钻探技术及装备应用现状. 探矿工程：岩土钻掘工程，34（1）：37-42.
闫立飞，申瑞臣，夏焱，等.2014. 煤层气全井欠平衡钻井技术柳林实践. 中国煤层气，11（6）：7-10.
杨虎，王利国.2009. 欠平衡钻井基础理论与实践. 北京：石油工业出版社.
杨晓东，戴华林，孙立瑛.2009. 割缝筛管抗挤压强度综合因素有限元分析. 石油钻采工艺，10：40-44.
杨自林，游华江，蹇宗承.2000. 钻具失效事故的原因分析及对策. 天然气工业.20（3）：57-59
叶勤友.2013. 庙22区块水平井滑套封隔器分段压裂管柱力学分析. 东北石油大学硕士学位论文.
殷新胜，田宏亮，姚克，等.2008. 负载敏感技术在全液压动力头式坑道钻机上的应用. 煤炭科学技术，36（1）：33-75.
袁明进，刘海蓉，韦富，等.2012. 煤层气井多煤层扩井筛管完井工艺. 中国煤层气，（3）：13-15.
苑珊珊.2011. 不同完井方式水平气井产能评价研究. 西南石油大学硕士学位论文.
岳前升，向兴金，舒福昌，等.2005. 水平井裸眼完井条件下的油基钻井液滤饼解除技术. 钻井液与完井液，22（3）：32-33.
翟应虎.1990. PDC钻头设计理论及设计方法的研究. 中国石油大学（华东）博士学位论文.
詹鸿运，刘志斌，程智远，等.2011，水平井分段压裂裸眼封隔器的研究与应用. 石油钻采工艺，33（1）：23-25.
张恒，李春福，徐学军，等.2010. 水平井割缝筛管下入强度研究. 石油机械，38：18-21.
张洪，何爱国，杨凤斌，等.2011. “U”形井开发煤层气适应性研究. 中外能源，16（12）：33-36.
张厚美.1993. PDC钻头的布齿及性能预测. 石油机械，21（12）：5-10.
张慧.2008. 水平井完井方式与参数优选. 中国石油大学（华东）硕士学位论文.
张惠，张晓西，马保松，等.2009. 岩土钻凿设备. 北京：人民交通出版社.
张晋，张泽宇.2012. 中国煤层气井钻进技术综述. 内蒙古石油化工，11：78-79.
张晶.2016. DFS-M85-H井充气欠平衡钻进技术应用. 内蒙古石油化工，42（5）：115-117.
张晶，郝世俊，李国富.2015. 煤层气水平井充气欠平衡钻进井底环空压力设计及其控制方法. 中国煤炭地质，11（11）：48-51.
张培河，张明山.2010. 煤层气不同开发方式的应用现状及适应条件分析. 煤田地质与勘探，38（2）：9-13.
张遂安，崔岗，胡少韵.2007. 煤层气钻机的技术现状及发展对策. 中国煤层气，4（4）：9-11.
张燕.2007. 近年来国外钻井技术的主要进步与发展特点. 探矿工程（岩土钻掘工程），10：76-79.
张玉英，王永宏，巴鲁军.2005. 钻杆摩擦焊接及热处理工艺分析. 石油矿场机械，34（1）：72-73.
赵庆波，孙粉锦，李五忠，等.2011. 煤层气勘探开发地质理论与实践. 北京：石油工业出版社.
赵永哲.2014. 松软煤层水平对接井筛管完井工艺技术. 煤田地质与勘探，4：100-103.
赵永哲，石智军，郝世俊，等.2011. U形水平对接井技术在潘庄煤层气勘探开发中的应用. 陕西省地质学会探矿工程专业委员会学术交流会议论文集：40-42.
郑锋辉，韩来聚，杨利，等.2008. 国内外新兴钻井技术发展现状. 石油钻探技术，36（4）：5-11.
周英操，翟洪军，等.2003. 欠平衡钻井技术与应用. 北京：石油工业出版社.
朱世忠.2006. 石油钻杆的摩擦焊接和焊缝热处理工艺研究. 宝钢技术，6（1）：52-55.
朱迎辉.2012. 水平井分段压裂优化设计研究. 长江大学硕士学位论文.

朱正喜，李永革 . 2011. 水平井裸眼完井分段压裂技术研究 . 石油矿场机械，40（11）：44-47.

邹德永，王瑞和 . 2005. 刀翼式 PDC 钻头的侧向力平衡设计 . 中国石油大学学报（自然科学版），29（2）：42-44.

Dogulu Y S. 1998. Modeling of well productively in perforated completions . SPE 51048-MS：109-118.

Furui K，Zhu D，Hill A D，*et al.* 2007. Optimization of horizontal well-completion design with cased or slotted liner completions . SPE 90579-PA：90-95.

Guo B，Ghalambor A. 2006. 欠平衡钻井气体体积流量的计算 . 胥思平译 . 北京：中国石化出版社 .

Steve N. 2009. 欠平衡钻井技术 . 孙振纯，杜德林译 . 北京：石油工业出版社 .

Zuber M D. 1998. Production characteristics and reservoir analysis of coalbed methane reservoirs. International Journal of Coal Geology，38（12）：27-45.